# AutoCAD 实训

段剑伟　编

西北工業大學出版社
西　安

**图书在版编目(CIP)数据**

AutoCAD 实训 / 段剑伟编. -- 西安 : 西北工业大学出版社, 2019.3(2020.1 重印)
ISBN 978-7-5612-6385-3

Ⅰ. ①A… Ⅱ. ①段… Ⅲ. ①AutoCAD 软件 Ⅳ. ①TP391.72

中国版本图书馆 CIP 数据核字(2019)第 039871 号

**AutoCAD SHIXUN**
**AutoCAD 实训**

---

**责任编辑:**王梦妮　　**策划编辑:**李　萌
**责任校对:**张　友　　**装帧设计:**李　飞
**出版发行:**西北工业大学出版社
**通信地址:**西安市友谊西路 127 号　　邮编:710072
**电　　话:**(029)88493844　88491757
**网　　址:**www. nwpup. com
**印 刷 者:**兴平市博闻印务有限公司
**开　　本:**787 mm×1 092 mm　　1/16
**印　　张:**12. 125
**字　　数:**318 千字
**版　　次:**2019 年 3 月第 1 版　　2020 年 1 月第 3 次印刷
**定　　价:**32. 00 元

---

# 前　言

AutoCAD 是美国 Autodesk 公司开发的计算机辅助设计软件,是目前工程技术人员有益的辅助设计和绘图工具,现已广泛应用于建筑、机械、电子、轻工、纺织等行业。由于这是一门实践性很强的技术,因此成为现代技术专业应用型人才必须掌握的技能。

本书是笔者在总结多年 CAD 教学实践经验的基础上编写的。全书贯穿 CAD 作图实例过程,突出为生产实际培养应用型人才的教学特点,加强教学内容的针对性、实用性和操作性,以适应高等职业人才图样绘制能力的培养。

本书主要适用于进行 AutoCAD 基本上机练习、技能训练和 AutoCAD 认证培训,也可以作为 AutoCAD 学习者和爱好者的参考用书。

本书内容分为上、下两篇。上篇为计算机绘图,包括绘图环境设置、图形绘制与编辑、文字样式的设置与注写以及尺寸标注样式的设置与标注 4 章;下篇为操作训练,包括平面作图基础、编辑图形、平面作图方法综合练习、图形绘制及编辑技巧、基本视图及辅助视图的绘制方法、添加文字注释、尺寸标注、提高作图效率综合练习、绘制轴测图、绘制实体及由面模型、编辑三维模型、创建复杂实体模型以及渲染模型 13 章。全面系统地介绍了 AutoCAD 作图方法、过程和步骤,教学重点突出,具有较强的可操作性。

本书由段剑伟编写。各院校许多相关教师对本书的编写提出了指导性意见,在此一并表示衷心感谢。

由于水平有限,书中不足之处在所难免,敬请读者批评指正。

编　者

2018 年 12 月

# 目　　录

## 上篇　计算机绘图



## 下篇　操作训练

# 目 录

## 上篇 计算机绘图



## 下篇 [illegible]

# 上篇　计算机绘图

**关于计算机绘图知识本书约定：**

（1）“//……”表示对操作的注解，主要是对该项操作功能或性质的说明，便于使用者了解情况。

（2）“↙”表示回车。

（3）“……/……/……”表示菜单操作顺序。

（4）计算机绘图软件教程以 AutoCAD 软件为例说明。

## 第 1 章　绘图环境设置

### 一、相关知识

#### （一）绘图环境设置概念

绘图环境设置就是用户根据专业工程图样的要求对默认的绘图环境进行重新设置的过程。经常使用的绘图环境设置有以下几方面：

（1）图形界限的设置；

（2）图层的设置；

（3）文字样式的设置；

（4）尺寸标注样式的设置；

（5）辅助绘图工具的设置。

#### （二）图形界限的设置

1. 图形界限设置概念

图形界限设置就是确定绘图边界。一般在绘图之前先根据工程图的总体尺寸来设置一个合适的图形界限，图形界限的大小可以通过栅格点（F7 键）的显示看到。

图形界限范围是以一个矩形显示，设置时一般矩形的左下角点不作设置，默认为（0.0000，0.0000），通过设置矩形的右上角点坐标获得所需的绘图范围。

2. 图形界限设置步骤和方法

（1）单击“格式”菜单/单击“图形界限”选项。　　//下达命令。（见图 1-1）

（2）命令行操作。

重新设置模型空间界限：

指定左下角点或[开（ON）/关（OFF）]<0.0000，0.0000>：↙　　//不改变左下角点的坐标,直接回车。

指定右上角点<420.0000,297.0000>:297,210 ↙ //改变右上角点的坐标。

命令: //命令结束。

(3)执行“zoom”命令。

命令:z ↙ //执行 zoom 命令。一般情况下图形界限设置完成后紧跟着就执行 zoom 命令。

ZOOM

指定窗口的角点,输入比例因子(nX 或 nXP),或者[全部(A)/中心(C)/动态(D)/范围(E)/上一个(P)/比例(S)/窗口(W)/对象(O)]<实时>:a ↙ //选择全部选项 A,在当前视口中显示整个图形。

正在重生成模型。

命令: //命令结束。

(4)查看图形界线。

单击“状态栏”中的“栅格”按钮(或按 F7 键)可以看到充满屏幕的栅格点(见图 1-2)。

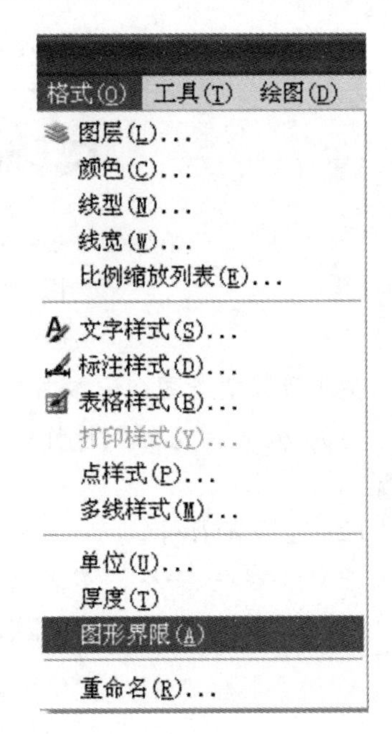


图 1-1 格式菜单中的图形界限选项

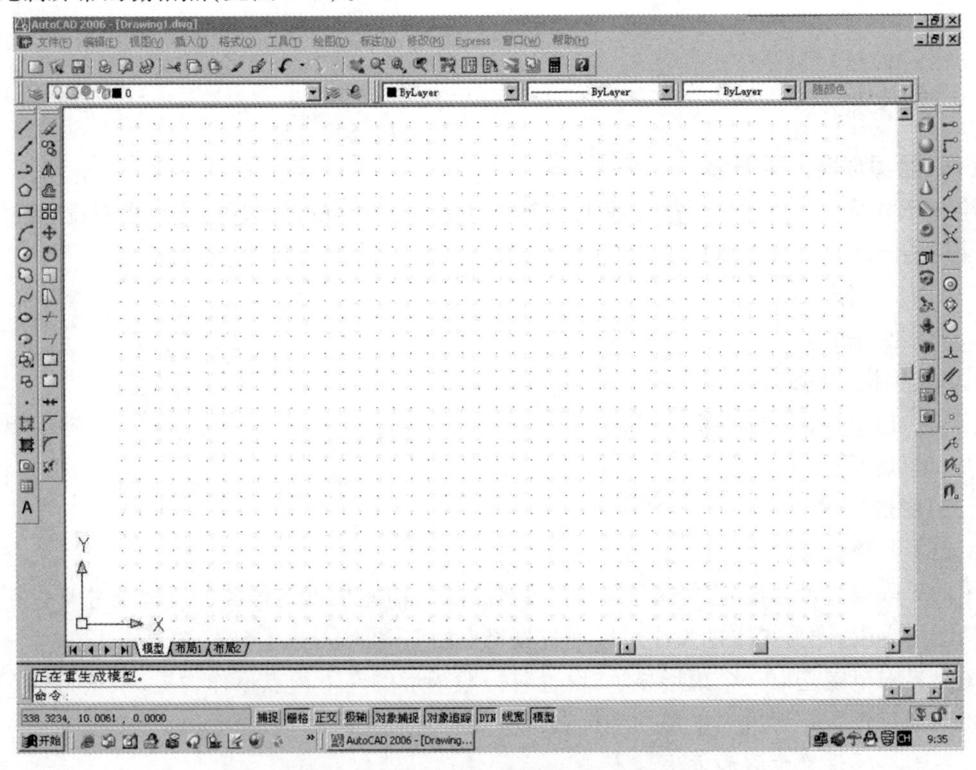


图 1-2 以栅格点形式显示的绘图界限

3. 说明

(1)在[开(ON)/关(OFF)]<0.0000,0.0000>:提示下选择“ON”项则在绘图边界范围外不能够绘制图形(不能在边界外拾取点),只能在绘图界限内绘制图形。

(2)一般情况下为了能看到所设置的绘图界限范围,打开栅格,这样在屏幕上就可以看到以栅格点的形式显示的绘图范围。为了使栅格点充满屏幕,执行“zoom”命令并选择“a”选项。

(3)图形界限设置和 zoom 命令都是透明命令,可以在其他命令执行过程中运行。

### (三)图层的设置

#### 1. 图层设置的概念

图层相当于图纸绘图中使用的重叠图纸,是图形中使用的主要组织工具。

图层用于按功能在图形中组织信息以及执行线型、颜色及其他标准。

通过创建图层,可以将类型相似的对象指定给同一个图层使其相关联。例如,可以将图线、文字、标注和标题栏置于不同的图层上。

#### 2. 图层设置的步骤和方法

(1)单击“格式”菜单/单击“图层”选项。 //下达命令。(见图 1-3)

(2)打开“图层特性管理器”对话框,通过对该对话框的操作完成图层的设置(见图 1-4)。

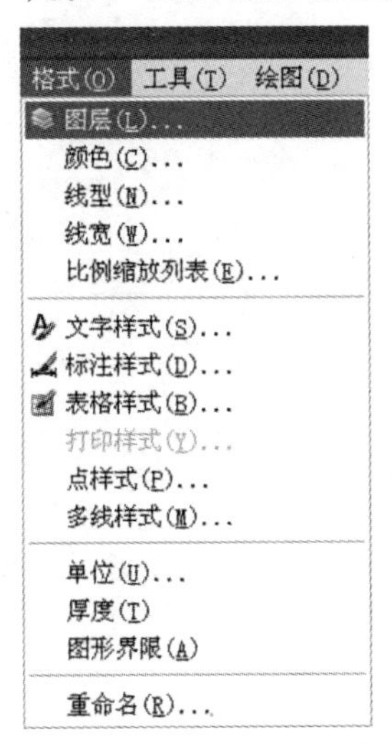


图 1-3 “格式”菜单中的“图层”选项

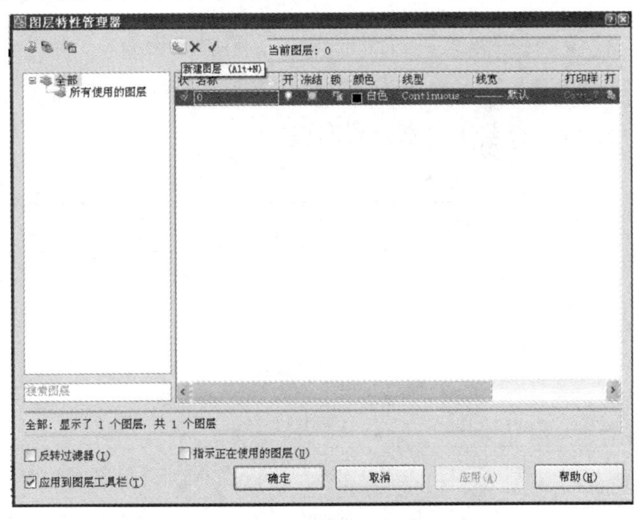


图 1-4 “图层特性管理器”对话框

(3)单击“图层特性管理器”对话框中的新建按钮建立一个新的图层(见图 1-5)。

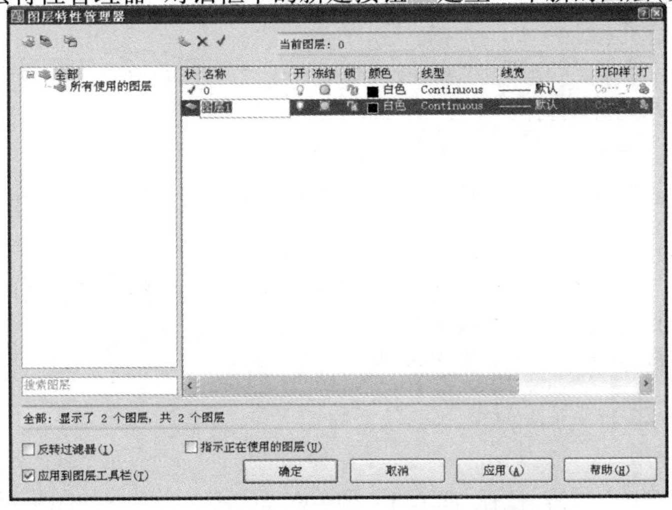


图 1-5 通过“图层特性管理器”新建图层

(4)按要求分别进行“名称、颜色、线型、线宽”等项目的设置。

(5)再次单击“新建”按钮建立另外一个新的图层,方法同上,直到所有图层设置完成后,单击“确定”按钮完成图层设置。

3. 说明

(1)每个图形都包括名为“0”的图层,不能删除或重命名图层“0”。

(2)如果图形进行了尺寸标注操作,那么系统将生成一个名为“Defpoints”的图层。

(3)建议创建几个新图层来组织图形,而不是将整个图形均创建在图层“0”上。

(4)要删除某个图层只要在“图层特性管理器”中选中该图层并单击“删除图层”按钮即可。但是,有 4 种图层是删除不掉的:0 图层、Defpoints 图层、当前图层依赖外部参照的图层、包含对象的图层。

## 二、重点课例

**【课例】**按要求进行图形界限及图层的设置。

(1)设置绘图界限为 420mm×297mm,即 A3 图幅 X 型图限。

(2)按表 1-1 要求设置图层。

**表 1-1**

| 层 名 | 用 途 | 颜 色 | 线 型 | 线 宽 |
|---|---|---|---|---|
| 粗实线 | 绘制粗实线 | 绿色 | Continuous | 0.50 |
| 细实线 | 绘制细实线 | 红色 | Continuous | 0.25 |
| 虚线 | 绘制虚线 | 品红 | Dashed | 0.25 |
| 点画线 | 绘制中心线 | 青色 | Center | 0.25 |
| 尺寸标注 | 标注尺寸 | 黄色 | Continuous | 默认 |
| 文字 | 注写文字 | 蓝色 | Continuous | 默认 |

操作步骤如下。

1. 图形界限的设置

(1)单击“格式”菜单/单击“图形界限”选项。　　//下达命令。(见图 1-1)

(2)图形界限设置命令行操作。

重新设置模型空间界限:

指定左下角点或[开(ON)/关(OFF)]<0.0000,0.0000>:↙　　//不改变左下角点直接回车。

指定右上角点<420.0000,297.0000>:420,297↙　　//改变右上角点的坐标,可以在<420.0000,297.0000>:直接回车取缺省值。

命令:　　//命令结束。

(3)执行图形界限全部显示命令。

(4)查看图形界限。

单击“状态栏”中的“栅格”按钮(或按 F7 键)可以看到充满屏幕的栅格点(见图 1-2),这就是所设置的绘图范围(本例是将绘图区背景颜色设置成了白色,默认状态下是黑底色白点)。

说明:栅格点之间的间距默认为 10mm,因此,从最下面栅格点到最上面栅格点的垂直距离为 290mm。画图纸边框线时就不能用最外边的 4 个栅格点来确定矩形。

具体操作应该是:执行绘“矩形”命令/在“指定第一个角点”提示下捕捉左下角的栅格点为第一个角点/在“指定另一个角点”的提示下输入“@ 420,297 ↙”即可。

这样绘制出的矩形边框要比栅格上边超出 7mm。

2. 图层的设置

(1)单击“格式”菜单/单击“图层”选项。　　//下达命令。(见图 1-3)

(2)打开“图层特性管理器”对话框(见图 1-4)。

(3)单击“图层特性管理器”对话框中的新建按钮建立一个新的图层(见图 1-5)。

(4)单击默认名“图层 1”并重新命名为“粗实线”/单击“白色”打开“选择颜色”选项板(见图 1-6)并按要求选择“绿色”/单击“确定”/单击“线宽”打开“线宽”选项板(见图 1-7)并选择“0.50 毫米”。

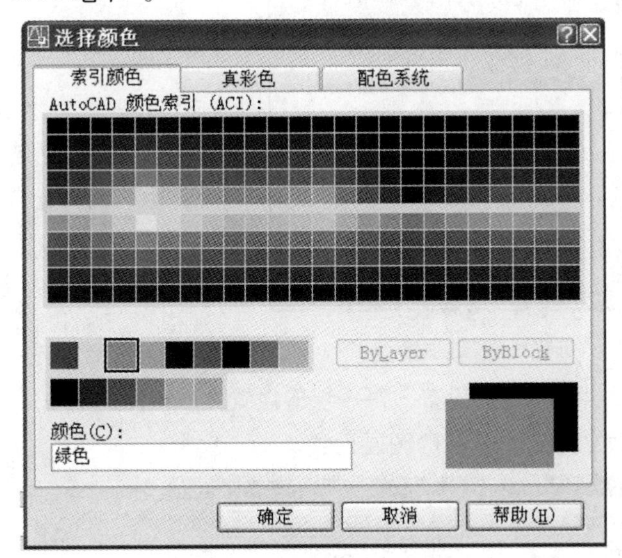


图 1-6　“选择颜色”选项板

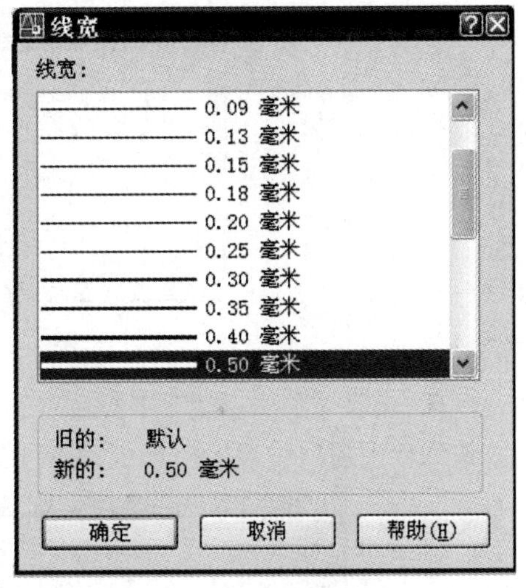


图 1-7　“线宽”选项板

默认的线型为实线线型,因此,粗实线的线型为默认不需选择。到此第一层粗实线图层设置完毕。其他图层的设置方法和步骤与之相同。

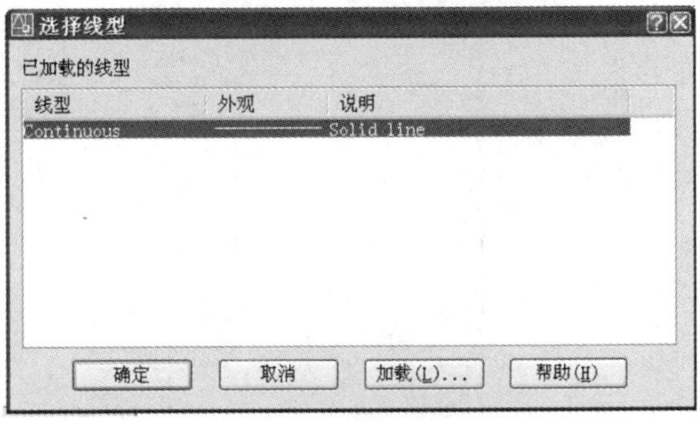

(5)设置不同的线型。

在“图层特性管理器”对话框中单击新建图层的“线型”,打开“选择线型”选项板(见图 1-8)/单击其中的“加载”按钮打开“加载或重载线型”选项板(见图 1-9 和图1-10)并按要求选择所需要的线型/单击“确定”。可以在“加载或重载线型”选项板中按下“Ctrl”键的同时把所有需要的线型选完再“确定”。

图 1-8　“选择线型”选项板

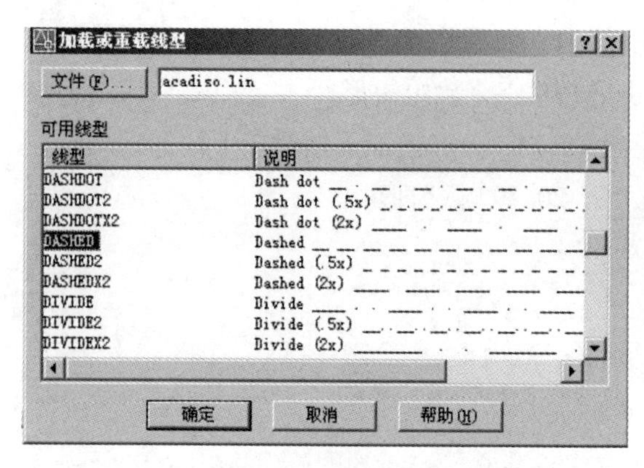

图 1-9 “加载或重载线型”选项板(a)

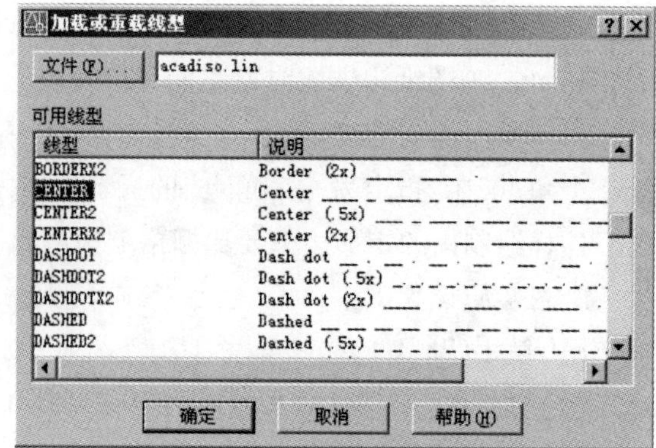

图 1-10 加载或重载线型选项板(b)

把所选择的不同线型放入“选择线型”选项板(见图 1-11)中,再根据不同的图层在其中选择不同的线型,单击“确定”按钮即可完成线型的设置。

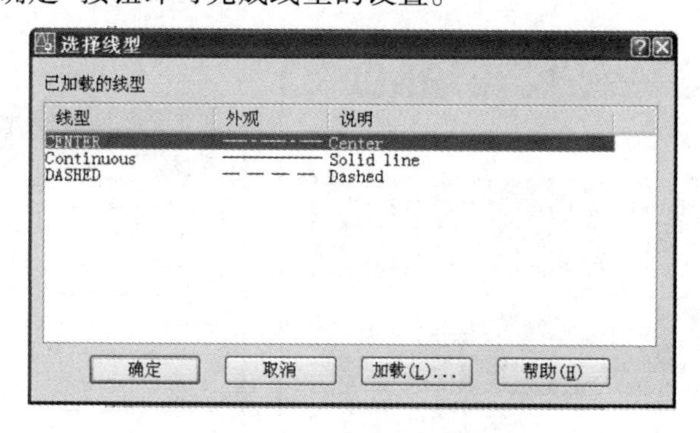

图 1-11 “选择线型”选项板

至此,完成了图层设置中名称、颜色、线型、线宽的设置。每一层的设置方法相同。

按课例中图层设置的操作步骤,完成如图 1-12 所示的图层设置。

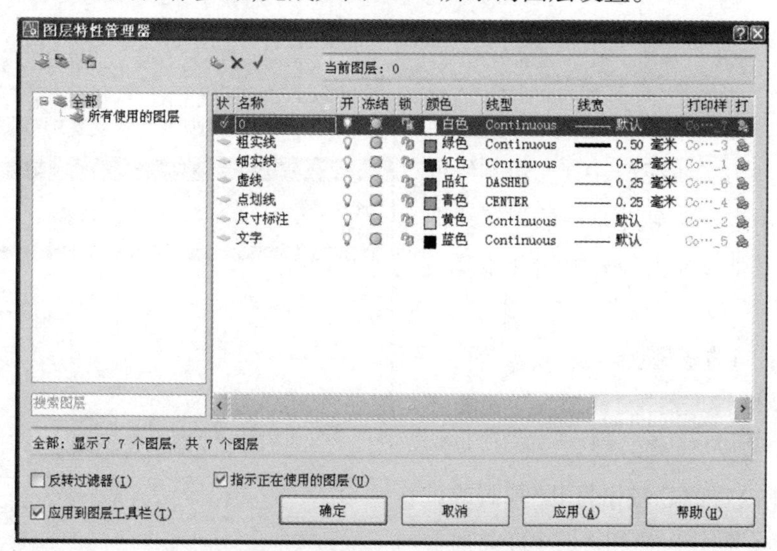

图 1-12 设置完成的“图层特性管理器”

# 第2章　图形绘制与编辑

## 一、相关知识

### (一)绘图命令

AutoCAD 图形软件的绘图功能主要由绘图命令来完成。执行绘图命令可以绘制出组成复杂图形的基本图元素,比如,点、直线、曲线、圆等。

绘图命令有很多,但按绘图命令的几何功能可以分为以下几类。

(1)绘制点的命令(单点、多点、等分点);

(2)绘制直线的命令(直线、构造线、多段线和多线);

(3)绘制曲线的命令(圆弧、椭圆弧和样条曲线);

(4)绘制封闭图形的命令(圆、矩形、多边形、椭圆和面域)。

表2-1列出了绘图命令的分类、名称、缩写名、命令的功能、操作步骤及说明等内容。在绘图命令中有些命令在某项功能是一样的,到底用哪个命令要根据具体的图样来选择,尽可能地使绘图效率提高。

**表2-1　绘图命令说明**

| 分类 | 中文名称 | 缩写名称 | 功　能 | 操作步骤 | 说　　明 |
|---|---|---|---|---|---|
| 绘点 | 点 | po | (1)绘制单点;<br>(2)绘制多点;<br>(3)绘制定数等分点;<br>(4)绘制定距等分点 | (1)依次单击“格式”菜单“点样式”,在“点样式”对话框中选择一种点样式,单击“确定”;<br>(2)依次单击“绘图”菜单/“点”/“单点”;<br>(3)指定点的位置 | (1)po↙下命令方式为绘制单点;<br>(2)单击按钮下命令方式为绘制多点;<br>(3)定数等分和定距等分点要通过菜单法下命令 |
| 绘直线 | 直线 | l | (1)绘制直线段;<br>(2)绘制折线;<br>(3)绘制封闭多边形 | (1)下达命令;<br>(2)指定起点(可以使用定点设备,也可以在命令行上输入坐标值);<br>(3)指定端点完成第一条线段(要放弃前面绘制的线段,输入“u”);<br>(4)指定其他线段的端点;<br>(5)按“Enter”键结束,或者按“C”键闭合一系列直线段 | (1)用直线命令绘制的折线或多边形是多个实体的组合;<br>(2)确定直线端点时可以用鼠标捕捉点,也可以输入坐标值 |

续表

| 分类 | 中文名称 | 缩写名称 | 功 能 | 操作步骤 | 说 明 |
|---|---|---|---|---|---|
| 绘直线 | 构造线 | xl | (1)绘制水平或垂直的直线;<br>(2)绘制与水平线成角度的直线;<br>(3)绘制角的平分线;<br>(4)绘制已知线段的平行线 | (1)下达命令;<br>(2)指定一点为构造线的根;<br>(3)指定第二个点,即构造线要经过的点;<br>(4)根据需要继续指定构造线(所有后续参照线都经过第一个指定点);<br>(5)按“Enter”键结束命令 | 一般用来绘制辅助线 |
| | 多段线 | pl | (1)绘制直线段;<br>(2)绘制折线;<br>(3)绘制封闭的多边形;<br>(4)绘制等宽或不等宽线段 | (1)下达命令;<br>(2)指定多段线的起点;<br>(3)指定第一条多段线线段的端点;<br>(4)根据需要继续指定线段端点;<br>(5)按“Enter”键结束,或者按“C”键闭合一系列直线段 | 一次命令所绘制的多段线为一个实体 |
| | 多线 | ml | 一笔绘制多条相互平行的直线组(可以设置线型、颜色及线间距) | (1)单击“格式”菜单选“多线样式”先设置多样式;<br>(2)再执行“ml”命令绘制多线 | (1)线间距=比例×偏移值;默认比例为20;<br>(2)最多绘制16条 |
| 绘闭合图形 | 正多边形 | pol | 绘制规则的多边形 | (1)下达命令;<br>(2)在命令行上输入边数;<br>(3)选择绘制方法(中心法或边方法);<br>(4)按照命令行的提示输入相应的参数值 | 可创建具有3~1 024条等长边的闭合多段线 |
| | 矩形 | rec | 绘制指定长度、宽度、面积和旋转参数的矩形,还可以控制矩形上角点的类型(圆角、倒角或直角) | (1)下达命令;<br>(2)指定第一个角点或选择改变矩形样式的选项;<br>(3)指定另一个角点或选择不同参数绘矩形的选项 | |
| | 圆 | c | 根据不同的参数量绘制圆 | (1)下达命令;<br>(2)指定圆的圆心或选择其他绘圆方式;<br>(3)按命令行的提示输入相应的数值 | “相切、相切、相切”的绘图方式在“绘图”菜单中的“圆”选项中 |
| | 椭圆 | el | 绘制椭圆或椭圆弧 | (1)下达命令;<br>(2)指定椭圆的轴端点或选择“其他”项(绘椭圆弧选“A”选项);<br>(3)按命令行提示输入相应参数或作相应回应 | |
| | 面域 | reg | 将包含封闭区域的对象转换为面域对象(面域是用闭合的形状或环创建的二维区域) | (1)下达命令;<br>(2)选择要创建为面域的图形对象;<br>(3)回车结束命令 | 如果有两个以上的曲线共用一个端点,得到的面域可能是不确定的 |

续表

| 分类 | 中文名称 | 缩写名称 | 功　能 | 操作步骤 | 说　明 |
|---|---|---|---|---|---|
| 绘曲线 | 圆弧 | a | 根据不同的参数量绘制圆弧 | (1)依次单击“绘图”菜单/“圆弧”选择绘制方式;<br>(2)按绘制方式顺序依次单击点或输入参数 | 单击“继续”选项可使圆弧对象与前一对象相切 |
| | 修订云线 | revcloud | 创建由连续圆/弧组成的多段线以构成云线形 | (1)下达命令;<br>(2)根据命令提示,指定新的最大和最小弧长或者指定修订云线的起点;<br>(3)沿着云线路径移动十字光标(要更改圆弧的大小,可以沿着路径单击拾取点);<br>(4)按“Enter”键停止绘制修订云线(要闭合修订云线,请返回到它的起点) | 默认的弧长最小值和最大值设置为0.500 0个单位。弧长的最大值不能超过最小值的3倍 |
| | 样条曲线 | spl | 通过指定点来创建样条曲线(也可以封闭样条曲线) | (1)下达命令;<br>(2)指定样条曲线的起点;<br>(3)定点样条曲线经过点;<br>(4)按“Enter”键结束;<br>(5)指定起点切线和端点切线 | 公差表示样条曲线拟合所指定的拟合点集时的拟合精度 |
| 填充 | 图案填充 | bh | 用填充图案或渐变填充来填充封闭区域或选定对象 | (1)下达命令;<br>(2)选择填充图案或渐变色;<br>(3)选择合适的比例;<br>(4)选择边界选取方法;<br>(5)单击“确定”完成 | (1)如果填充边界封闭,用“拾取点”方式选定边界;<br>(2)如果填充边界不封闭,则用“选择对象”方式确定边界 |

### (二)修改命令

AutoCAD 图形软件其图形的编辑修改功能主要由修改命令完成,修改命令是绘编图形最重要的命令,是工程图绘制中用得最频繁的命令。按修改命令的修改功能可以分为以下几类。

(1)具有删除功能的修改命令(删除、修剪、打断等);

(2)具有复制功能的修改命令(复制、镜像、偏移、阵列等);

(3)具有移动功能的修改命令(移动);

(4)具有旋转功能的修改命令(旋转);

(5)具有缩放功能的修改命令(比例、拉伸、拉长);

(6)具有改变形状功能的修改命令(合并、倒角、圆角)。

表 2-2 列出了修改命令的分类、名称、缩写名、命令的功能、操作步骤及说明等内容。在修改命令中有些命令在某项功能上是一样的,到底用哪个命令要根据具体的图样来选择,尽可能地使绘图效率提高。

表 2-2 修改命令说明

| 分类 | 中文名称 | 缩写名称 | 功能 | 操作步骤 | 说明 |
|---|---|---|---|---|---|
| 去除功能 | 删除 | e | 从图形中删除选定的对象 | (1)下达命令；<br>(2)选择要删除的对象；<br>(3)回车确定并结束命令 | 在“选择对象”提示下：<br>(1)输入“L”(上一个)，删除绘制的上一个对象；<br>(2)输入“P”(上一个)，删除上一个选择集；<br>(3)输入“all”，从图形中删除所有对象；<br>(4)输入“?”，查看所有选择方法列表 |
| | 修剪 | tr | 按其他对象定义的剪切边修剪对象 | (1)下达命令；<br>(2)选择作为剪切边的对象，回车结束选择(如果要选择所有显示的对象作为潜在剪切边，按“Enter”而不选择任何对象)；<br>(3)选择要修剪的对象(可以点选或窗选对象)；<br>(4)回车确定并结束命令 | (1)要选择包含块的剪切边或边界边，只能选择“窗交”“栏选”和“全部选择”选项中的一个；<br>(2)选择的剪切边或边界边无需与修剪对象相交 |
| | 打断 | br | (1)在两点之间打断选定对象；<br>(2)将对象一分为二并且不删除某个部分 | (1)下达命令；<br>(2)选择要打断的对象[默认情况下，在其上选择对象的点为第一个打断点。要选择其他断点对，请输入“f”(第一个)，然后指定第一个断点]；<br>(3)指定第二个打断点(要打断对象而不创建间隙，请输入“@0,0”以指定上一点)命令结束 | 将按逆时针方向删除圆上第一个打断点到第二个打断点之间的部分，从而将圆转换成圆弧 |
| 复制功能 | 复制 | Co | 在指定方向上按指定距离复制对象 | (1)下达命令；<br>(2)选择要复制的对象；<br>(3)指定基点；<br>(4)指定第二点；<br>(5)回车确定并结束命令 | (1)默认下执行多重复制；<br>(2)在输入相对坐标时，无须像通常情况下那样包含@标记，因为相对坐标是假设的 |
| | 镜像 | mr | 以直线或平面为对称创建对象的镜像图像副本 | (1)下达命令；<br>(2)选择要镜像的对象；<br>(3)回车结束对象选择；<br>(4)指定镜像线的第一点；<br>(5)指定镜像线的第二点；<br>(6)选择是否要删除源对象；<br>(7)回车确定并结束命令 | (1)二维图形对象镜像是以直线为对称轴对称的；<br>(2)三维图形对象的镜像是以平面为对称面对称的 |

续表

| 分类 | 中文名称 | 缩写名称 | 功　能 | 操作步骤 | 说　　明 |
|---|---|---|---|---|---|
| 复制功能 | 偏移 | o | 创建同心圆、平行线和平行曲线 | (1)下达命令;<br>(2)指定偏移距离(可以输入值或使用定点设备);<br>(3)选择要偏移的对象;<br>(4)指定要放置新对象的一侧上的一点;<br>(5)选择另一个要偏移的对象,或回车确定结束命令 | 二维多段线和样条曲线在偏移距离大于可调整的距离时将自动进行修剪 |
| | 阵列 | ar | 创建按指定方式排列的多个对象副本 | (1)下达命令;<br>(2)在“阵列”对话框中选择阵列类型;<br>(3)如果是“矩形阵列”在对话框中选择和输入:行数值、列数值、行偏移值、列偏移值、阵列角度;<br>(4)选择要阵列的对象,回车;<br>(5)单击“确定”结束命令;<br>(3)如果是“环形阵列”,在对话框中选择和输入:指定中心点、选择方法、项目总数、填充角度;<br>(4)选择要阵列的对象回车;<br>(5)单击“确定”结束命令 | (1)矩形阵列中,行偏移和列偏移值的正负将影响对象的生成方向;<br>(2)三维图形对象作阵列,除了指定列数($X$ 方向)和行数($Y$ 方向)以外,还要指定层数($Z$ 方向) |
| 移动功能 | 移动 | m | 在指定方向上按指定距离移动对象 | (1)下达命令;<br>(2)选择要移动的对象;<br>(3)指定移动基点;<br>(4)指定第二个点(选定对象将移到由第一点和第二点间的方向和距离确定的新位置)命令结束 | (1)使用坐标、栅格捕捉、对象捕捉和其他工具可以精确移动对象;<br>(2)可以使用夹点来快速移动和复制对象 |
| 旋转功能 | 旋转 | ro | 围绕基点旋转对象 | (1)下达命令;<br>(2)选择要旋转的对象,回车;<br>(3)指定旋转基点;<br>(4)指定旋转角度或选项;<br>(5)回车确定并结束命令 | 如果不知道旋转角度值而只知道旋转的起止位置,可以用“参照 r”选项操作 |
| 缩放功能 | 比例 | sc | 在 $X$、$Y$ 和 $Z$ 方向按比例放大或缩小对象 | (1)下达命令;<br>(2)选择要缩放的对象回车;<br>(3)指定基点;<br>(4)输入比例因子或拖动并单击指定新比例,回车确定并结束命令 | (1)如果不知道比例因子的具体值而只知道某缩放边的起止位置,可以用“参照 r”选项操作;<br>(2)比例因子就是比例值。比例因子大于 1 时将放大对象,比例因子介于 0 和 1 之间时将缩小对象 |

续表

| 分类 | 中文名称 | 缩写名称 | 功　能 | 操作步骤 | 说　明 |
| --- | --- | --- | --- | --- | --- |
| 缩放功能 | 拉伸 | s | 移动或拉伸对象 | (1)下达命令；<br>(2)选择被拉伸的对象(要用交叉窗口选择对象而且交叉窗口必须至少包含一个顶点或端点)，确定窗口并回车；<br>(3)指定基点或选项 | (1)如果对象被完全包含在交叉窗口中，那么对象将移动而不是拉伸；<br>(2)包含在交叉窗口中的点将移动，而在交叉窗口外的点不动 |
| | 延伸 | ex | 将对象延伸到另一对象 | (1)下达命令；<br>(2)选择作为边界边的对象(如果要选择所有显示的对象作为潜在边界的边，按回车键而不选择任何对象)；<br>(3)选择要延伸的对象；<br>(4)回车确定并结束命令 | 在三维空间中，可以修剪对象或将对象延伸到其他对象，而不必考虑对象是否在同一个平面上，或对象是否平行于剪切或边界的边 |
| 改变形状功能 | 合并 | j | 将对象合并以形成一个完整的对象 | (1)下达命令；<br>(2)选择要合并对象的源对象；<br>(3)选择要合并到源对象中的一个或多个对象(有效的对象包括圆弧、椭圆弧、直线、多线段和样条曲线)，命令结束 | (1)合并两条或多条圆弧(或椭圆弧)时，将从源对象开始沿逆时针方向合并圆弧(或椭圆弧)；<br>(2)样条曲线合并，两线中间不能有空隙而且要端点相重合，这样才能把两条曲线合并成一条曲线 |
| | 倒角 | cha | 给对象加倒角 | (1)下达命令；<br>(2)选择第一条直线或选其他项(重新设置倒角距离等项)；<br>(3)选择第二条直线，或按住 Shift 键选择要应用角点的直线，命令结束 | (1)可以倒角的对象是：直线、多段线、射线、构造线及三维实体；<br>(2)给通过直线段定义的图案填充边界加倒角会删除图案填充的关联性。如果图案填充边界是通过多段线定义的，将保留关联性；<br>(3)如果要被倒角的两个对象都在同一图层，则倒角线将位于该图层。否则，倒角线将位于当前图层上。此图层影响对象的特性(包括颜色和线型)；<br>(4)使用“多个”选项可以为多组对象倒角而无须结束命令 |

续表

| 分类 | 中文名称 | 缩写名称 | 功　能 | 操作步骤 | 说　　明 |
|---|---|---|---|---|---|
| 改变形状功能 | 圆角 | f | 给对象加圆角 | (1)下达命令；<br>(2)选择第一条直线或选其他项(重新设置半径等项)；<br>(3)选择第二条直线,或按住 Shift 键选择要应用角点的直线,命令结束 | (1)可以圆角的对象是圆弧、圆、椭圆和椭圆弧、直线、多段线、射线、样条曲线、构造线及三维实体；<br>(2)给通过直线段定义的图案填充边界进行圆角会删除图案填充的关联性。如果图案填充边界是通过多段线定义的,将保留关联性；<br>(3)如果要进行圆角的两个对象位于同一图层上,那么将在该图层创建圆角弧,否则,将在当前图层创建圆角弧。此图层影响对象的特性(包括颜色和线型)；<br>(4)使用"多个"选项可以圆角多组对象而无须结束命令 |
| 分解功能 | 分解 | x | 将合成对象分解为其部件对象 | (1)下达命令；<br>(2)选择要分解的对象；<br>(3)回车确定并结束命令 | 任何分解对象的颜色、线型和线宽都可能会改变。其他结果根据分解的合成对象类型的不同会有所不同 |
| 综合功能 | 对齐 | al | 在二维和三维空间中将对象与其他对象对齐 | (1)下达指令；<br>(2)选择要对齐的对象；<br>(3)指定第一个源点,然后指定第一个目标点(如果现在按 Enter 键,对象将从源点移到目标点)；<br>(4)指定第二个源点,然后指定第二个目标点；<br>(5)指定第三个源点或按 Enter 键继续。指定是否缩放对象到对齐点 | (1)对象先对齐(移动和旋转到位),后缩放；<br>(2)第一个目标点是缩放的基点,第一个和第二个源点之间的距离是参照长度,第一个和第二个目标点之间的距离是新的参照长度 |

**(三)绘图辅助工具**

要做到高效、准确地绘制图形,除了要掌握好绘图命令和修改命令外,还要熟练掌握绘图辅助工具的使用。

在状态栏上的绘图辅助工具：捕捉 栅格 正交 极轴 对象捕捉 对象追踪 DYN 线宽 模型。

(1)捕捉:控制不可见的栅格使光标按指定的间距移动。可以通过单击状态栏上的"捕捉",或按"F9"键,或使用系统变量 SNAPMODE 来打开或关闭捕捉模式。

栅格捕捉类型分为：

1)矩形捕捉:将捕捉样式设置为标准"矩形"捕捉模式。当捕捉类型设置为"栅格"并且打开"捕捉"模式时,光标将捕捉矩形捕捉栅格。(SNAPSTYL 系统变量)

2)等轴测捕捉:将捕捉样式设置为"等轴测"捕捉模式。当捕捉类型设置为"栅格"并且打开"捕捉"模式时,光标将捕捉等轴测捕捉栅格。(SNAPSTYL 系统变量)

(2)栅格:控制点栅格的显示,有助于将距离形象化。可以通过单击状态栏上的"栅格",或按"F7"键,或使用系统变量 GRIEMODE 来打开或关闭栅格点模式。

栅格点的间距值必须为正实数。角度用来按指定角度旋转捕捉栅格。

(3)正交:可以将光标限制在水平或垂直方向上移动,以便于精确地创建和修改对象。

**注意** "正交"模式和极轴追踪不能同时打开。打开"正交"将关闭极轴追踪。

(4)极轴:将捕捉类型设置为"极轴捕捉"。如果打开了"捕捉"模式并在极轴追踪打开的情况下指定点,光标将沿在"极轴追踪"选项卡上相对于极轴追踪起点设置的极轴对齐角度进行捕捉。(SNAPTYPE 系统变量)

**注意**

1)附加角度是绝对的,而非增量的。

2)最多可以添加 10 个附加极轴追踪对齐角度。

(5)对象捕捉:控制对象捕捉设置。使用执行对象捕捉设置(也称为对象捕捉),可以在对象上的精确位置指定捕捉点。选择多个选项后,将应用选定的捕捉模式,以返回距离靶框中心最近的点。按 Tab 键遍历这些选项。

对象捕捉自动捕捉项目可以通过"草图设置"对话框根据需要来设置(见图 2-1)。

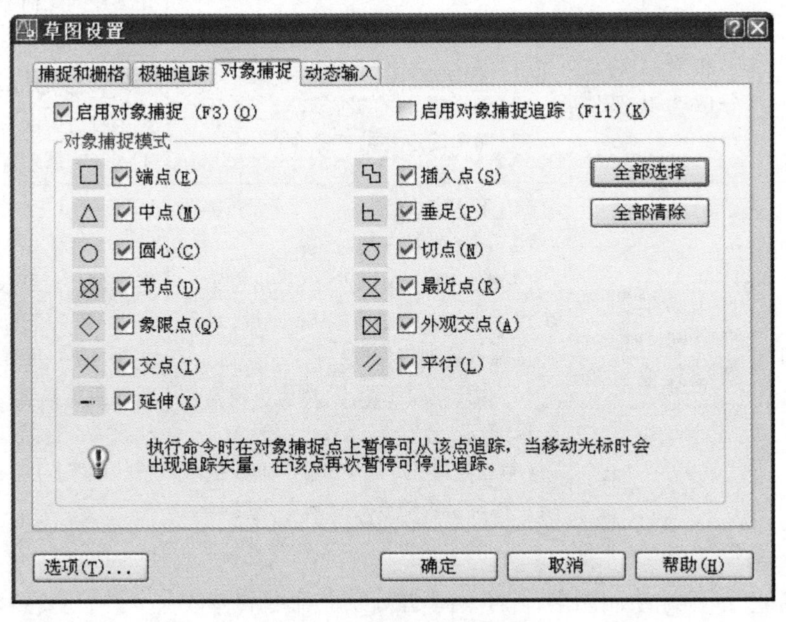


**图 2-1 "草图设置"对话框**

可以通过单击状态栏上的"对象捕捉",或按"F3"键来执行对象捕捉。

**注意**

1)如果同时打开"交点"和"外观交点"执行对象捕捉,可能会得到不同的结果。

2)当用"自选项"结合"切点"捕捉模式来绘制除开始于圆弧或圆的直线以外的对象时,第一个绘制的点是与在绘图区域最后选定的点相关的圆弧或圆的切点。

3)对象捕捉是完成精确制图和精确标注不可缺少的工具,因此要学会并善于应用。

(6)对象追踪:设置对象捕捉追踪选项。

仅正交追踪:当对象捕捉追踪打开时,仅显示已获得的对象捕捉点的正交(水平/垂直)对象捕捉追踪路径。

用所有极轴角设置追踪:将极轴追踪设置应用于对象捕捉追踪。使用对象捕捉追踪时,光标将从获取的对象捕捉点起沿极轴对齐角度进行追踪。

**注意** 单击状态栏上的"极轴"和"对象追踪"也可以打开或关闭极轴追踪和对象捕捉追踪。

(7)DYN:"动态输入",即在光标附近提供了一个命令界面,以帮助用户专注于绘图区域。

单击状态栏上的"DYN"来打开和关闭"动态输入"。按住"F12"键可以临时将其关闭。"动态输入"有三个组件:指针输入、标注输入和动态提示。在"动态"上单击鼠标右键,然后单击"设置",以控制启用"动态输入"时每个组件所显示的内容。

**注意**

1)透视图不支持"动态输入"。

2)对于标注输入,在输入字段中输入值并按"Tab"键后,该字段将显示一个锁定图标,并且光标会受输入值的约束。

(8)线宽:控制线宽是否在当前图形中显示。

(9)模型:在模型空间和图纸空间之间切换。

## 二、重点课例

**【课例1】**按图2-2的要求使用绘图和修改命令抄画CPU风扇图样。

(1)图样分析:该例绘图部分主要执行圆、正多边形及直线命令,编辑命令主要用到修剪命令、偏移命令。因为绘制图形的步骤是从基准线(也就是从画点画线)开始的,所以绘制正方形时不要用直线命令,一来不好定位,二来不利于偏移命令的操作。

(2)绘制编辑方法和步骤:

1)绘制基准线(点画线线型),再执行正多边形命令(见图2-3)。

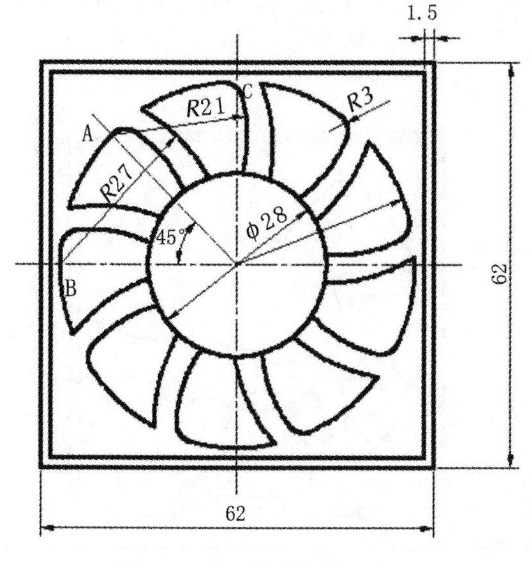


图2-2　CPU风扇图样

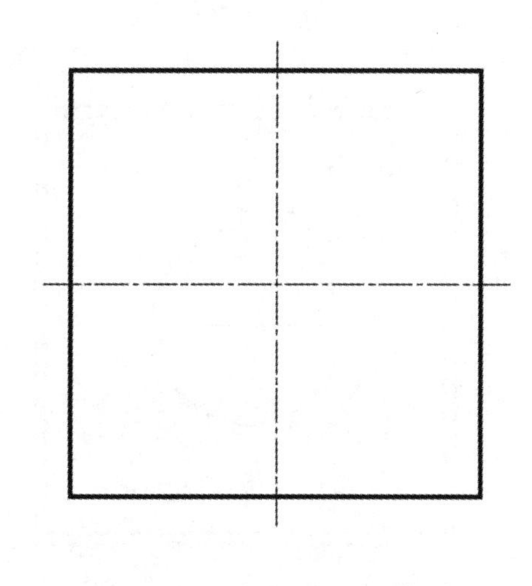

图2-3　绘图步骤1

命令:polygon ↙　　//下达命令

POLYGON 输入边的数目<4>:4　　//输入边数为 4 正方形

指定正多边形的中心点或[边(E)]:　　//用鼠标单击基准线的交点

输入选项[内接于圆(I)/外切于圆(C)]<C>:c　　//选择外切于圆方法

指定圆的半径:31　　//指定外切于圆的半径 62 的一半

命令:　//命令结束

2)以基准线为圆心,分别以 14 和 28 绘制圆(选择粗实线绘制),再执行偏移命令以 1.5 的偏移量将正方形向内偏移(见图 2-4)。

3)以圆与基准线的交点 B 为圆心、以 27 为半径画圆形,以圆与 45°线相交点 A 为圆心、以 21 为半径画圆形,再选择画圆命令中的"相切、相切、半径"选项,以半径为 3 画圆形(见图 2-5)。

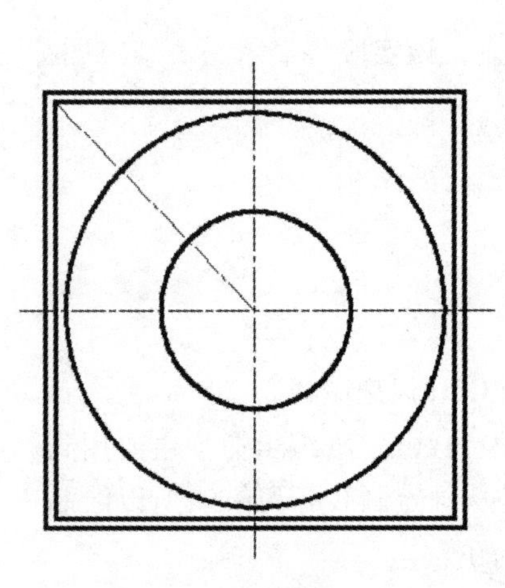

图 2-4　绘图步骤 2

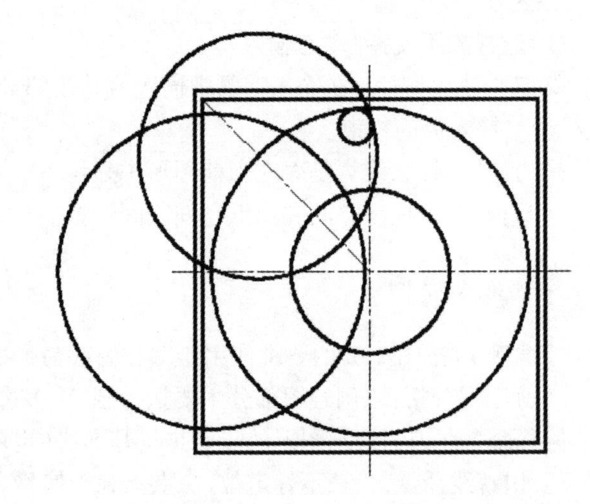

图 2-5　绘图步骤 3

4)使用修剪命令将多余的线段修剪掉(见图 2-6)。

5)使用阵列命令中的环形阵列选择,阵列中心在基准线的交点,阵列数目为 9,阵列对象选择扇叶,确定完成(见图 2-7)。

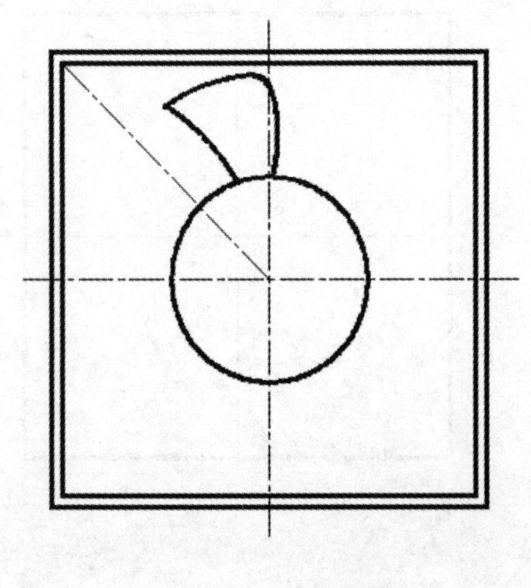

图 2-6　绘图步骤 4

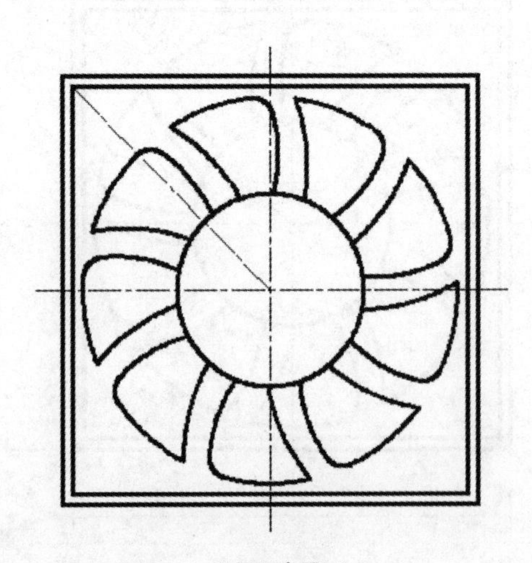

图 2-7　绘图步骤 5

【**课例 2**】按图 2-8 的要求使用绘图和修改命令抄画吊钩图样。

(1)图样分析:该例绘图部分主要执行圆命令和直线命令,编辑命令主要用到修剪命令和圆角命令。

(2)绘制编辑方法和步骤:先画基准线→定位线→已知线段→中间线段→连接线段。

1)先画基准线(一横一竖垂直相交的点画线),再绘制出所有的定位线,如图 2-9 所示。

2)绘制出所有已知线段和中间线段,如图 2-10 所示。

3)用绘圆命令中的“相切、相切、半径”选项绘制出 *R*5 的圆和 *R*90 的圆,*R*60 的圆因为是外切连接可以用圆角命令来编辑,这样就省得修剪了,如图 2-11 所示。

4)最后照图样进行修剪,结果如图 2-12 所示。

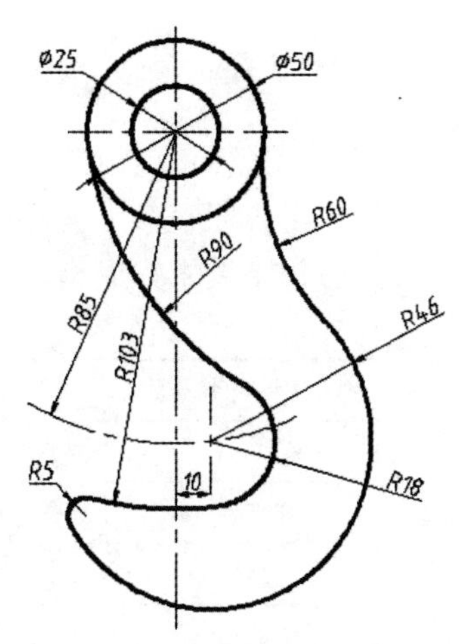


图 2-8　平面吊钩图样

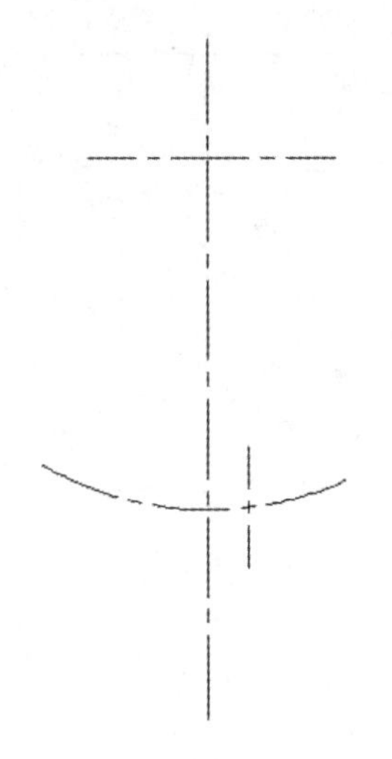

图 2-9　吊钩图样绘图步骤 1

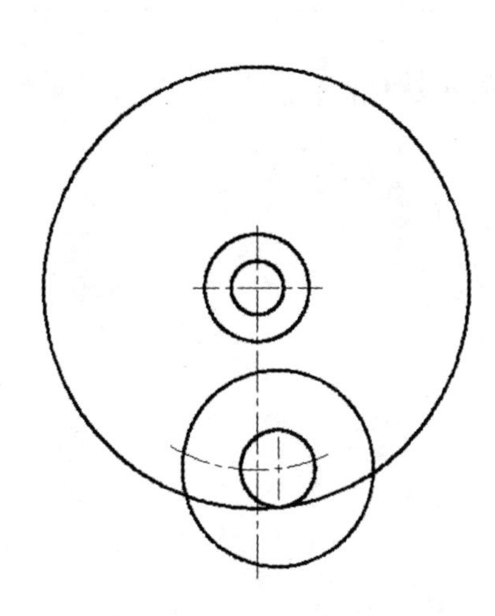

图 2-10　吊钩图样绘图步骤 2

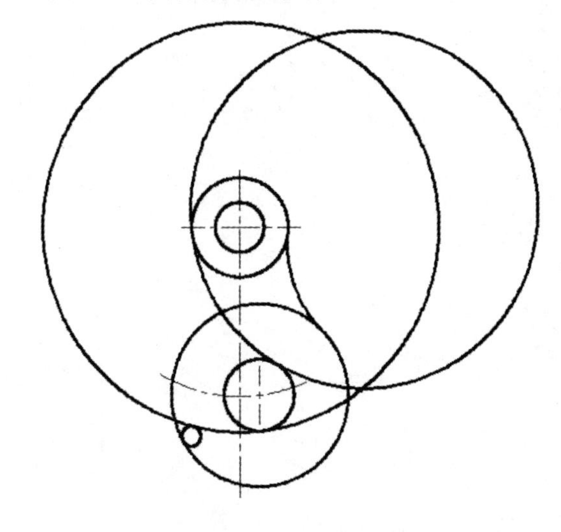

图 2-11　吊钩图样绘图步骤 3

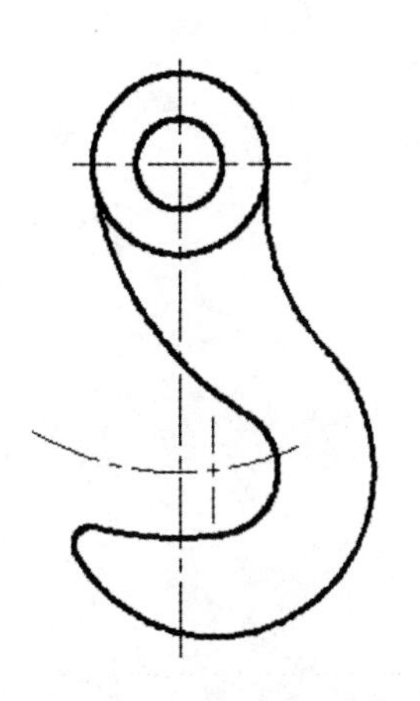

图 2-12　吊钩平面图形

## 三、练习题

按要求完成初始绘图环境设置:
(1)图形界限设置为 A3(420mm×297mm)图幅大小。
(2)按以下要求完成相关图层、颜色、线型等的设置(见表 2-3)。

表 2-3

| 用 途 | 层 名 | 颜 色 | 线 型 | 线 宽 |
|---|---|---|---|---|
| 粗实线 | 0 | 洋红 | 实线 | 0.5 |
| 细实线 | 1 | 红 | 实线 | 0.25 |
| 虚线 | 2 | 黑/白 | 虚线 | 0.25 |
| 中心线 | 3 | 紫 | 点画线 | 0.25 |
| 尺寸标注 | 4 | 灰 | 实线 | 0.25 |
| 文字 | 5 | 蓝 | 实线 | 0.25 |

(3)其余未作要求的参数使用系统缺省配置。

# 第 3 章　文字样式的设置与注写

## 一、相关知识

工程图上除了有图形信息以外还存在着非图形信息，例如文字信息。要想在工程图上注写出合适的文字，必须先对文字的样式进行设置，然后进行注写。

文字样式的设置是通过对话框的操作来完成的，点击“格式”菜单/点选“文字样式”，弹出“文字样式”对话框，如图 3-1 和图 3-2 所示。

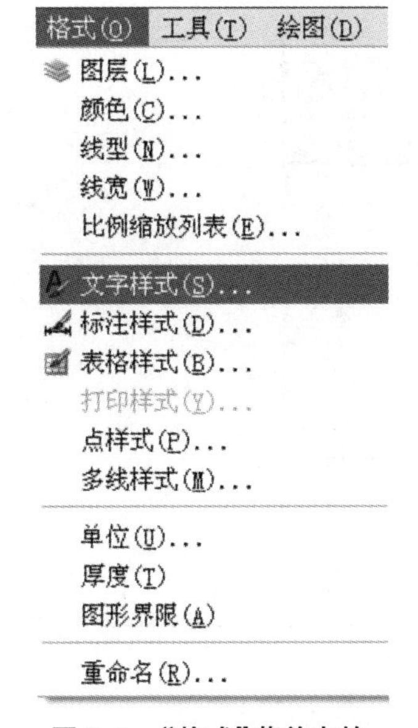


**图 3-1　“格式”菜单中的“文字样式”选项**

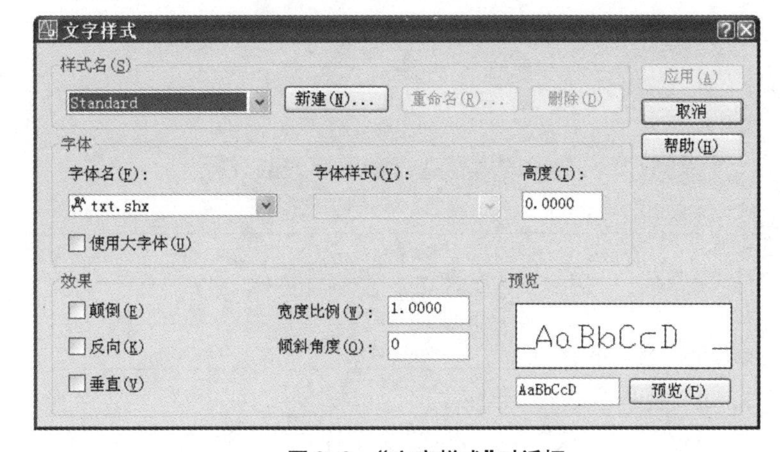


**图 3-2　“文字样式”对话框**

在最初打开的“文字样式”对话框中显示出的样式是默认样式，要想获得符合工程图要求的效果必须重新设置。

(1)单击“新建...”按钮(打开“新建文字样式”对话框，如图 3-3 所示)，重新设置新的样式。

(2)在“新建文字样式”对话框中输入新的样式名。

(3)单击“确定”按钮回到“文字样式”对话框中。

(4)选择文字的字体名(例如中文体中的宋体、楷体等)。

**注意** 要选择中文字体名(例如选择宋体)必须将“使用大字体”复选框中的对钩去掉，否则字体名下拉列表中无中文字体名。

如果字体名选择的不是中文字体名(例如选择 isocp. shx)，则必须在“使用大字体”复选框中点上对钩，并且在“大字体”下拉列表中选择“gbcbig. shx”。否则，写出的字体不是中文字，而可能是亚洲其他国家的字体。

(5)在高度文本框中设置文字的高度。

注意 如果在对话框中没有设置高度,仍然是 0.000 0,那么在注写文字之前系统将在命令行提示用户设置高度。如果设置了高度,则在注写文字之前系统将不在命令行提示用户设置高度,执行所设置的高度。

(6)按工程图的要求进行效果区的设置,例如"宽度比例""倾斜角度"等项目的设置。

(7)一个新样式设置完成后,单击"应用"按钮完成一个样式的设置。

注意 如果一个样式设置完成后,没有点击"应用"按钮,则系统将不保存当前文字样式的设置。

(8)重新单击"新建"按钮进行下一个文字样式的设置,一直到所有的文字的样式都设置完成后,单击"文字样式"对话框右上角的"关闭"按钮,关闭对话框。

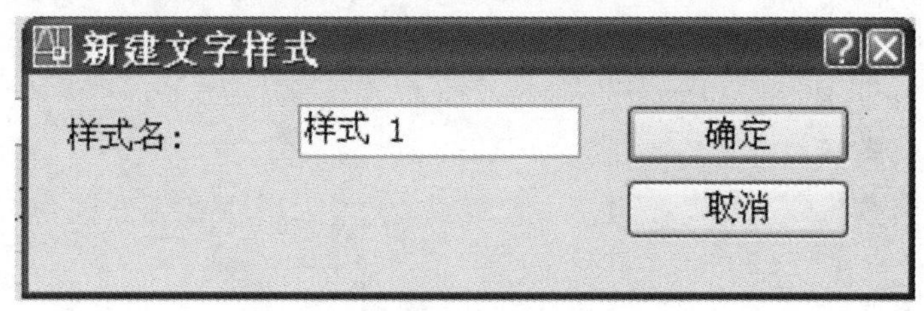


**图 3-3 "新建文字样式"对话框**

## 二、重点课例

**【课例】**按表 3-1 的内容进行文字样式的设置。

**表 3-1**

| 样式名 | 字体名 | 高 度 | 宽度比例 | 倾斜角度 |
|---|---|---|---|---|
| 小汉字 | 楷体 | 3.5 | 0.75 | 5 |
| 尺寸标注字 | isocp. shx | 5 | 0.85 | 8 |

设置操作方法和步骤:

(1)单击"格式"菜单/点选"文字样式"打开"文字样式"对话框(见图 3-2)。

(2)在"文字样式"对话框中单击"新建"按钮,在打开的"新建文字样式"对话框中按要求将样式名改为"小汉字",单击"确定"按钮(回到文字样式对话框),如图 3-4 所示。

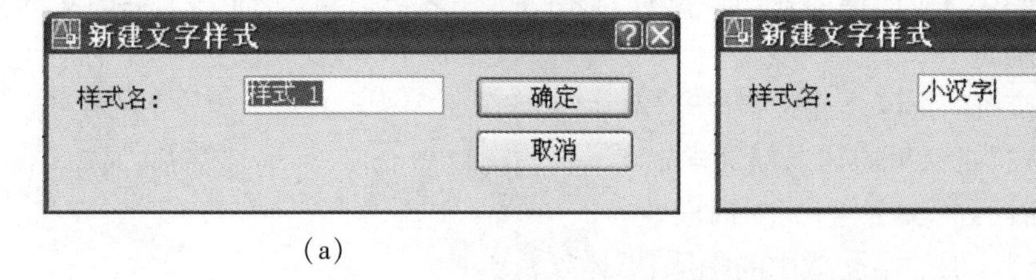


(a) (b)

**图 3-4 "新建文字样式"对话框**

(a)默认名样式;(b)重新命名样式

(3)在"文字样式"对话框中按要求进行参数设置,单击"应用"按钮完成第一种文字样式设置,如图 3-5 所示。

(4)在"文字样式"对话中再重新单击"新建"按钮,重复(2)(3)步的操作,按要求进行第二种文字样式的设置,单击"应用"按钮,完成第二种样式设置,最后单击"关闭"按钮完成所有文字样式的设置。

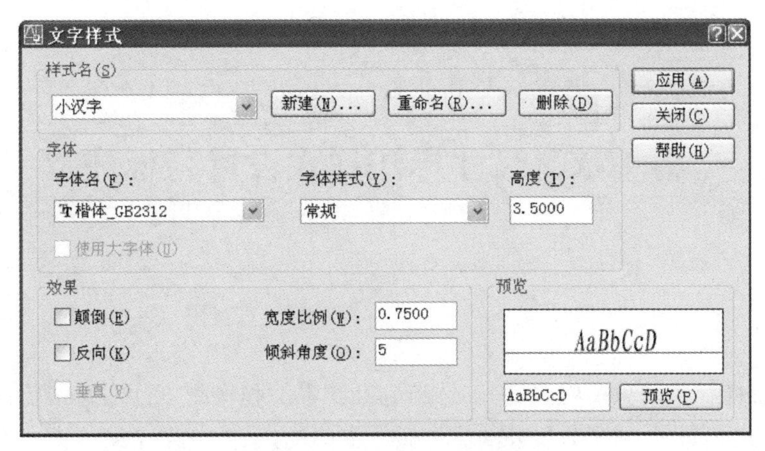


图 3-5　“文字样式”对话框

**注意**

(1)使用单行文字输入方法注写文字时,要将所需要的文字样式设置为当前。

(2)使用单行文字输入方法还是多行文字输入方法要根据图样上文本的特点来选择。

## 三、练习题

(1)按表 3-2 要求进行文字样式设置,并完成标题栏的文字填写和技术要求的书写(见图 3-6)。

表　3-2

| 样式名 | 字体名 | 字体样式 | 高度 | 宽度比例 | 倾斜角度 | 用　途 |
|---|---|---|---|---|---|---|
| 大汉字 | 宋体 | 常规 | 7 | 0.6 | 0 | 标题栏填写 |
| 中汉字 | 楷体 | 常规 | 5 | 0.8 | 0 | 书写技术要求 |
| 小汉字 | 仿宋 | 常规 | 3.5 | 0.85 | 0 | 标题栏填写 |

技术要求

1. 未注铸造圆角均为 *R*3;

2. 去除毛刺、锐边。

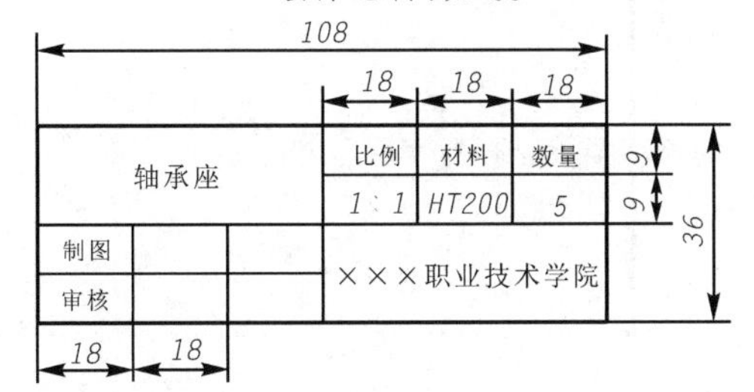


图　3-6

(2)按表 3-3 要求进行文字样式设置,并用工程字样式 isocp 注写 AutoCAD 特殊符号:$\phi$12 ±21°+50%。

表　3-3

| 样式名 | 字体名 | 大字体 | 高度 | 宽度比例 | 倾斜角度 | 用　途 |
|---|---|---|---|---|---|---|
| 工程字 | isocp. shx | gbcbig. shx | 10 | 1 | 10 | 样例书写 |

# 第4章　尺寸标注样式设置与标注

## 一、相关知识

尺寸是工程图样中的重要内容之一，是制造机器零件和检测零件的直接依据，也是工程图样中指令性最强的部分。国家对尺寸的标注做了专门的规定，制定了统一的标准，在工程图样中进行尺寸标注时必须遵守，所标注出的尺寸必须符合标准要求。

AutoCAD 软件在其系统默认状态下，所标注出的尺寸样式有些就不符合国家标准，因此，在工程图中进行尺寸标注前就必须根据工程图的要求和国家标准进行尺寸标注样式的设置。

AutoCAD 软件尺寸标注样式的设置是通过对不同对话框的设置来完成的，具体的步骤如下：

（1）点击“格式”菜单/点选“标注样式”选项（见图4-1）打开“标注样式管理器”对话框（见图4-2）；

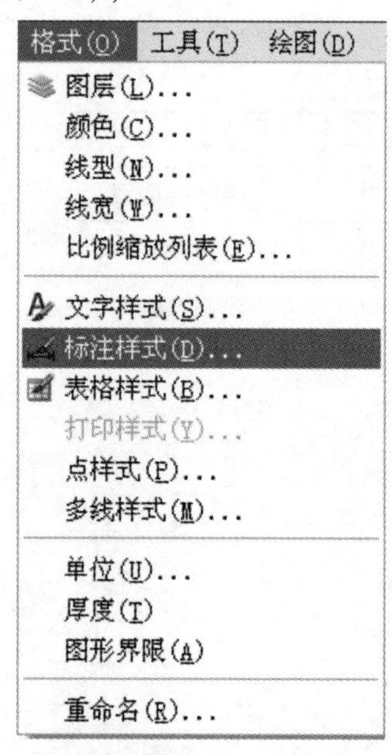


图4-1　“格式”下拉菜单的“标注样式”选项

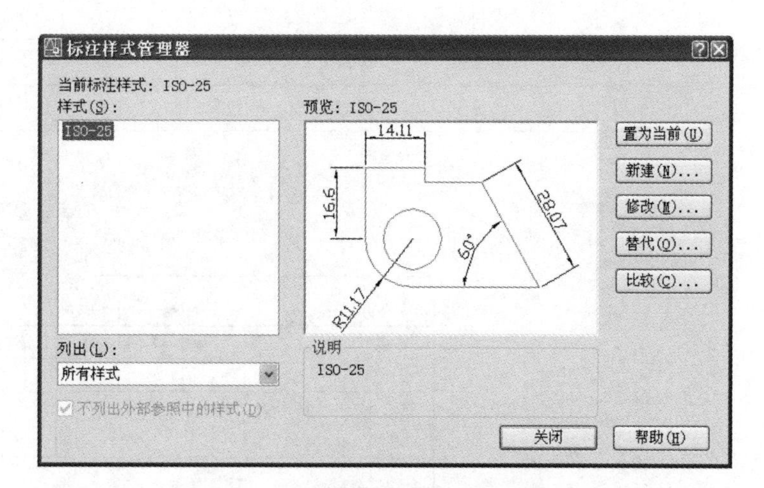


图4-2　“标注样式管理器”对话框

注意 ISO-25 是默认的标注样式，最好不要直接单击“修改”将其默认样式改掉，而是要在其默认样式基础上进行重新设置，需要几种样式就设置几种。

（2）在“标注样式管理器”对话框中单击“新建”按钮打开“创建新标注样式”对话框（见图4-3）；

（3）在“创建新标注样式”对话框中“新样式名”文本框中命名一新的标注样式名称/单击

"继续"按钮开始一种新的尺寸标注样式的设置。

图4-3　"创建新标注样式"对话框

**注意**

1)系统默认的样式名为"副本 ISO-25",在进行新样式设置时最好不要用默认名,否则样式设置太多,不容易从名称上看出样式的标注功能和特点。本例就选取了"尺寸标注"作为新样式名(见图4-4)。

2)新样式的设置是在某种样式的基础上进行的,如果是第一个样式的设置,则是在默认的样式 ISO-25 基础上进行的。尽量选择设置参数接近新样式的样式为基础。

每一种尺寸标注样式的设置都是在"新建标注样式"对话框中,对其"直线、符号和箭头、文字、调整、主单位、换算单位及公差"选项卡进行所需要的参数设置。要想设置出符合国家标准的尺寸样式,就必须熟悉"新建标注样式"对话框中每一个选项卡的功能和特点,掌握每一个选项卡的参数及选项的意义。

关于每一个选项卡中的参数含义在课例中介绍。

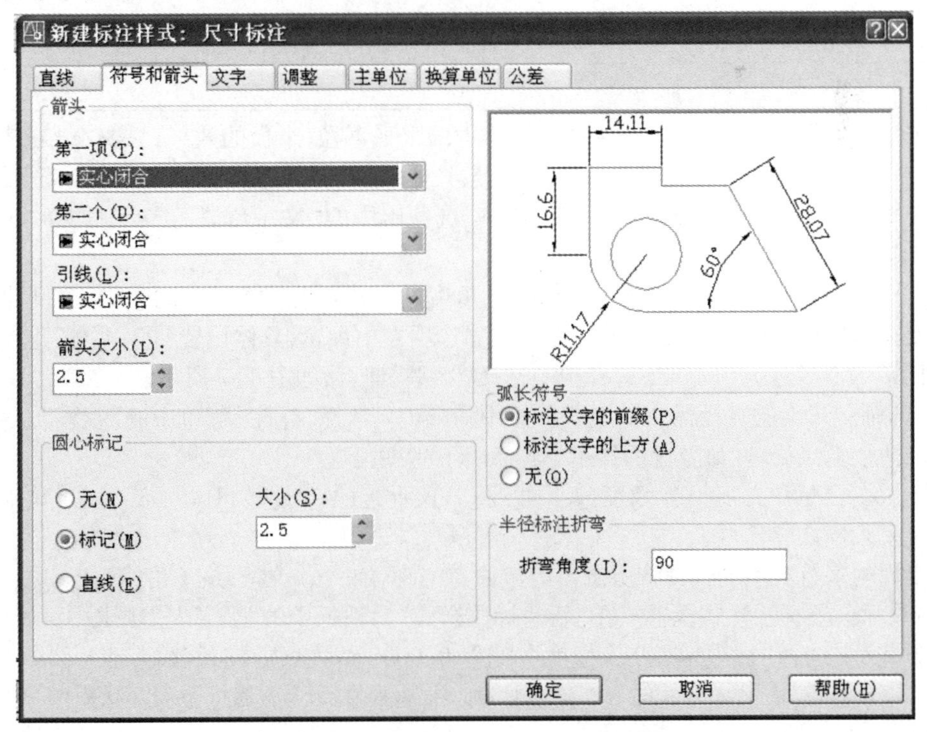


图4-4　"新建标注样式:尺寸标注"对话框

## 二、重点课例

【课例】按图 4-5 中的尺寸标注样式进行设置和标注。

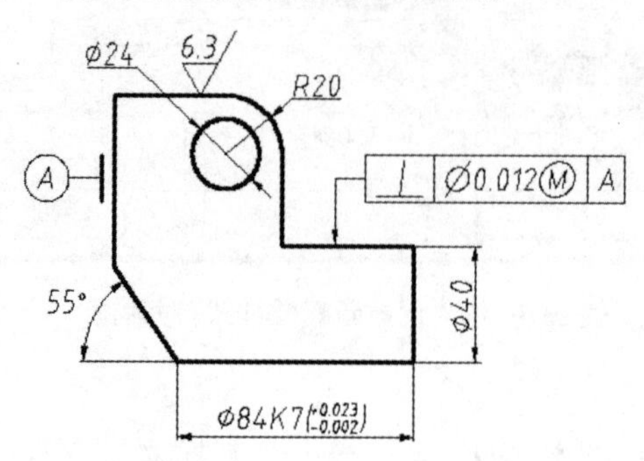


图 4-5　尺寸标注课例图

**分析**:标注图 4-5 中的尺寸,要进行必要的尺寸样式设置。其中包括:

(1)水平直径样式设置;

(2)水平角度样式设置(国家标准规定角度标注的数字一律水平书写在尺寸线的外方);

(3)非圆图形上的直径标注;

(4)尺寸公差标注样式设置;

(5)带引线的形位公差标注样式设置。

**解释**:

(1)首选按表 4-1 要求进行尺寸数字字体样式设置,方法如前。

表　4-1

| 样式名 | 字　体 | 高　度 | 宽度比例 | 倾斜角度 |
|---|---|---|---|---|
| 尺寸标注 | isocp. shx | 7 | 0.85 | 8 |

(2)水平直径样式设置。要想标注出图样中的水平直径、半径的效果,只要在"新建标注样式"对话框中的"文字"和"调整"选项卡中设置,具体设置:在"文字"选项卡中的"文字对齐"选项中选择"水平",如图 4-6(a)所示。在"调整"选项卡中的"文字位置"选项中选择"尺寸线上方,带引线",如图 4-6(b)所示。

(3)水平角度样式设置。国家标准规定,角度的标注中尺寸数字应水平写在尺寸线的外部。只要在"新建标注样式"对话框中的"文字"选项卡中设置,具体设置:将"垂直"下拉框选项选为"外部",在"文字对齐"单项选择项中选择"水平"即可,如图 4-7 所示。

(4)非圆图形上的直径标注。如图 4-5 中的 ϕ40。选择"标注"菜单中的"线性",单击要标注线段的两个端点后,在命令行的提示下输入 m 后按回车。

[多行文字(M)/文字(T)/角度(A)/水平(H)/垂直(V)/旋转(R)]:m　　//欲用多行文字的书写方式修改标注内容

用出现的多行文字编辑器将所测出的数值 40 前面加一个 ϕ 符号,单击"确定"。

(5)尺寸公差标注样式设置。在"新建标注样式"对话框中的"公差"选项卡中设置,具体设置:在"方式"中选择"极限偏差","精度"中选"0.000"小数点后三位精度,"上偏差"中输入"0.023","下偏差"中输入"0.002","高度比例"中输入"0.6","垂直位置"中选择"中",确定即可,如图 4-8 所示。

**注意** 上偏差默认带有一个"+"号,下偏差默认带有一个"-"号。

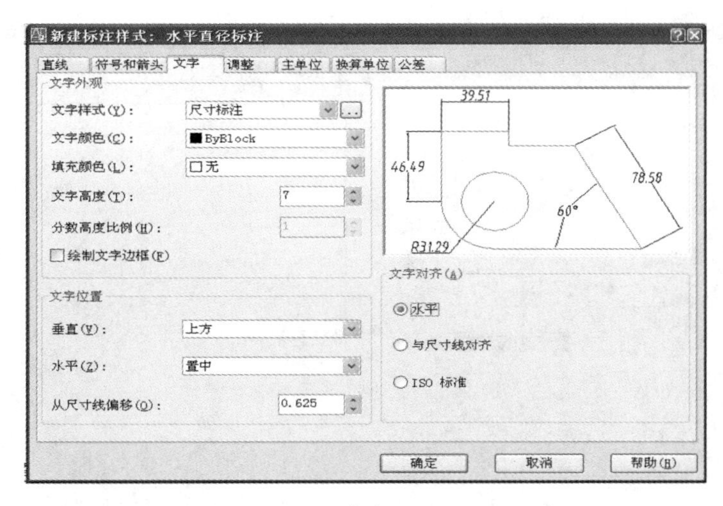


(a)

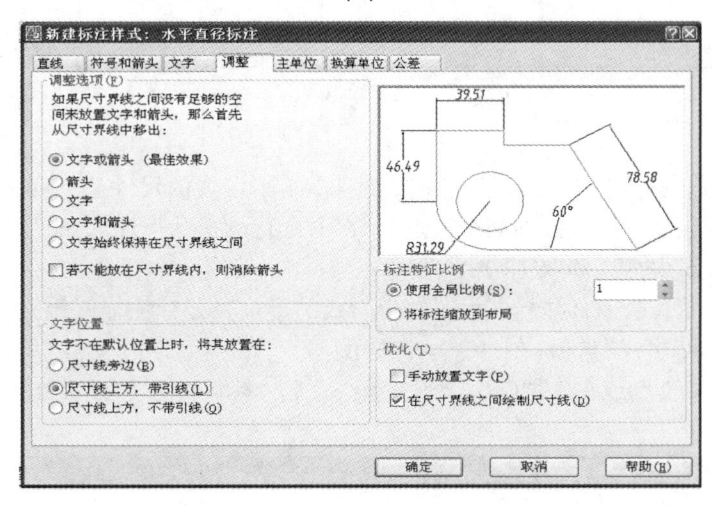


(b)

图 4-6　“水平直径标注”样式的设置

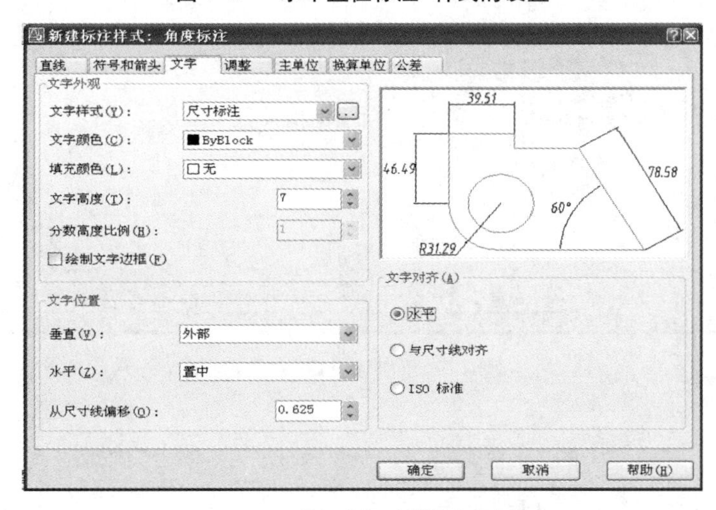


图 4-7　“角度标注”样式设置

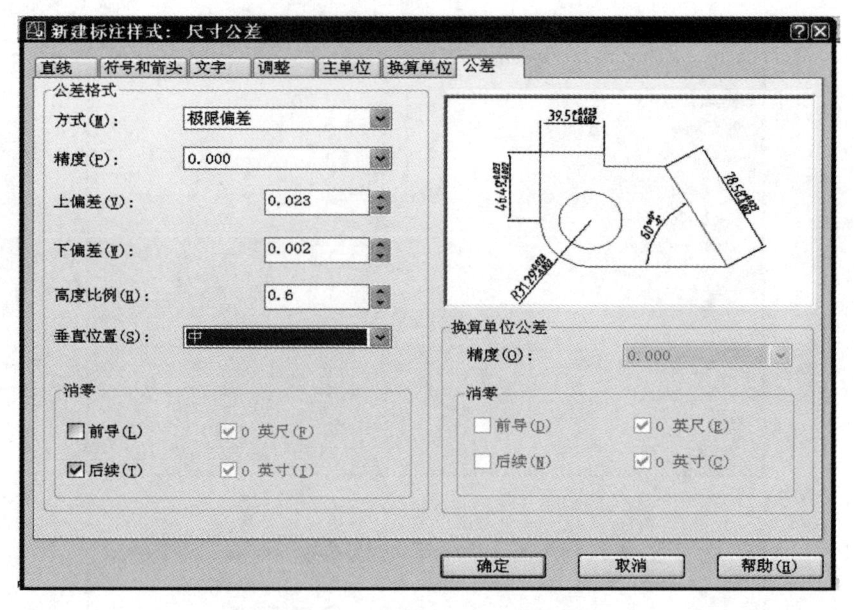

新建标注样式：尺寸公差
直线
符号和箭头
文字
调整
主单位
换算单位
公差
公差格式
方式(M)：
极限偏差
精度(P)：
0.000
上偏差(V)：
0.023
下偏差(W)：
0.002
高度比例(H)：
0.6
垂直位置(S)：
中
消零
前导(L)
0 英尺(F)
后续(T)
0 英寸(I)
换算单位公差
精度(O)：
0.000
消零
前导(D)
0 英尺(F)
后续(N)
0 英寸(C)
确定
取消
帮助(H)

图 4-8 “尺寸公差”样式设置

当要标注
Φ84K7(+0.023/-0.002)
样式尺寸时，先选择刚刚设置的尺寸公差样式，选择“标注”菜单中的“线性”，单击要标注线段的两个端点后，在命令行的提示下输入“m”后按下回车。在编辑框中分别加上“ϕ”，“K7”和“( )”。

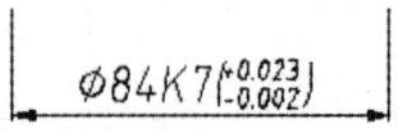

(6)带引线的形位公差标注样式设置。带引线的形位公差标注样式设置分两步进行，先单击“标注”菜单中的“引线”选项，在命令行中提示：

指定第一个引线点或[设置(S)]<设置>:　　//直接回车打开引线设置对话框(见图 4-9)。

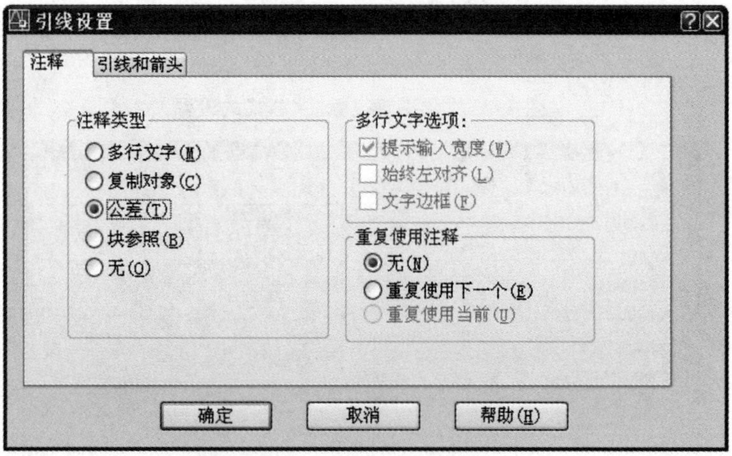

引线设置
注释
引线和箭头
注释类型
多行文字(M)
复制对象(C)
公差(T)
块参照(B)
无(O)
多行文字选项：
提示输入宽度(W)
始终左对齐(L)
文字边框(F)
重复使用注释
无(N)
重复使用下一个(E)
重复使用当前(U)
确定
取消
帮助(H)

图 4-9 “引线设置”对话框

在“引线设置”对话框中的“注释类型”中选择“公差”项，单击“确定”。

再单击要标注的直线，当单击到第三个点时出现“形位公差”对话框。分别在对话框中按照图形要求对应进行设置，如图 4-10 所示。单击“确定”，即可得到形位公差标注效果。

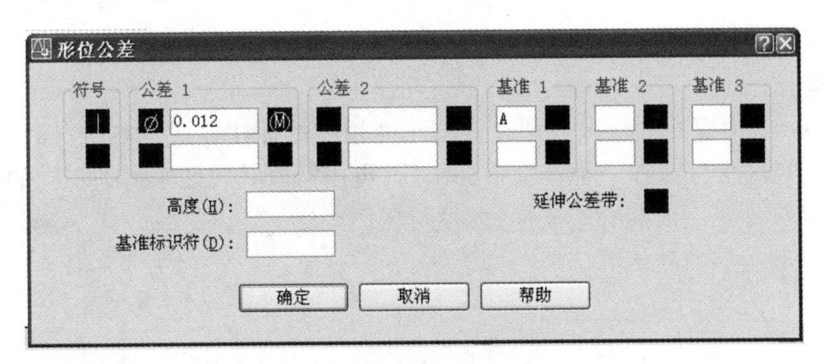


图4-10　“形位公差”对话框

形位公差标注效果：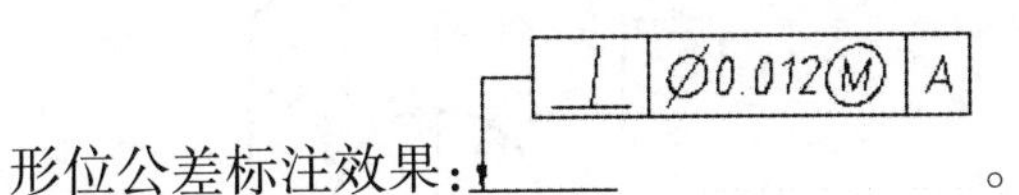。

**注意**

(1)以上所述的几种标注样式在实际运用时，要做到每种标注设置一个样式，即使一个样式只标注一个尺寸也要设置一个样式，这样对管理和修改尺寸带来方便。

(2)最好不要用“分解”命令将尺寸标注分解后进行修改。

## 三、练习题

(1)按下列要求绘制图形和设置标注样式，并进行尺寸标注。

1)线性、对齐尺寸标注；

2)水平角度标注；

3)水平直径、半径标注和对齐半径标注；

4)尺寸公差标注；

5)形位公差标注；

6)引线标注；

7)点坐标标注；

8)折弯标注；

9)弧长标注；

10)尺寸界线倾斜标注。

(2)标注样式设置。

1)尺寸数字文字设置(见表4-2)。

表　4-2

| 样式名 | 字体名 | 大字体 | 高　度 | 宽度比例 | 倾斜角度 | 用　途 |
|---|---|---|---|---|---|---|
| 尺寸数字 | isocp. shx | gbcbig. shx | 10 | 0.85 | 8 | 尺寸数字 |

2)尺寸标注样式设置(在“标注样式管理器”对话框中设置)(见表4-3)。

表　4-3

| 新建样式名 | 基线距离 | 超出尺寸线 | 箭头大小 | 文字样式 | 文字高度 | 从尺寸线偏移 | 调整选项 | 小数分隔符 | 精　度 |
|---|---|---|---|---|---|---|---|---|---|
| 尺寸标注 | 20 | 3 | 7 | 尺寸数字 | 10 | 0.85 | 文字 | 句点 | 0.0 |

3)其他样式以“尺寸标注”样式为基础并按图要求进行各项设置。

(3)作业提示。

1)根据图 4-11 中标注的特点分别设置出几种相应的标注样式,再进行标注。最好不要把所有不同样式的尺寸标注都在一种样式下标出后,再用修改其属性来得到不同的标注样式。

2)圆心坐标尺寸是当前圆心的坐标,无须与样例一样。

3)未做设置的选项为默认值。

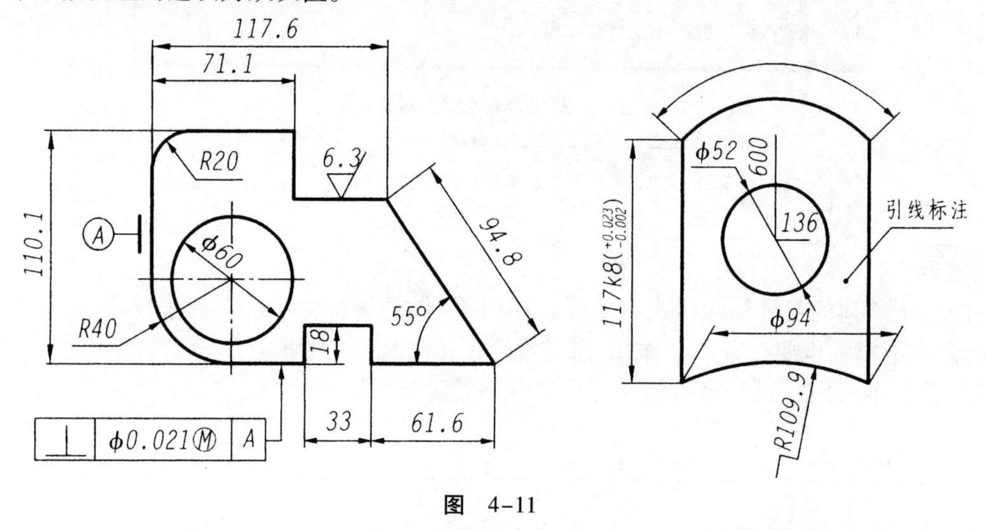


图 4-11

# 第5章 平面作图基础

## 一、设置图层、线型比例及作图区域的大小

**【练习1】**创建图层、设定线型比例及作图区域的大小。

(1)打开 AutoCAD 的样板文件“acad-NamedPlotStyles. dwt”来创建新图形文件。

(2)进入模型空间,参照表5-1中的属性创建图层。

**表5-1 要创建图层的属性**

| 名 称 | 颜 色 | 线 型 | 线 宽 |
| --- | --- | --- | --- |
| 轮廓线 | 黑色 | Continuous | 0.5 |
| 中心线 | 蓝色 | Center | 默认 |
| 虚线 | 红色 | Dashed | 默认 |

(3)用 LIMITS 命令设定绘图区域的大小为1 000mm×1 000mm。打开栅格显示,设定删格沿 $x$,$y$ 方向的间距为20mm,再使绘图区域范围内的栅格充满整个图形窗口显示出来。

(4)关闭栅格,打开正交模式及线宽显示,分别在轮廓线层、中心线层及虚线层上绘制线段,线段的长度为700mm,如图5-1左图所示。设定全局线型比例因子为2,结果如图5-1右图所示。

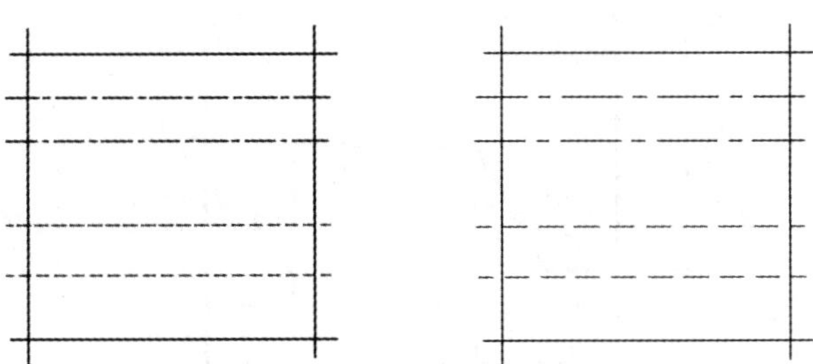

图 5-1

**【练习2】**修改对象所在的图层,改变对象的颜色及线宽。

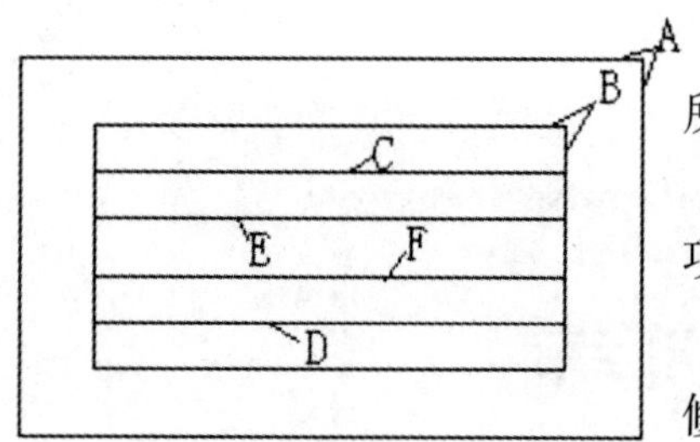


图 5-2

(1)打开附盘文件“\dwg\第 5 章\2. dwg”,如图 5-2 所示。

(2)使用【图层】工具栏上【图层控制】下拉列表中的选项将线框 A 修改到轮廓线层上。

(3)使用【标准】工具栏上的特性匹配工具将线框 B 修改到轮廓线上。

(4)使用【特性】工具栏上【线型控制】下拉列表中的选项将线段 C,D 改为中心线,再使用【颜色控制】下拉列表中的选项将其颜色改为红色。

(5)使用“特性”工具栏上“线宽控制”下拉列表中的选项将线框 E、F 的线宽修改为 0. 70mm。

## 二、使用直角坐标或极坐标绘制图形

【**练习 3**】使用点的绝对坐标或相对直角坐标绘制如图 5-3 所示的图形。

【**练习 4**】使用点的绝对坐标或相对直角坐标绘制如图 5-4 所示的图形。

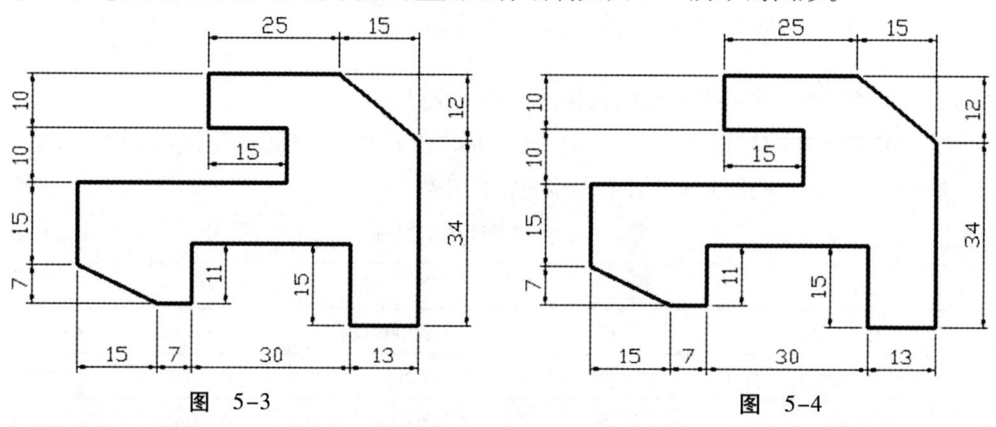


图 5-3　　　　图 5-4

**要点提示**

点 A 可通过正交偏移捕捉命令“FROM”来确定。

【**练习 5**】使用点的相对直角坐标和相对极坐标绘制如图 5-5 所示的图形。

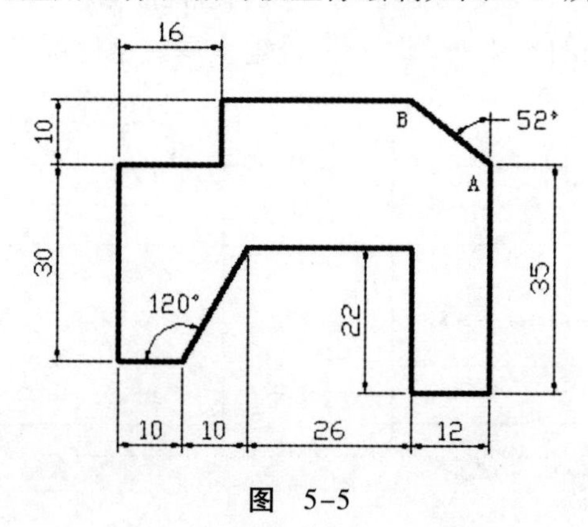


图 5-5

**要点提示**

可使用角度覆盖方式(输入形式“<角度”)来绘制适当长度的线段 AB,然后将多余部分剪掉。

### 三、使用正交模式、极轴追踪模式或动态输入功能绘制线段

**【练习 6】**打开正交模式,通过输入线段的长度绘制如图 5-6 所示的图形。

**【练习 7】**设定极轴追踪角度为 30°,然后输入线段的长度绘制如图 5-7 所示的图形。

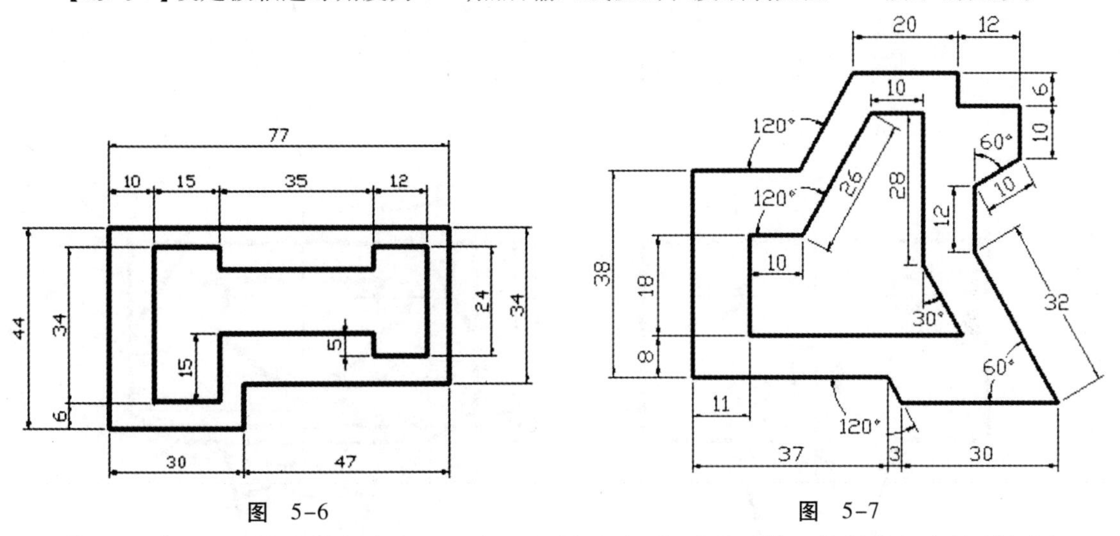


图　5-6　　　　图　5-7

**【练习 8】**设定极轴追踪角度为 10°,打开极轴追踪,然后通过输入线段的长度绘制如图 5-8 所示的图形。

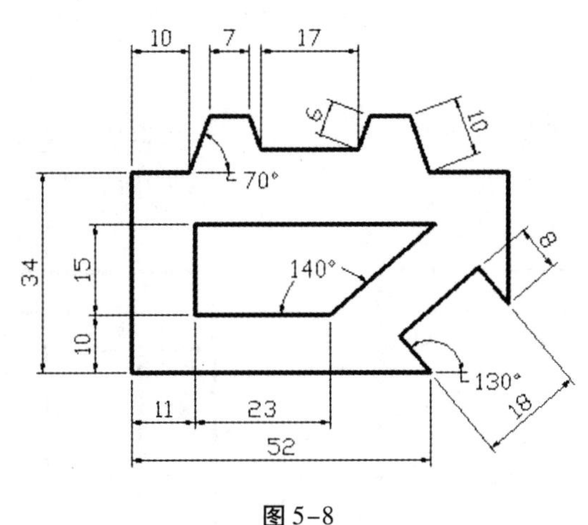


图 5-8

**【练习 9】**打开动态输入功能,通过指定线段的长度及角度绘制如图 5-9 所示的图形。

### 四、使用对象捕捉精确绘制线段

**【练习 10】**打开附盘文件“\dwg\第 5 章\10. dwg”,使用 LINE 命令和对象捕捉功能将图 5-10中的左图修改为右图。

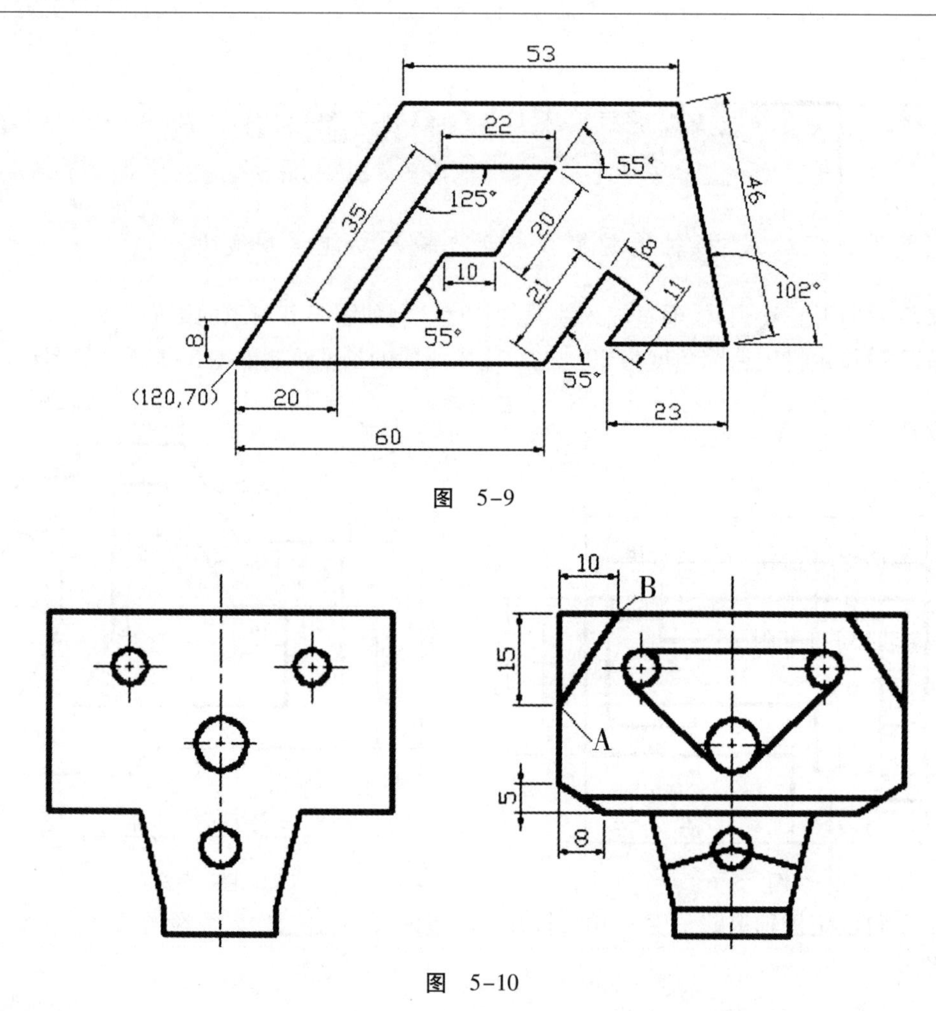


图 5-9

图 5-10

### 要点提示

点 A 和点 B 可使用延伸捕捉命令“EXT”来确定。

**【练习 11】**打开附盘文件“\dwg\第 5 章\11. dwg”。使用 LINE 命令并结合两点间的中点捕捉方式将图 5-11 中的左图修改为右图。

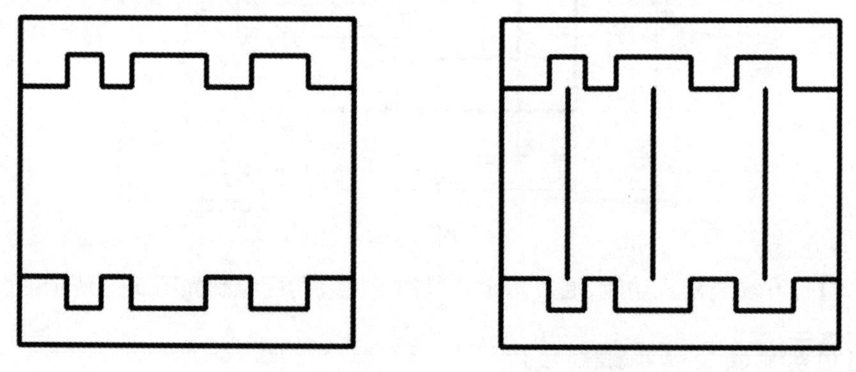

图 5-11

**【练习 12】**打开附盘文件“\dwg\第 5 章\12. dwg”，使用平行捕捉命令“PAR”并结合建立临时追踪点“TT”的方法将图 5-12 中的左图修改为右图。

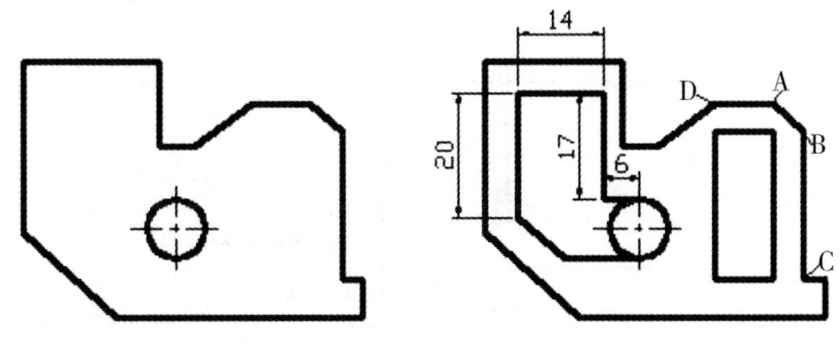


图　5-12

**要点提示**

在绘制矩形时，可依次在点 A，B，C 和 D 处建立临时追踪点。

## 五、结合极轴追踪、对象捕捉及自动追踪功能绘制线段

【**练习 13**】打开附盘文件"\dwg\第 5 章\13. dwg"，使用"LINE"命令并结合极轴追踪、对象捕捉和自动追踪功能将图 5-13 中的左图修改为右图。

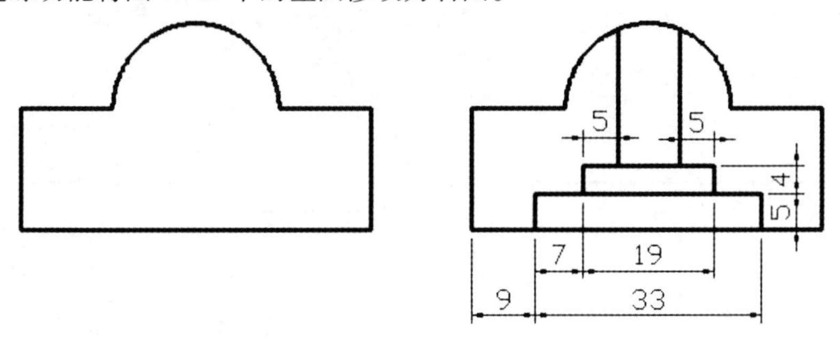


图　5-13

【**练习 14**】打开附盘文件"\dwg\第 5 章\14. dwg"，使用"LINE"命令并结合极轴追踪、对象捕捉功能将图 5-14 中的左图修改为右图。

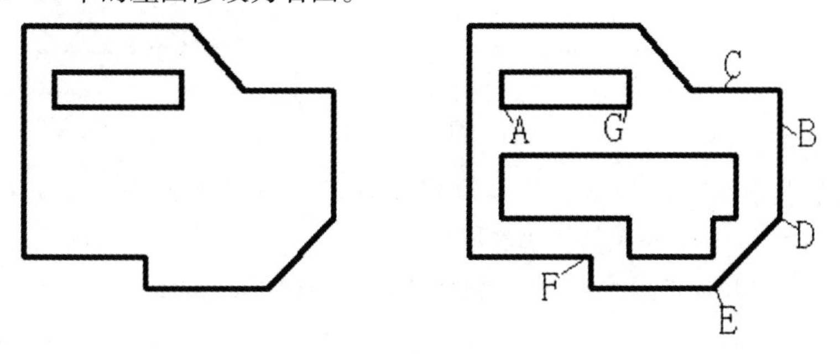


图 5-14

**要点提示**

设定对象捕捉类型为端点"END"和中点"MID"时，依次在点 A，B，D，E，F 和 G 处建立追踪参考点。

【**练习 15**】使用极轴追踪、对象捕捉和自动追踪功能绘制如图 5-15 所示的图形。

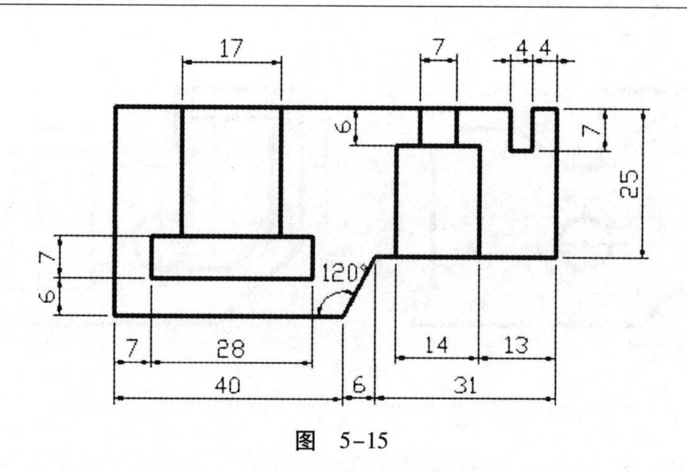


图 5-15

**要点提示**

设置极轴追踪增量角为30°,对象捕捉类型为端点“END”和交点“INT”。

六、绘制倾斜线段

**【练习 16】**打开附盘文件“\dwg\第 5 章\16. dwg”,使用“XLINE”“TRIM”等命令将图 5-16 中的左图修改为右图。

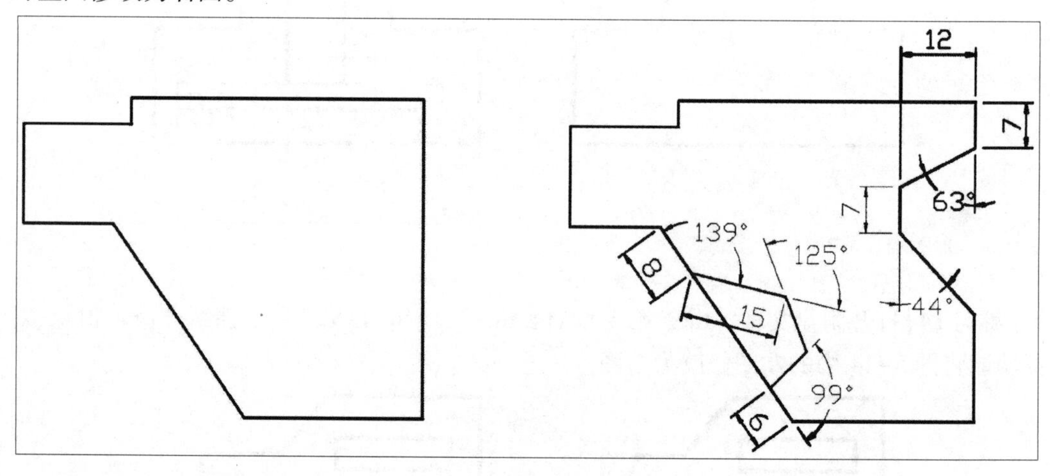


图 5-16

**【练习 17】**打开附盘文件“\dwg\第 5 章\17. dwg”,使用角度覆盖方式并结合“XLNE”和“TRIM”命令将图 5-17 中的左图修改为右图。

**【练习 18】**使用“LINE”“XLINE”等命令绘制如图 5-18 所示的图形。

七、延伸线条及调整线条的长度

**【练习 19】**打开附盘文件“\dwg\第 5 章\19. dwg”,使用关键点拉伸方式并结合“EXTEND”和“TRIM”命令将图 5-19 中的左图修改为右图。

**【练习 20】**打开附盘文件“\dwg\第 5 章\20. dwg”,使用“BREAK”和“ERASE”命令将图 5-20中的左图修改为右图。

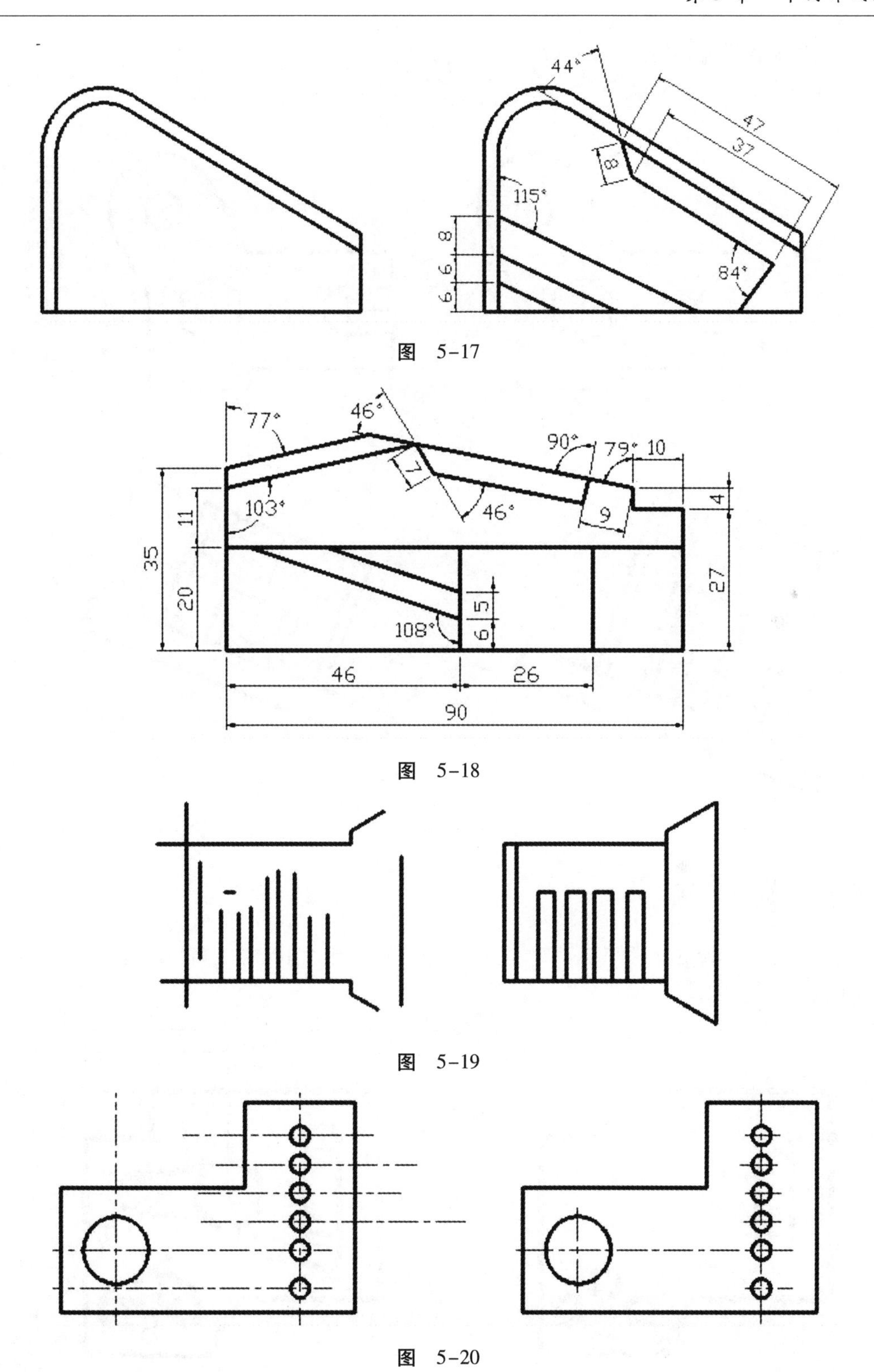


图　5-17

图　5-18

图　5-19

图　5-20

【**练习 21**】打开附盘文件“\dwg\第 5 章\21. dwg”，使用“LENGTHEN”命令将图 5-21 中的左图修改为右图。

【**练习 22**】打开附盘文件“\dwg\第 5 章\22. dwg”，使用“LENGTHEN”和“LINE”等命令将图

5-22 中的左图修改为右图。

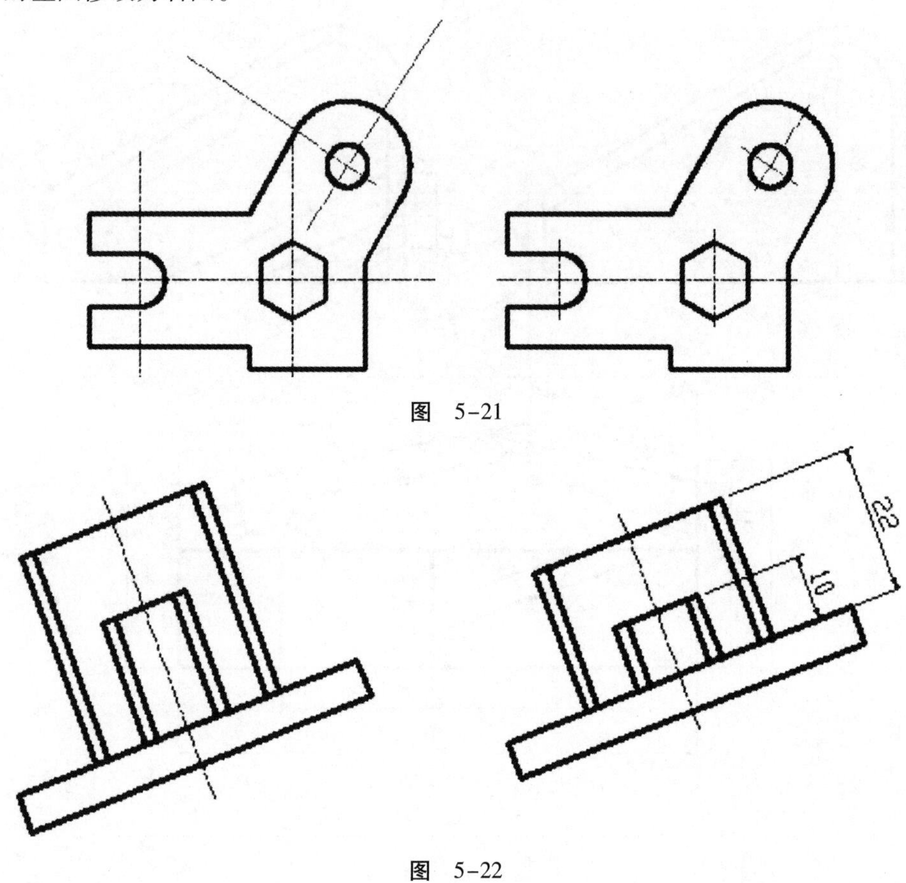


图 5-21

图 5-22

八、绘制圆和椭圆

**【练习 23】**打开附盘文件“\dwg\第 5 章\23. dwg”,使用“CIRCLE”和“TRIM”命令将图 5-23 中的左图修改为右图。

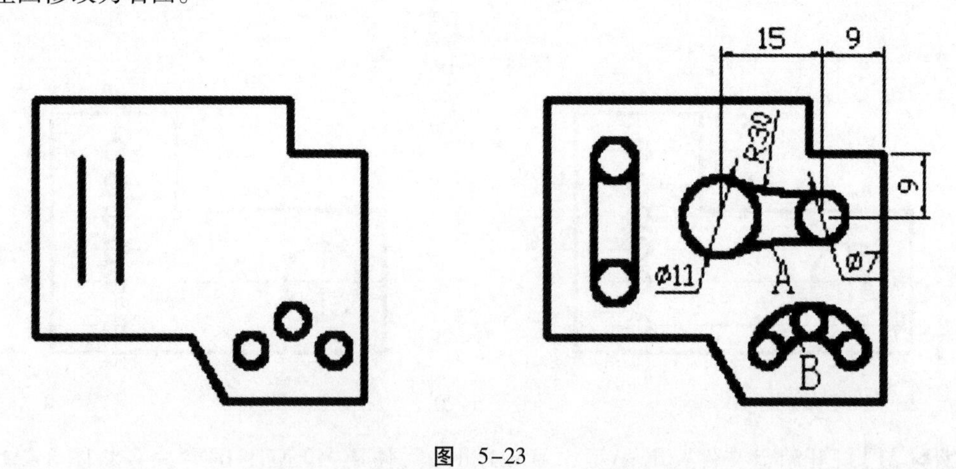


图 5-23

**要点提示**

绘制圆弧 A,B 时,可分别使用 CIRCLE 命令的“T”和“3P”选项。

【**练习 24**】绘制如图 5-24 所示的图形。

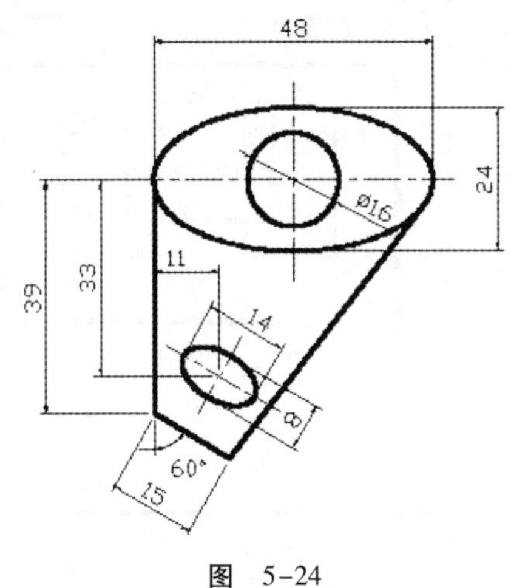


图　5-24

**要点提示**

使用“ELLIPSE”命令的“C”选项绘制倾斜椭圆,其中心点可利用正交偏移捕捉命令“FROM”来确定。

【**练习 25**】绘制如图 5-25 所示的图形。

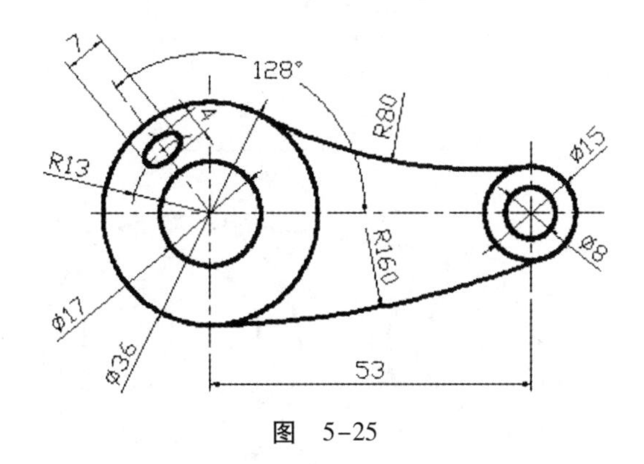


图　5-25

九、绘制矩形和正多边形

【**练习 26**】使用“RECTANGLE”命令绘制如图 5-26 所示的图形。

**要点提示**

使用“RECTANGLE”命令中的“F”选项来绘制图中的大矩形。

【**练习 27**】使用“POLYGON”和“CIRCLE”命令绘制如图 5-27 所示的图形。

【**练习 28**】绘制如图 5-28 所示的图形。

## 十、绘制多段线、射线及多线

**【练习 29】**打开附盘文件“\dw\第 5 章\29. dwg”，使用“PLINE”“PEDIT”“OFFSET”“CIRCLE”和“RAY”等命令将图 5-29 中的左图修改为右图。

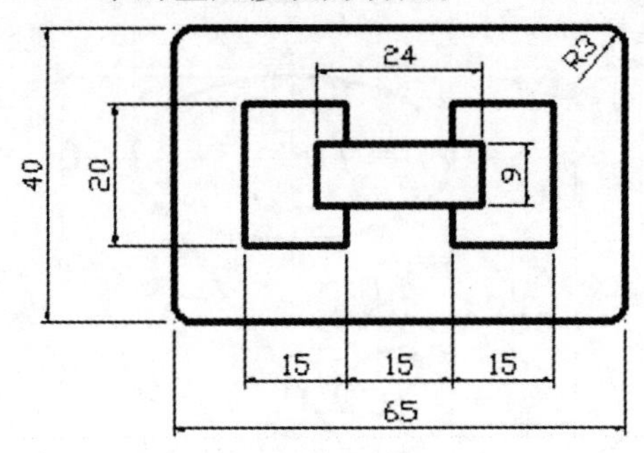


图 5-26

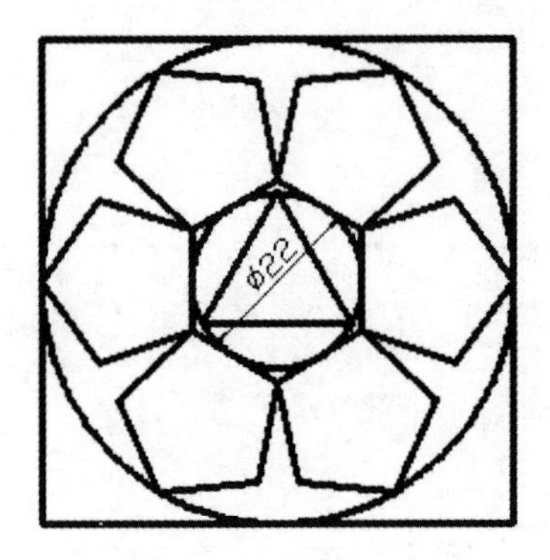


图 5-27

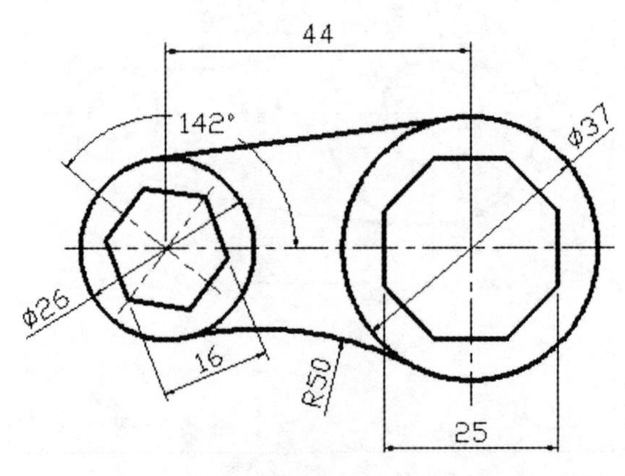


图 5-28

**【练习 30】**打开附盘文件“\dw\第 5 章\30. dwg”，使用“MLINE”和“MLEDIT”命令将图5-30中的左图修改为右图。

**【练习 31】**使用“CIRCLE”“MLINE”和“RAY”等命令绘制如图 5-31 所示的图形。

## 十一、绘制等分点及测量点

**【练习 32】**打开附盘文件“\dwg\第 5 章\32. dwg”，使用“DIVIDE”和“LINE”命令将图 5-32

中的左图修改为右图。

**【练习 33】**打开附盘文件“\dwg\第 5 章\33. dwg”，使用“MEASURE”和“LINE”命令将图 5-33中的左图修改为右图。

## 十二、绘制圆环及实心多边形

**【练习 34】**打开附盘文件“\dwg\第 5 章\34. dwg”，使用“DIVIDE”“DONUT”和“SOLID”等命令将图 5-34 中的左图修改为右图。

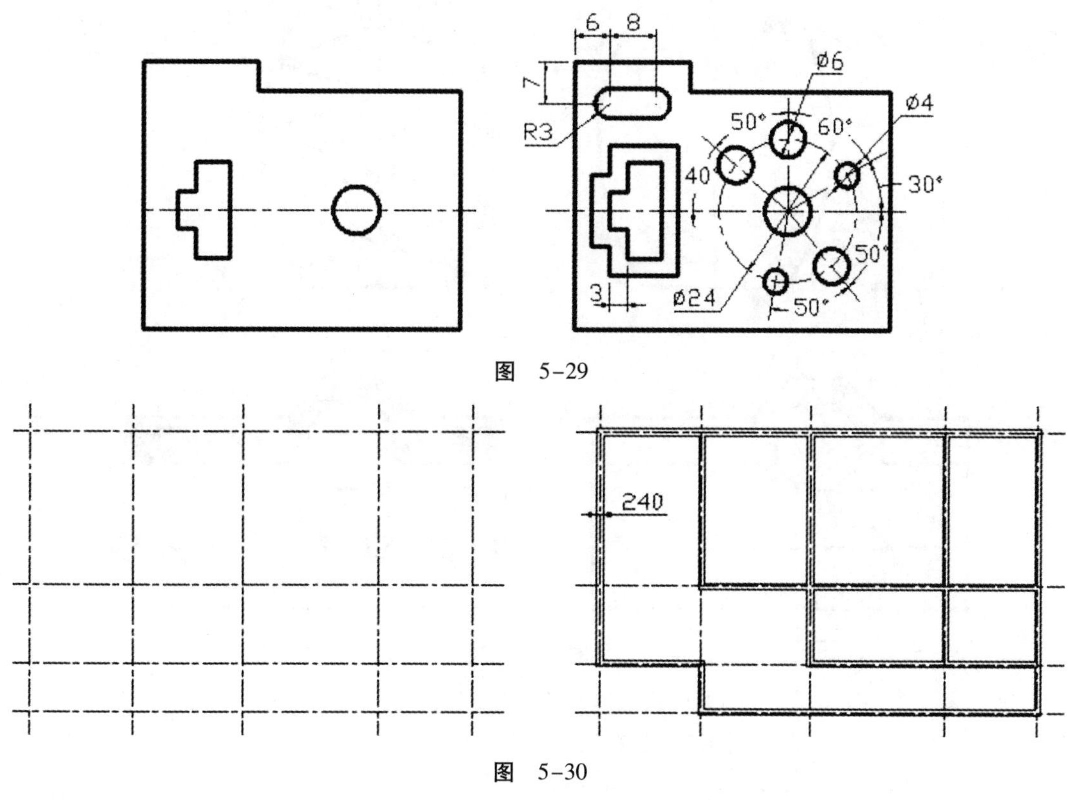


图　5-29

图　5-30

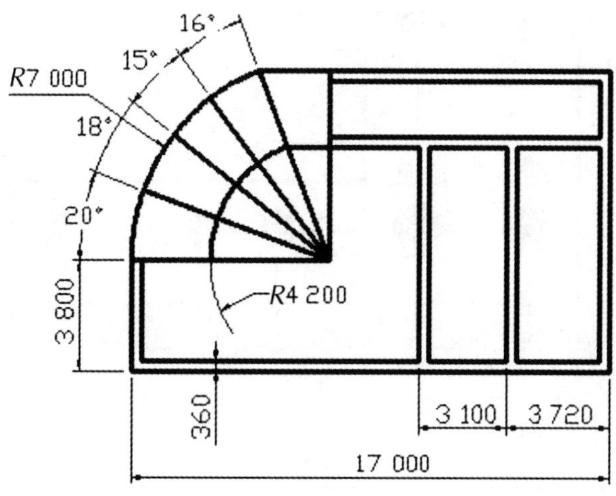


图　5-31

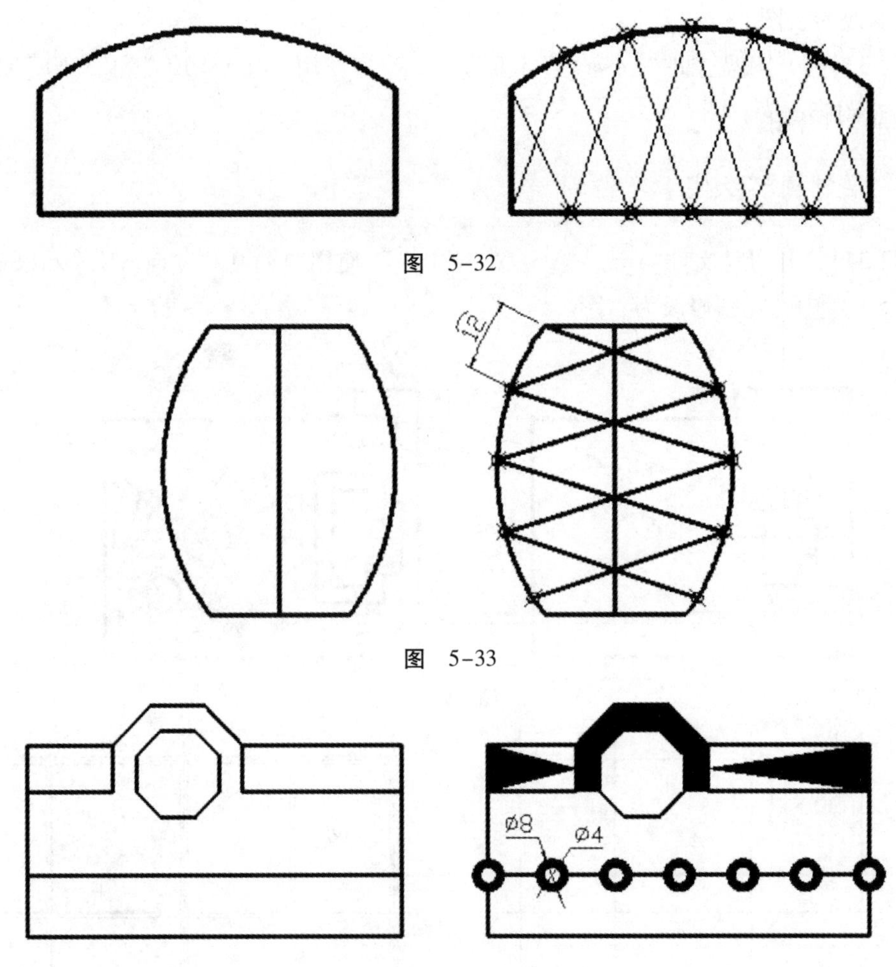


图 5-32

图 5-33

图 5-34

【**练习 35**】使用“LINE”“SOLID”和“DONUT”等命令，绘制如图 5-35 所示的图形。

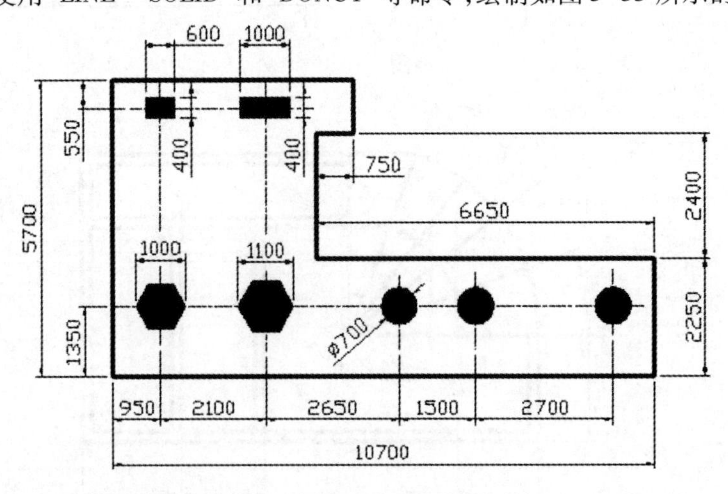


图 5-35

## 十三、徒手绘制线段、断裂线及填充剖面图案

**【练习 36】**打开附盘文件“\dwg\第 5 章\36. dwg”,设置系统变量 SKPOLY 为 1,再使用“SKETCH”命令将图 5-36 中的左图修改为右图。

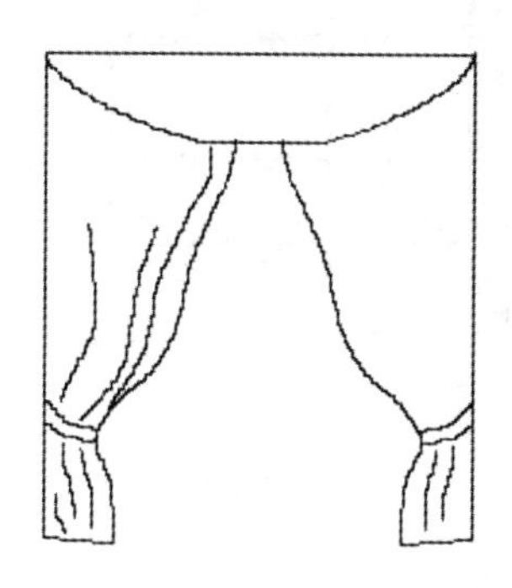
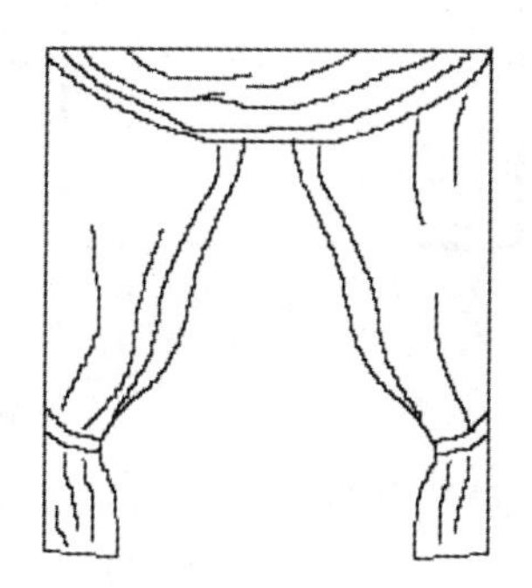

图 5-36

**【练习 37】**打开附盘文件“\dwg\第 5 章\37. dwg”,使用“SPLINE”和“BHATCH”等命令将图 5-37 中的左图修改为右图。

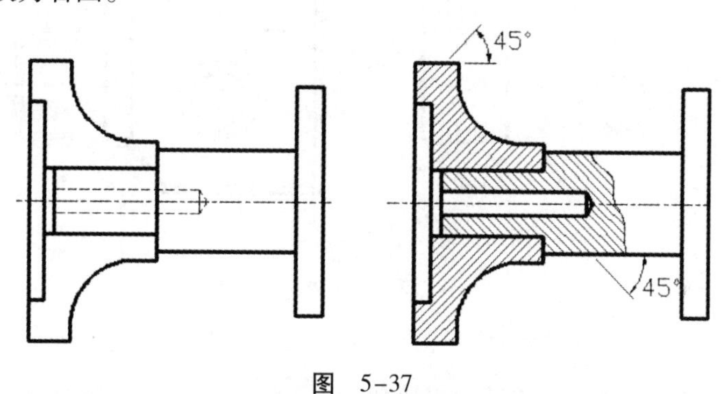


图 5-37

**【练习 38】**打开附盘文件“\dwg\第 5 章\38. dwg”,使用“BHATCH”命令将图 5-38 中的左图修改为右图。

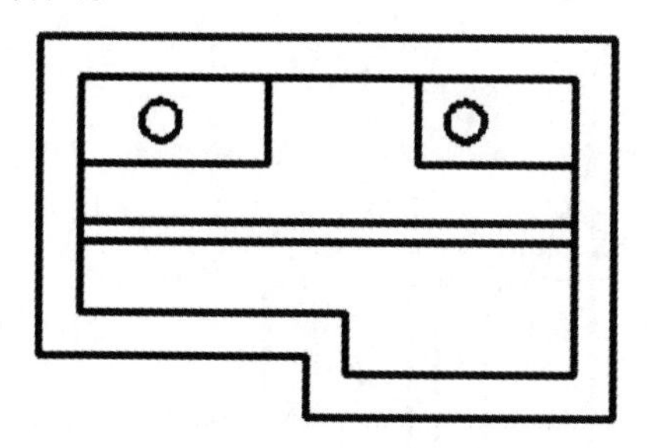
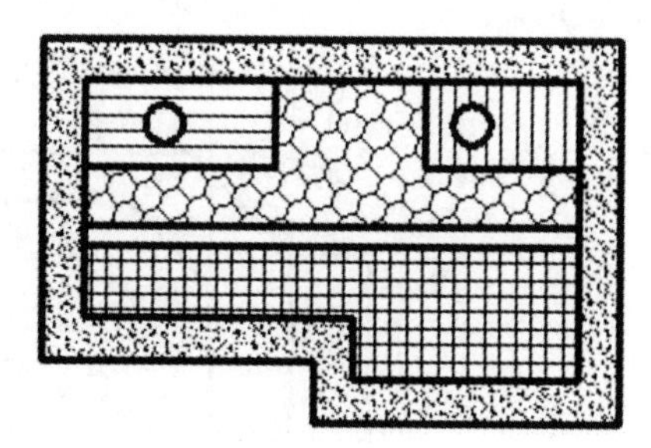

图 5-38

## 十四、平行关系

**【练习 39】**打开附盘文件“\dwg\第 5 章\39. dwg”,使用“OFFSET”和“TRIM”命令将图5-39 中的左图修改为右图。

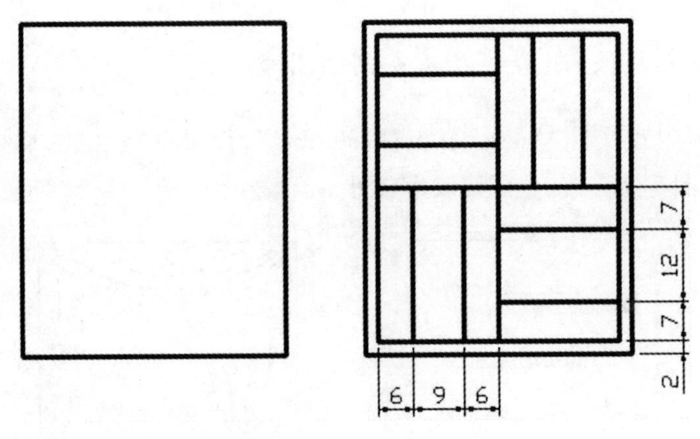


图 5-39

【**练习 40**】打开附盘文件"\dwg\第 5 章\40. dwg",使用"OFFSET"命令将图 5-40 中的左图修改为右图。

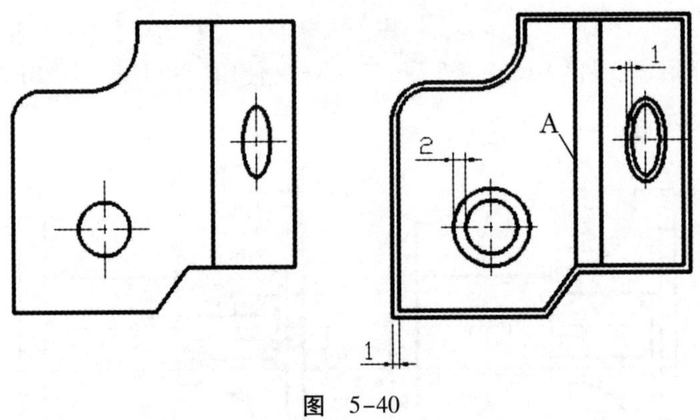


图 5-40

**要点提示**

可使用"OFFSET"命令中的"T"选项来绘制平行线 A。

【**练习 41**】使用"LINE"命令绘制如图 5-41 所示的外轮廓线,再使用"OFFSET"命令绘制此图的内部图形元素。

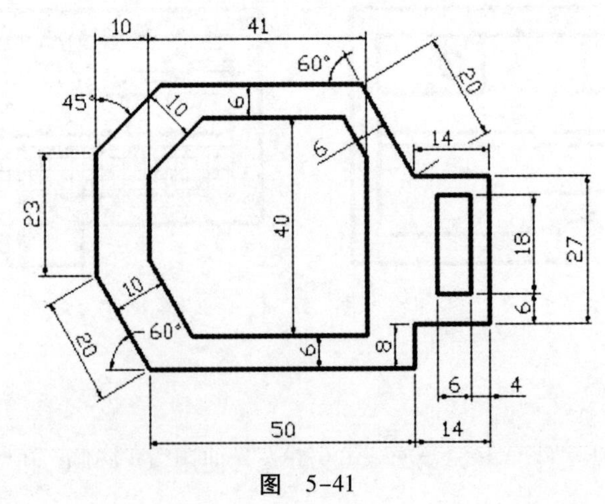


图 5-41

## 十五、垂直关系

【**练习 42**】打开附盘文件“\dwg\第 5 章\42. dwg”,将图 5-42 中的左图修改为右图。

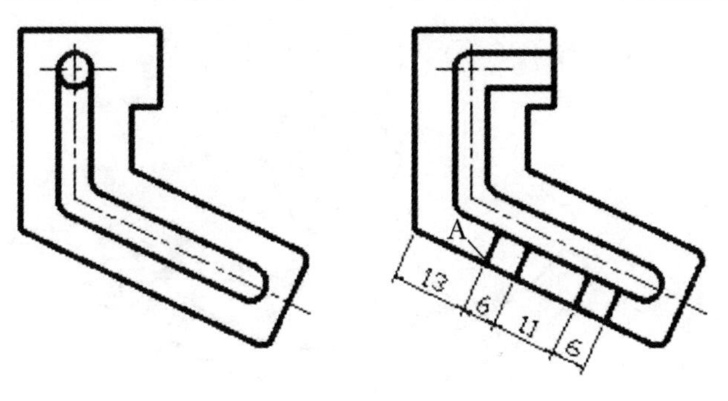


图　5-42

**要点提示**

图 5-42 中的 A 点可以使用延伸捕捉命令“EXT”来确定。

【**练习 43**】打开附盘文件“\dwg\第 5 章\43. dwg”,使用“XLINE”命令中的“A”选项并结合延伸捕捉命令“EXT”将图 5-43 中的左图改为右图。

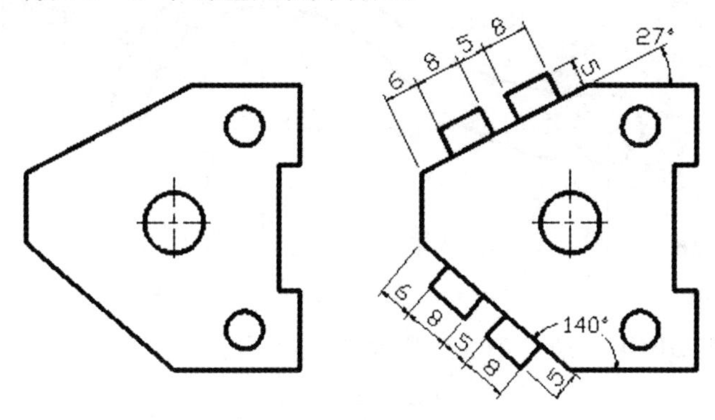


图　5-43

【**练习 44**】使用“LINE”命令绘制如图 5-44 所示的外轮廓线,再使用“XLINE”命令绘制与倾斜轮廓线垂直的线段。

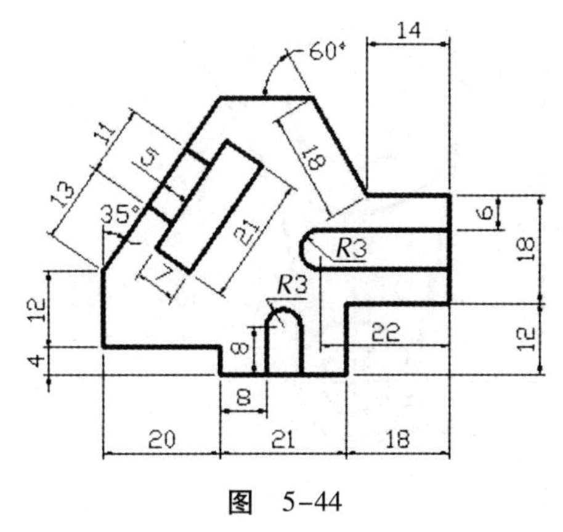


图　5-44

## 十六、相切关系

【**练习 45**】使用 CIRCLE 命令的“T”选项绘制圆弧连接线，如图 5-45 所示。

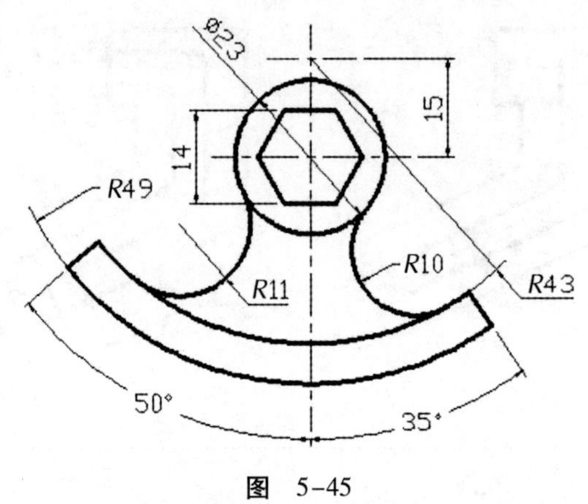


图 5-45

【**练习 46**】绘制较复杂的圆弧连接线，如图 5-46 所示。

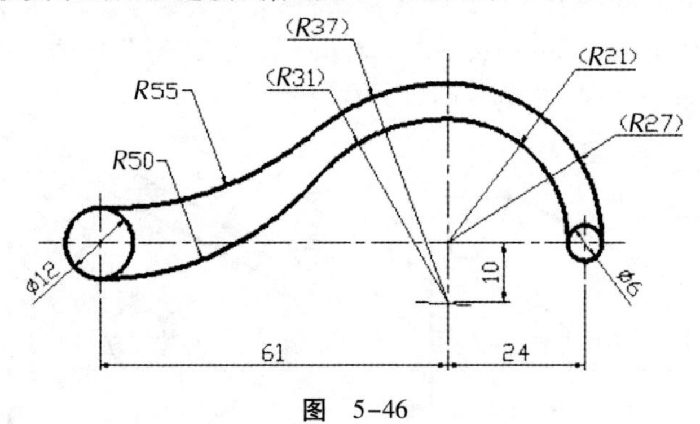


图 5-46

【**练习 47**】使用“CIRCLE”命令中的“3P”选项绘制相切圆弧，如图 5-47 所示。

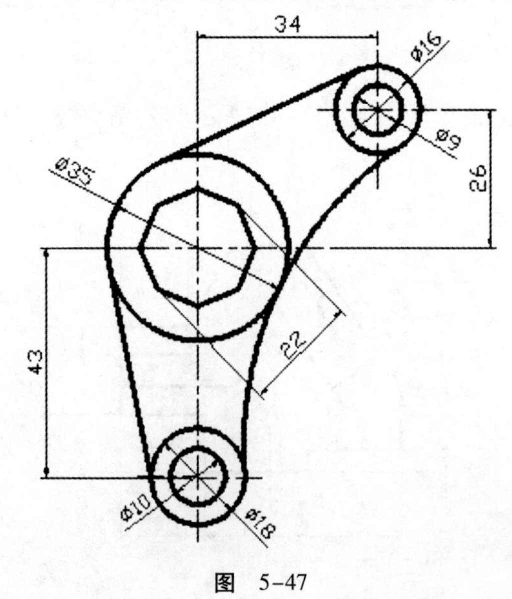


图 5-47

【**练习 48**】绘制圆弧和光滑过渡的椭圆弧,如图 5-48 所示。

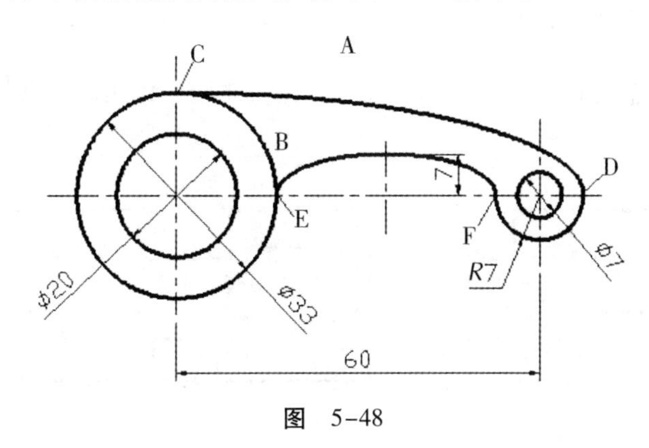


图　5-48

## 十七、绘制均布几何特征

【**练习 49**】创建矩形阵列,如图 5-49 所示。

【**练习 50**】创建环行阵列,如图 5-50 所示。

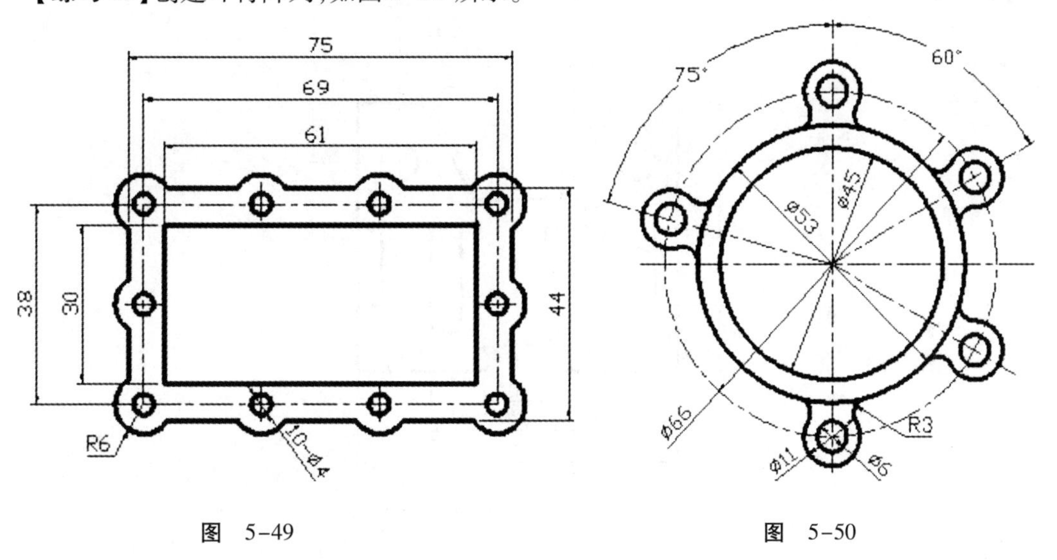


图　5-49　　　　图　5-50

【**练习 51**】打开附盘文件“\dwg\第 5 章\51. dwg”,将图 5-51 中的左图修改为右图。

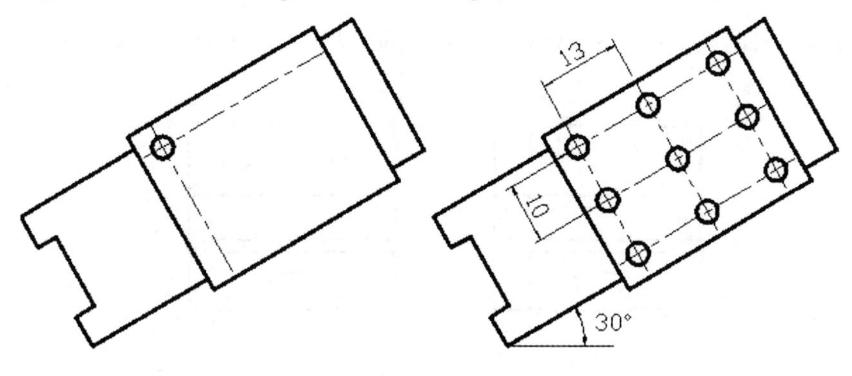


图　5-51

## 十八、绘制对称几何特征

**【练习 52】**打开附盘文件“\dwg\第 5 章\52. dwg”,使用“MIRROR”命令将图 5-52 中的左图修改为右图。

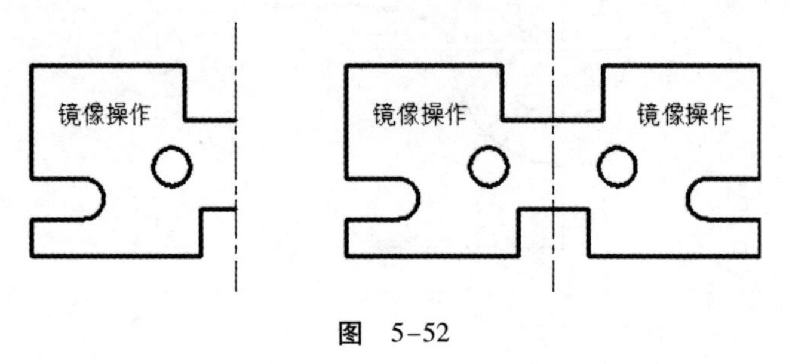


图 5-52

**要点提示**

为防止镜像文字反转或倒置,应设置系统变量 MIRRTEXT 为 0。

**【练习 53】**绘制如图 5-53 所示的对称几何图形。

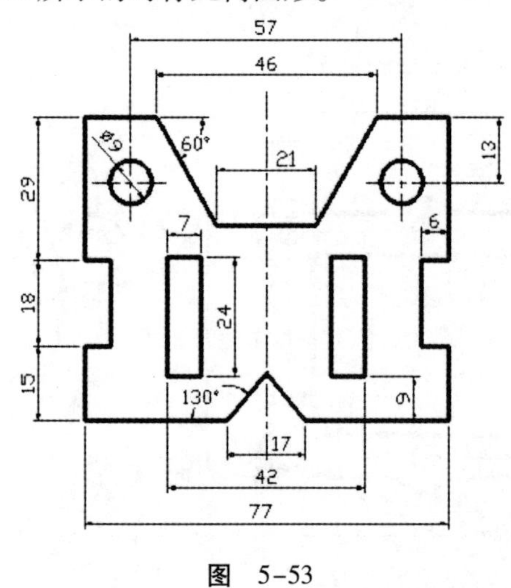


图 5-53

## 十九、倒圆角和斜角

**【练习 54】**打开附盘文件“\dwg\第 5 章\54. dwg”,将图 5-54 中的左图修改为右图。

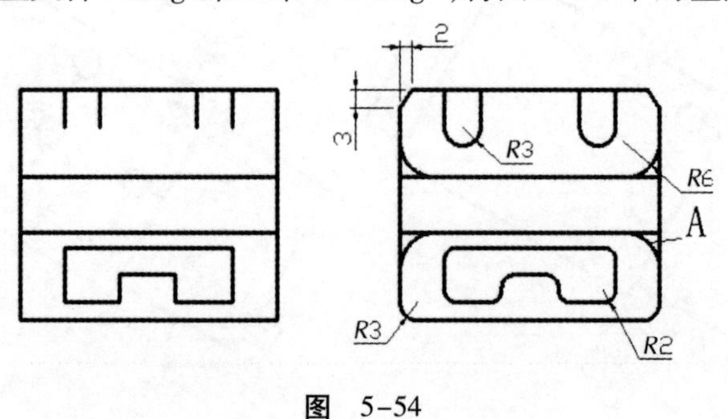


图 5-54

### 要点提示

(1)对多段线倒圆角或斜角时,可使用“FILLETCl”“CHAMFER”命令中的“P”选项。

(2)A 处的圆角可使用“FILLET”命令中的“N”选项来绘制。

**【练习 55】**绘制如图 5-55 所示的图形。

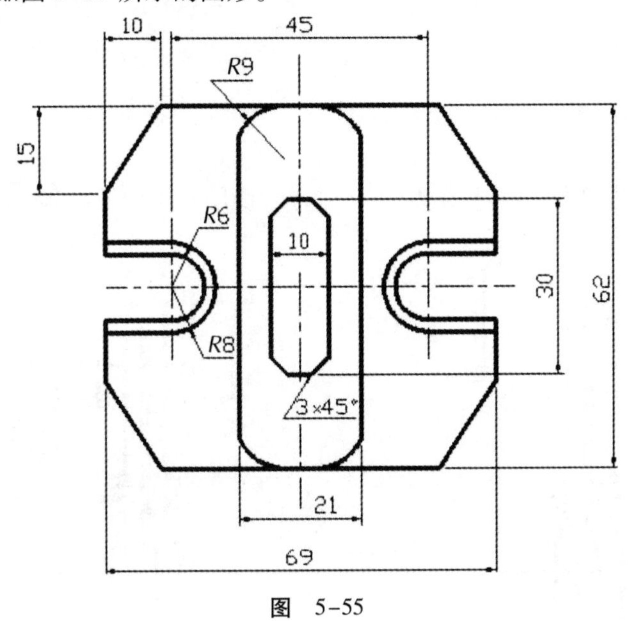


图　5-55

# 第6章　编 辑 图 形

## 一、移动对象

**【练习1】**打开附盘文件“\dwg\第6章\1. dwg”，使用“MOVE”和“MIRROR”命令将图6-1中的左图修改为右图。

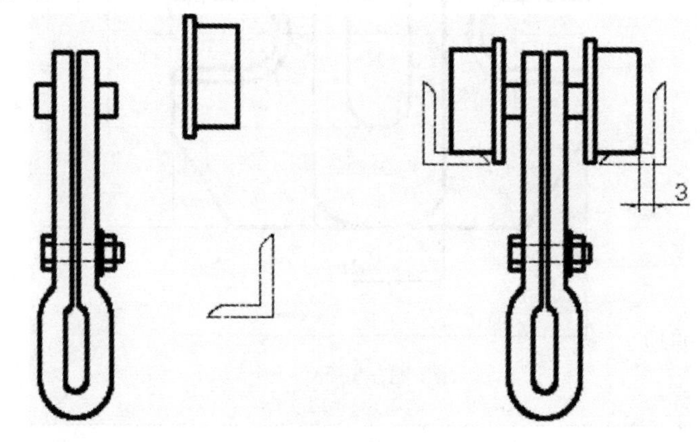


图　6-1

**【练习2】**打开附盘文件“\dwg\第6章\2. dwg”，使用“MOVE”命令并通过输入位移值来移动图形元素，将图6-2中的左图修改为右图。

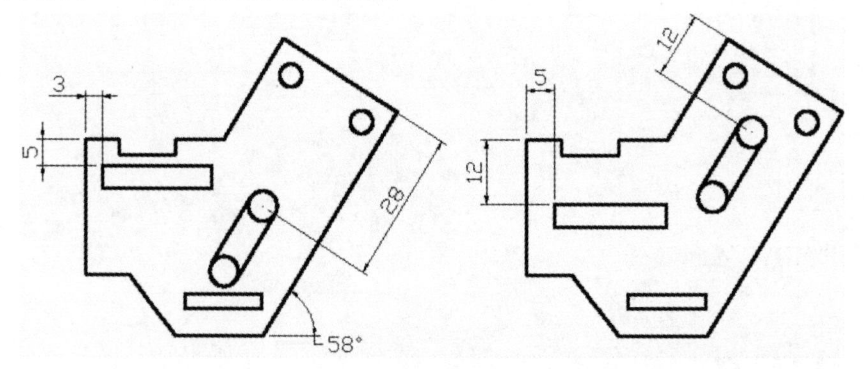


图　6-2

**要点提示**

以“$x$,$y$”方式输入对象沿$x$轴、$y$轴移动的距离，或用“距离<角度”方式输入对象位移的距离和方向。当AutoCAD提示“指定基点或[位移(D11)]:”时，应输入位移值。当提示“指定第二个点或<使用第一个点作为位移>:”时，按“Enter”键确认，这样AutoCAD就会以输入的位移值来移动对象。

【练习 3】绘制如图 6-3 所示的图形。

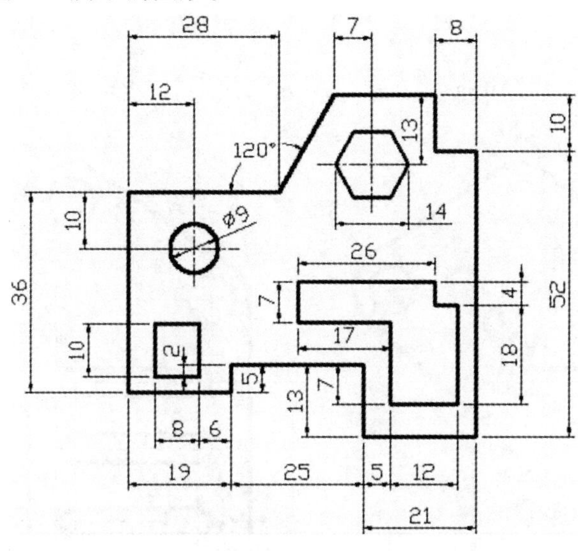


图　6-3

操作步骤提示

(1)使用“LINE”命令绘制图形的外轮廓线,结果如图 6-4 所示。

(2)在容易定位的地方绘制圆、正六边形和矩形等,结果如图 6-5 所示。

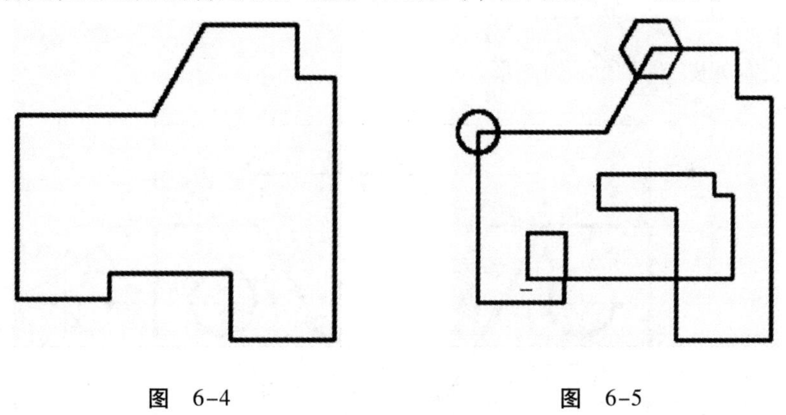

图　6-4　　　　图　6-5

(3)使用“MOVE”命令将圆、正六边形和矩形等移动到正确的位置,结果如图 6-6 所示。

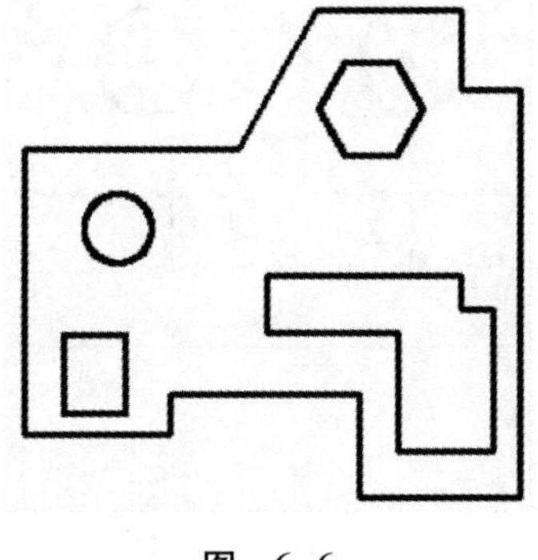

图　6-6

## 二、复制对象

**【练习 4】**打开附盘文件“\dwg\第 6 章\4. dwg”，使用“COPY”命令将图 6-7 中的左图修改为右图。

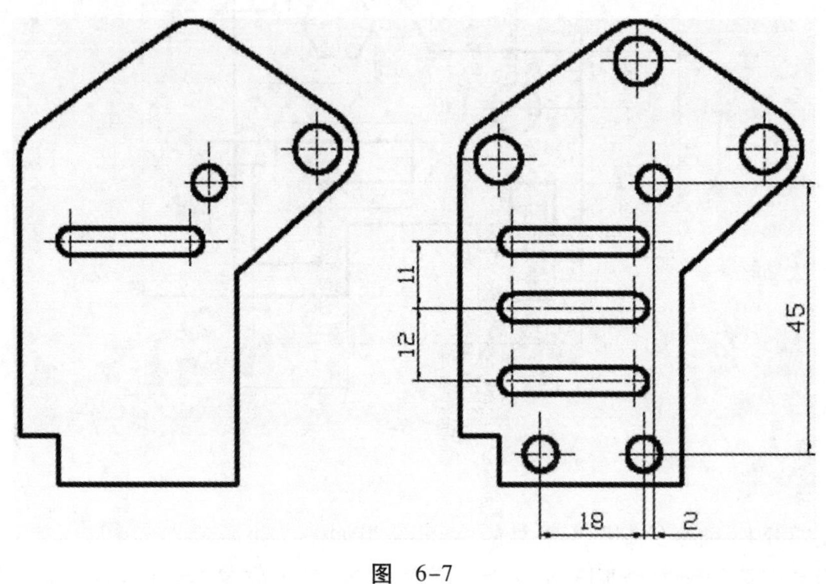


图 6-7

**【练习 5】**绘制如图 6-8 所示的图形。

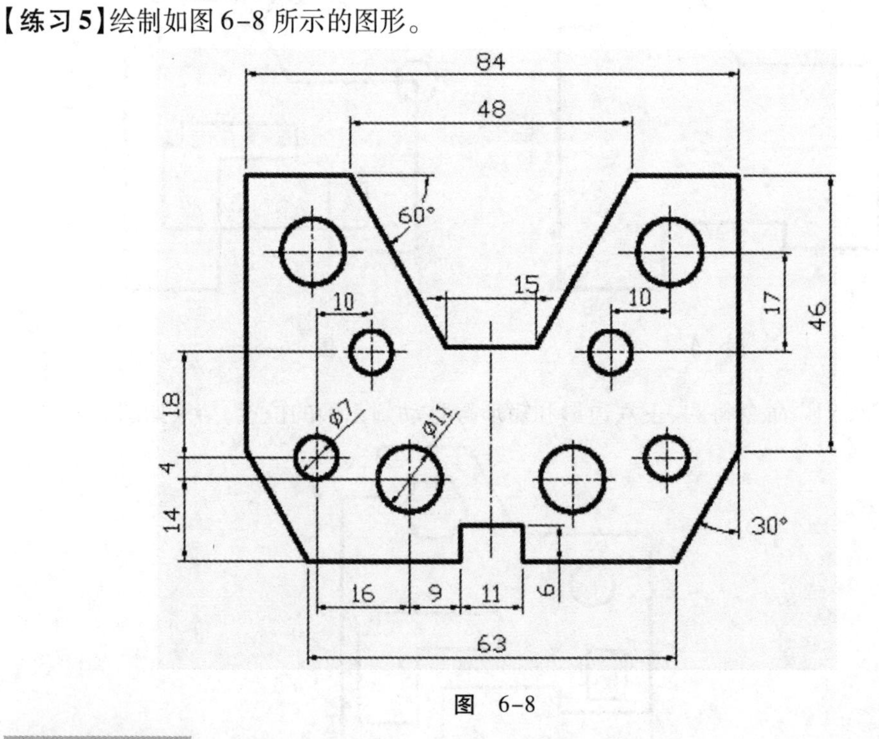


图 6-8

操作步骤提示

(1) 使用“LINE”“OFFSET”和“TRIM”命令绘制如图 6-9 所示的图形。

(2)绘制圆A,B,结果如图6-10所示。圆心位置可使用正交偏移捕捉命令“FROM”来确定。

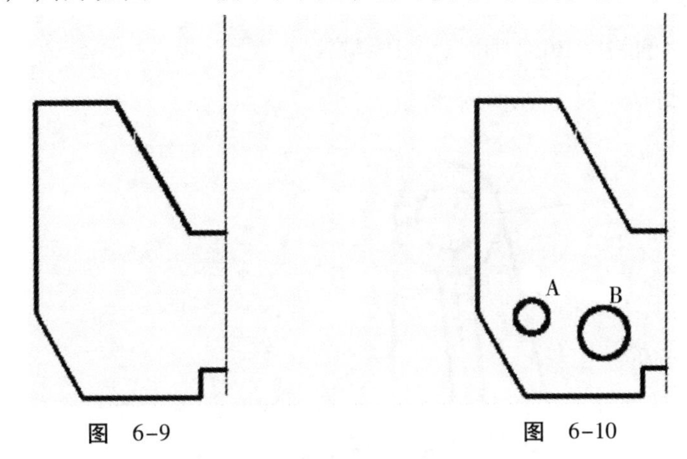


图 6-9　　图 6-10

(3)将圆A,B分别复制到C,D处,结果如图6-11所示。

(4)镜像图6-11,结果如图6-12所示。

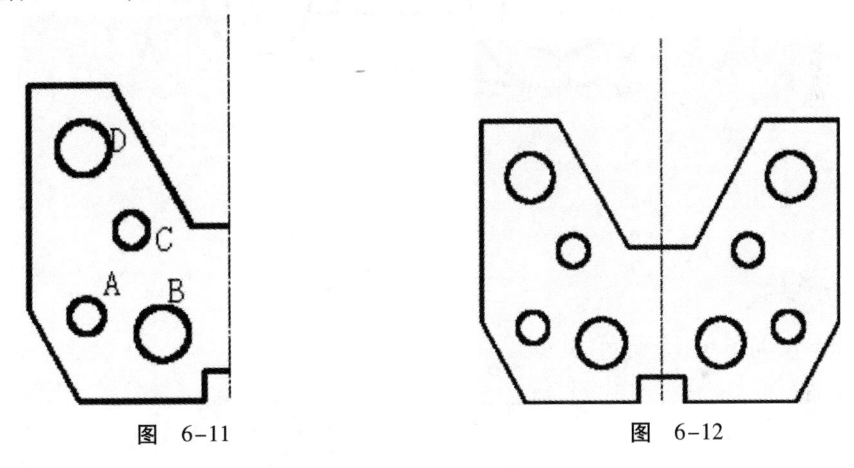


图 6-11　　图 6-12

## 三、旋转对象

**【练习6】**打开附盘文件“\dwg第6章\6.dwg”,使用“ROTATE”和“COPY”命令将图6-13中的左图修改为右图。

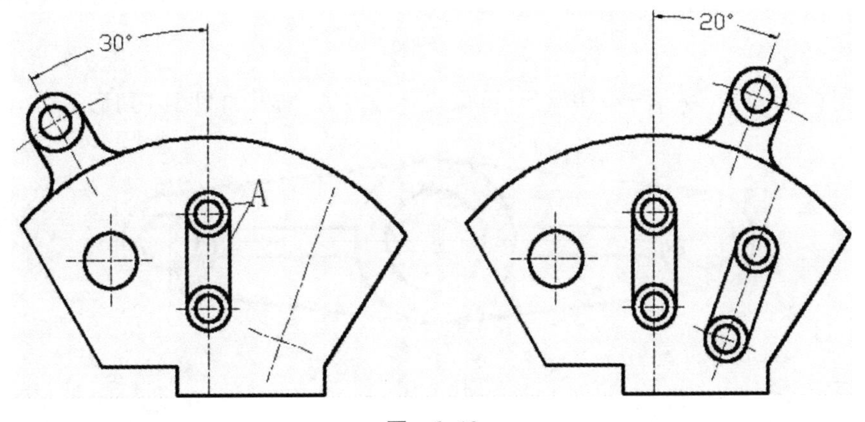


图 6-13

**要点提示**

旋转线框 A 时,可使用“ROTATE”命令中的“R”选项。

【**练习 7**】绘制如图 6-14 所示的图形。

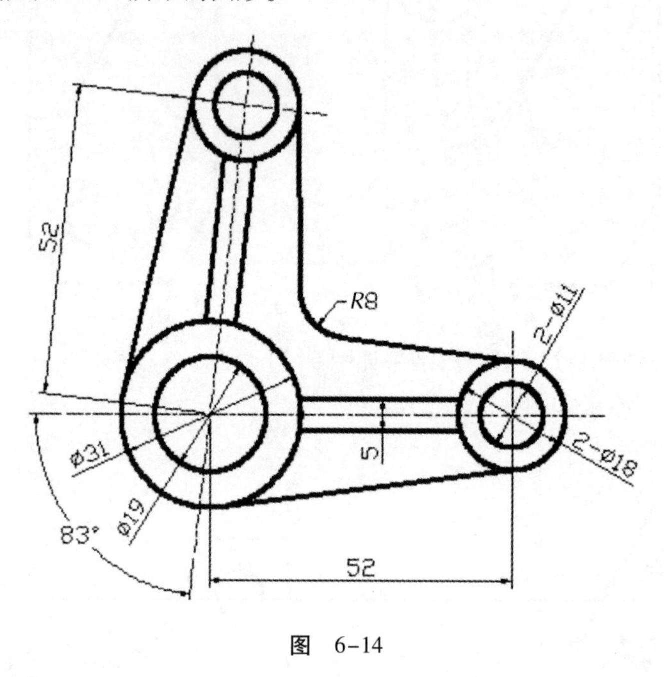


图 6-14

操作步骤提示

(1)首先绘制如图 6-15 所示的图形。

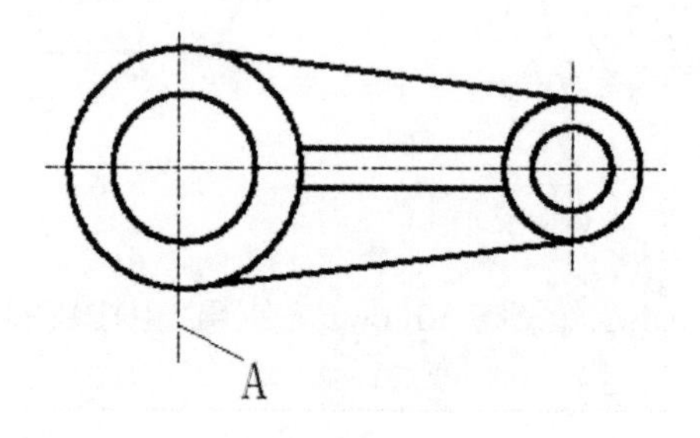


图 6-15

(2)对图 6-15 的右侧进行镜像操作,镜像线是线段 A,结果如图 6-16 所示。

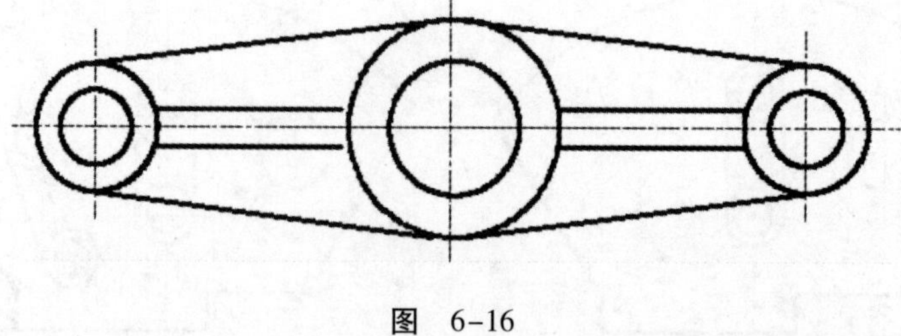

图 6-16

(3)对图 6-16 的左半部分进行旋转,然后倒圆角,结果如图 6-17 所示。

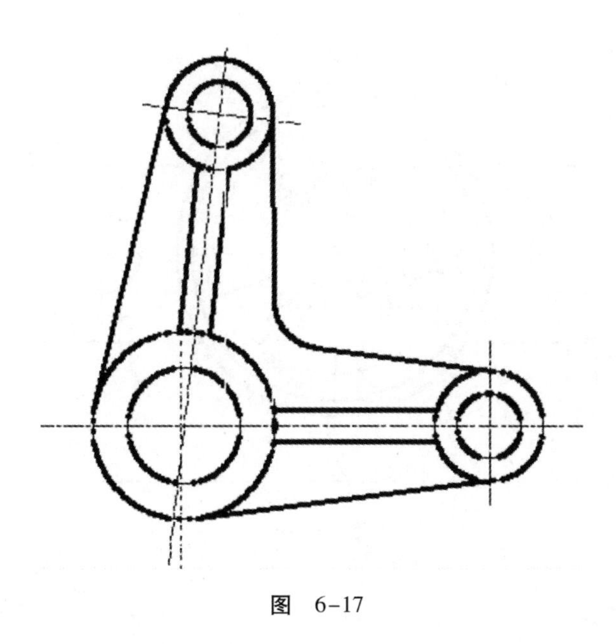

图　6-17

四、对齐对象

**【练习 8】**打开附盘文件“\dwg\第 6 章\8. dwg”，使用“ALIGN”命令将图 6-18 中的左图修改为右图。

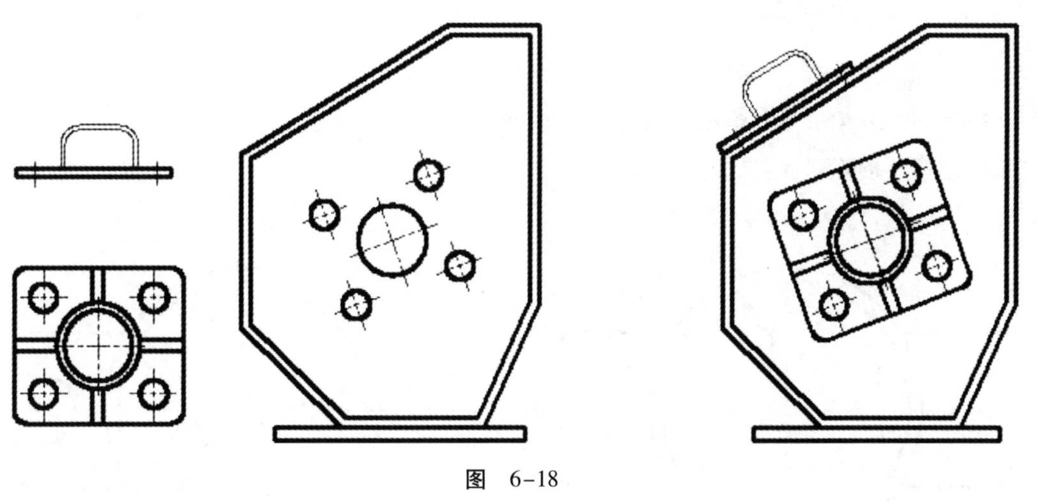

图　6-18

**【练习 9】**绘制如图 6-19 所示的图形。

操作步骤提示

(1)先绘制图形的对称部分，再绘制倾斜图形的定位线，结果如图 6-20 所示。

(2)在水平位置绘制倾斜图形 A，结果如图 6-21 所示。

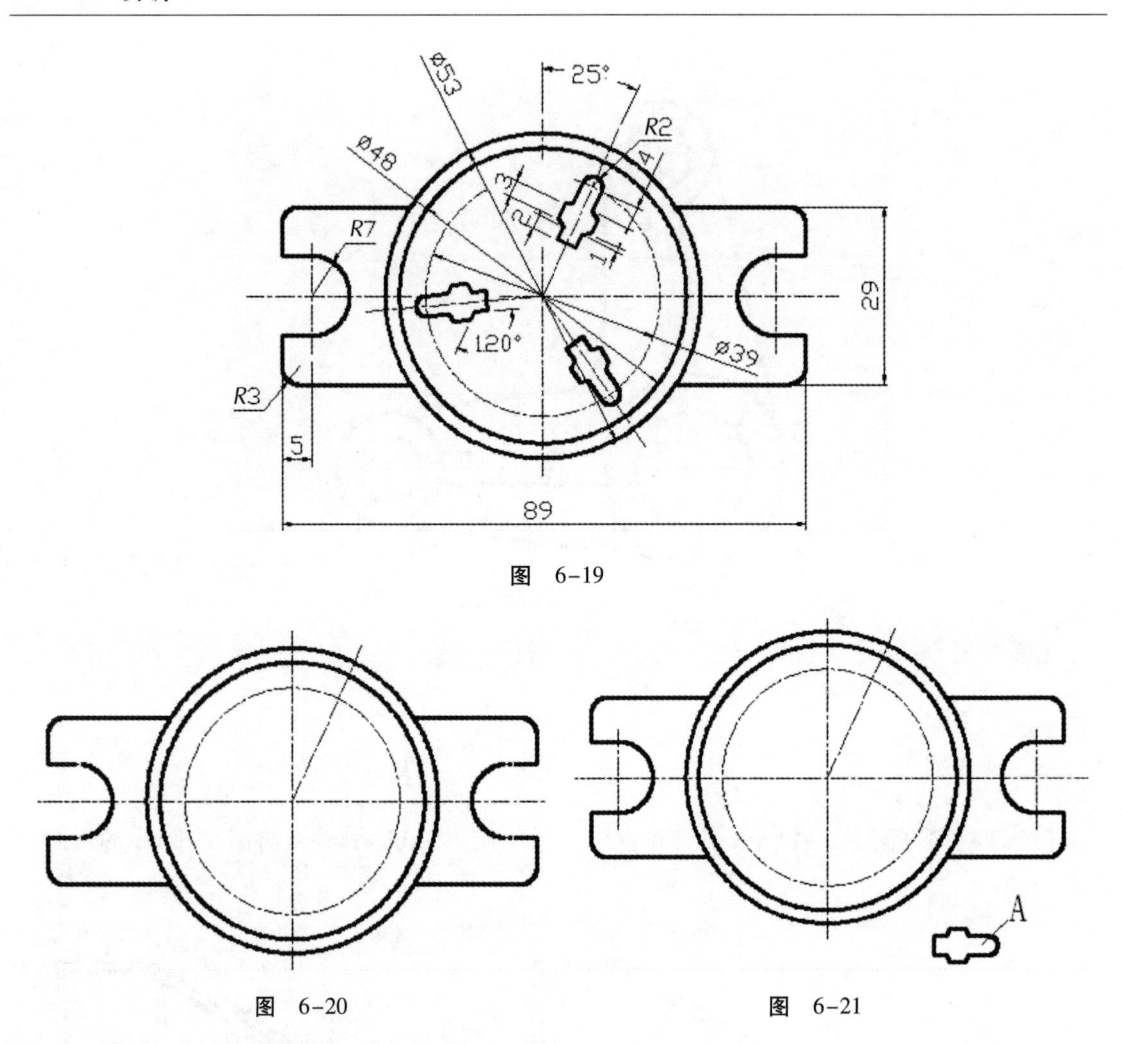


图 6-19

图 6-20

图 6-21

(3)使用“ALIGN”命令将图形 A 定位到正确的位置,结果如图 6-22 所示。

(4)创建环形阵列,结果如图 6-23 所示。

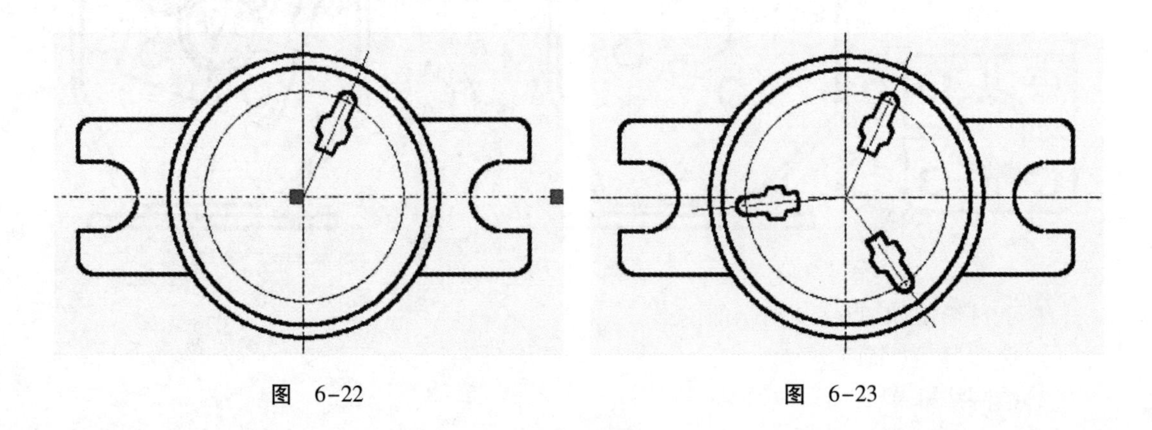

图 6-22

图 6-23

## 五、拉伸对象

【**练习 10**】打开附盘文件“\dwg\第 6 章\10. dwg”,使用“STRETCH”命令将图 6-24 中的左

图修改为右图。

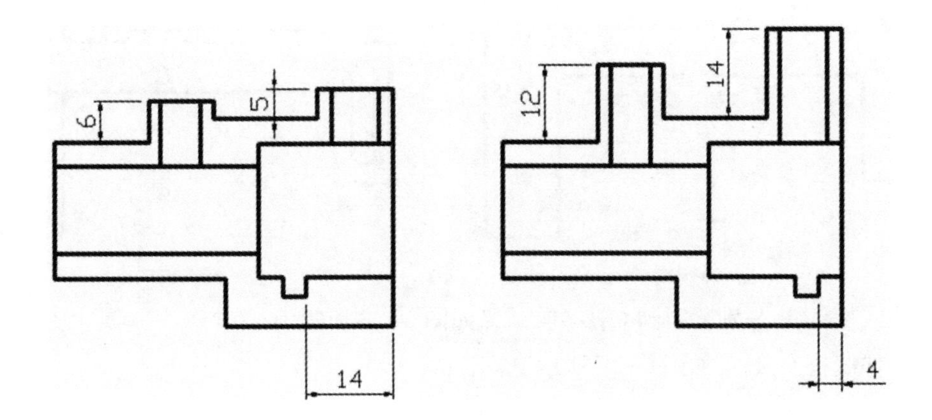


图　6-24

【练习 11】绘制如图 6-25 所示的图形。

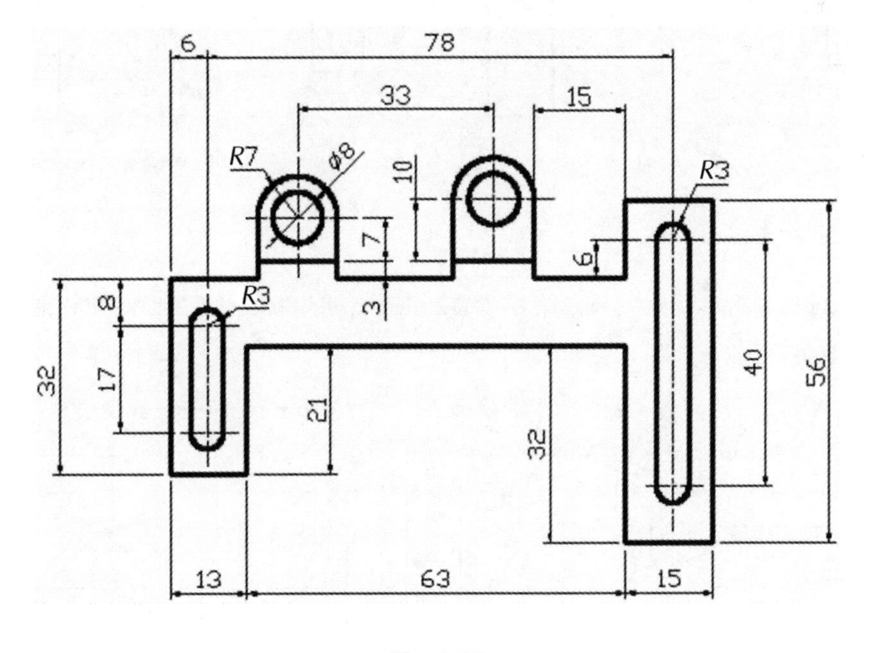


图　6-25

## 操作步骤提示

(1)使用“LINE”命令绘制图形的外轮廓线,结果如图 6-26 所示。

(2)绘制线框 A,B,结果如图 6-27 所示。

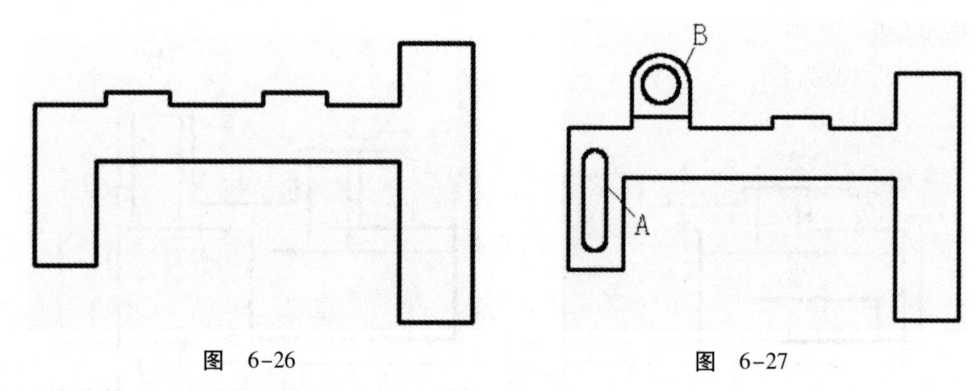


图 6-26　　图 6-27

(3)将线框 A,B 分别复制到 C,D 处,结果如图 6-28 所示。

(4)拉伸线框 C,结果如图 6-29 所示。

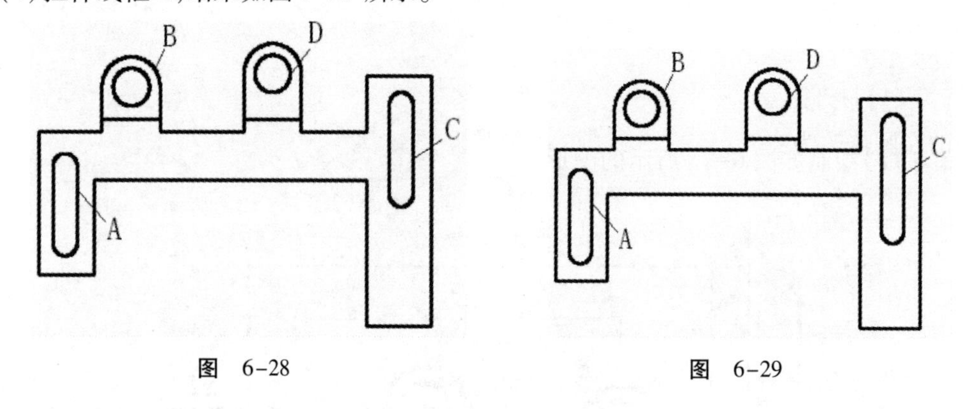


图 6-28　　图 6-29

六、比例缩放对象

**【练习 12】**打开附盘文件“\dwg\第 6 章\12. dwg”,使用“SCALE”和“COPY”命令将图6-30中的左图修改为右图。

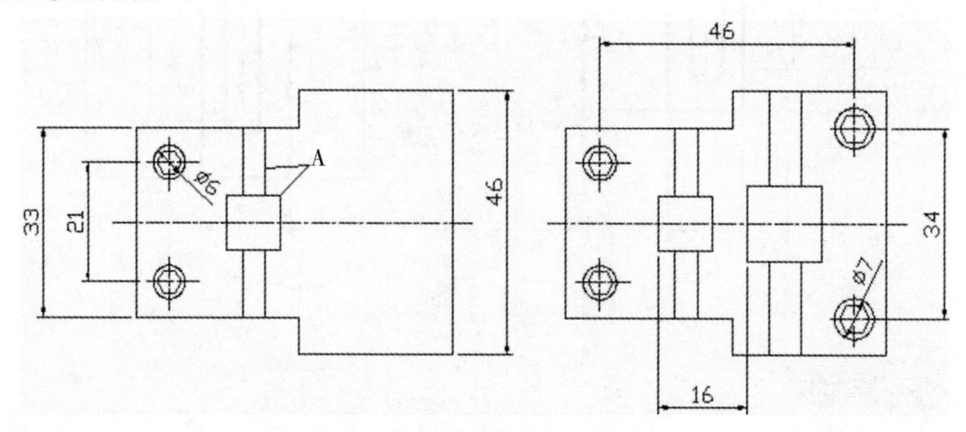


图 6-30

**要点提示**

可使用“SCALE”命令中的“R”选项,将对象 A 放大到新的尺寸。

【**练习 13**】打开附盘文件“\dwg\第 6 章\13. dwg”，使用“SCALE”和“COPY”等命令将图 6-31中的左图修改为右图。

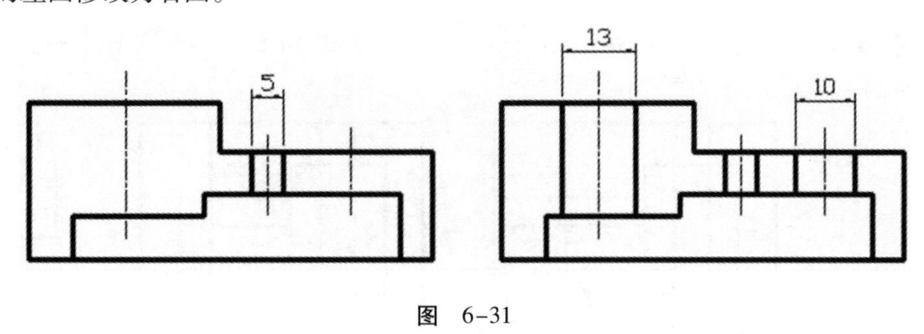


图　6-31

七、连接对象

【**练习 14**】打开附盘文件“\dwg\第 6 章\14. dwg”，使用“OFFSET”和“EXTEND”命令将图 6-32中的左图修改为右图。

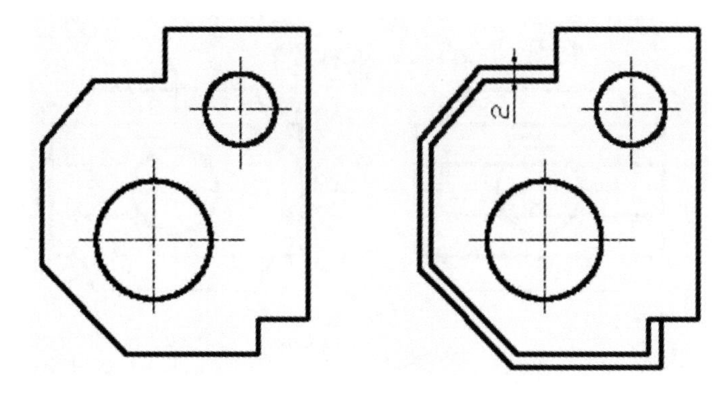


图　6-32

【**练习 15**】打开附盘文件“\dwg\第 6 章\15. dwg”，使用“FILLET”和“CHAMFER”命令将图 6-33 中的左图修改为右图。

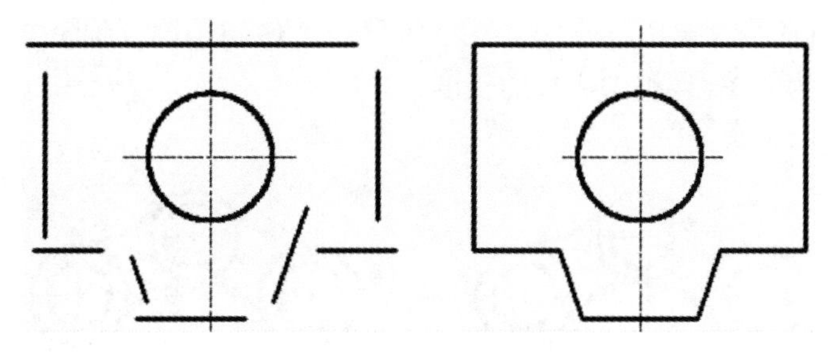

图　6-33

**要点提示**

当设定倒圆角半径或倒斜角距离为 0 时，可使用“FILLET”或“CHAMFER”命令来连接线段。

## 八、断开对象

**【练习 16】**打开附盘文件“\dwg\第 6 章\16. dwg”,使用“BREAK”和“PROPERTIES”命令将图 6-34 中的左图修改为右图。

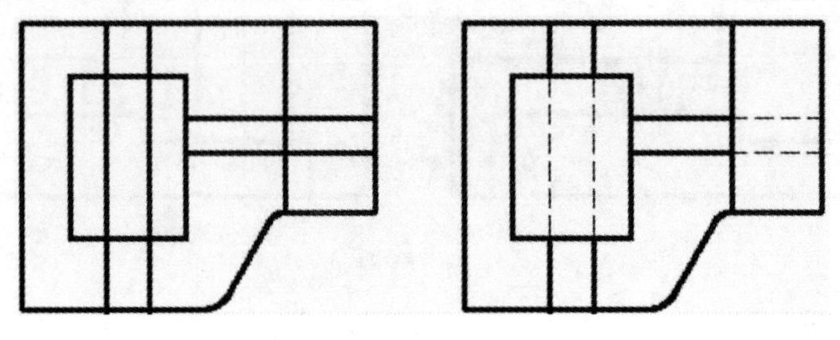

图 6-34

**【练习 17】**打开附盘文件“\dwg\第 6 章\17. dwg”,使用“BREAK”和“PROPERTIES”命令将图 6-35 中的左图修改为右图。

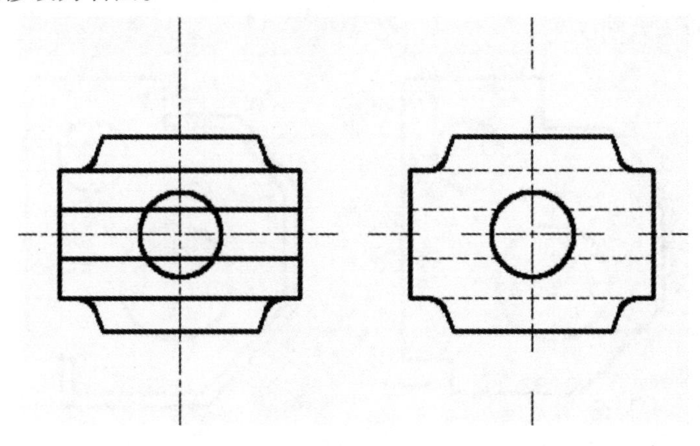

图 6-35

## 九、关键点编辑方式

**【练习 18】**打开附盘文件“\dwg\第 6 章\18. dwg”,使用关键点编辑方式的拉伸功能将图 6-36中的左图修改为右图(调整中心线的长度)。

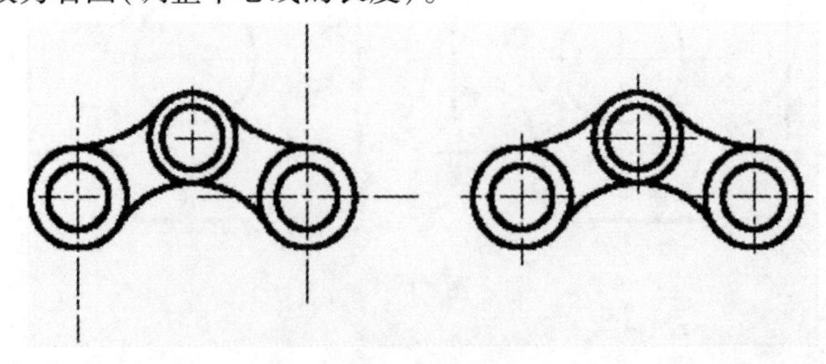

图 6-36

**要点提示**

打开正交模式,这样可以精确地沿水平或竖直方向进行拉伸。

【练习19】打开附盘文件"\dwg\第6章\19.dwg",使用关键点编辑方式的拉伸功能将图6-37中的左图修改为右图。

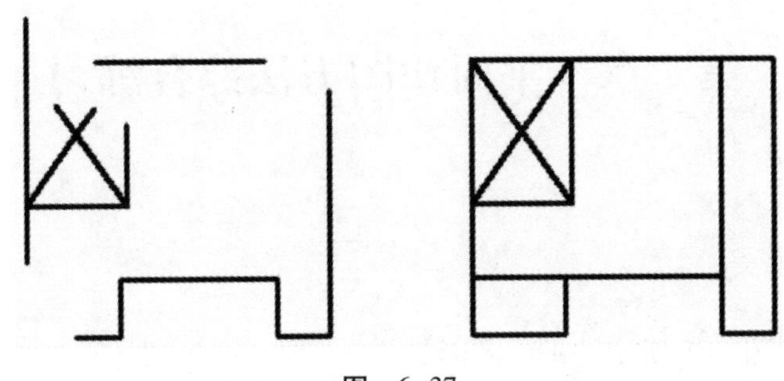

图　6-37

【练习20】打开附盘文件"\dwg\第6章\20.dwg",使用关键点编辑方式的复制和镜像功能将图6-38中的左图修改为右图。

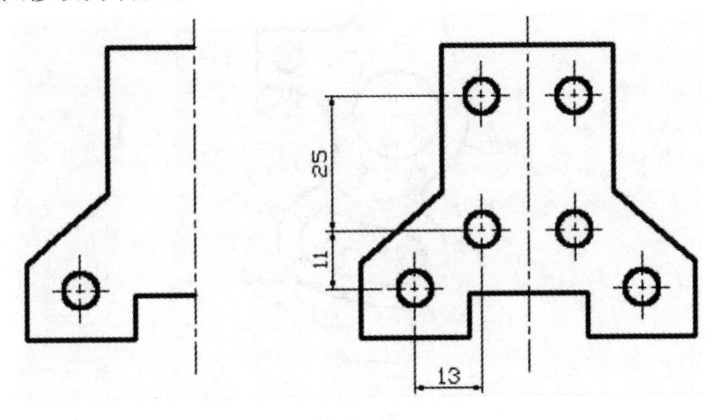


图　6-38

【练习21】打开附盘文件"\dwg\第6章\21.dwg",使用关键点编辑方式的旋转功能将图6-39中的左图修改为右图。

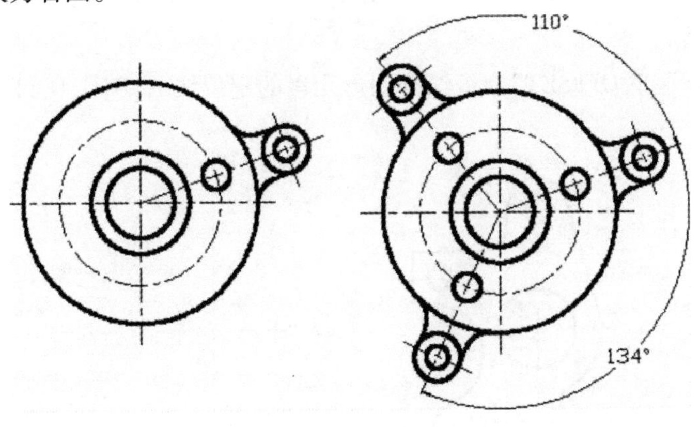


图　6-39

# 第 7 章　平面作图方法综合练习

## 一、平面图形布局

**【练习 1】**绘制如图 7-1 所示的平面图形。

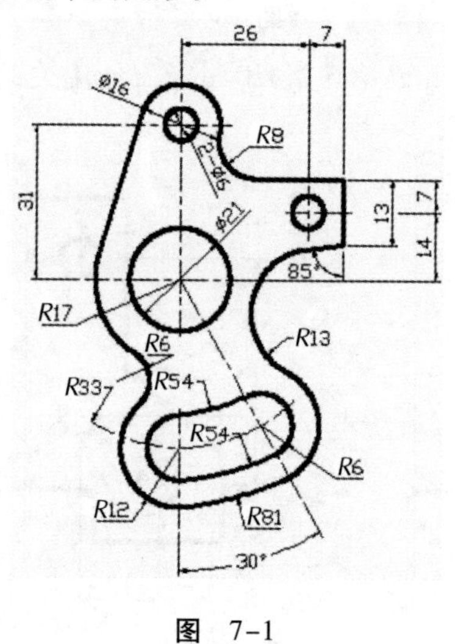


图　7-1

**操作步骤提示**

(1) 根据平面图形的大小设置作图区域为 100mm×100mm，再设定全局线型比例因子为0.2。

(2) 使用“LINE”和“OFFSET”命令绘制图形元素的定位线 A，B，C，D 和 E 等，结果如图7-2所示。

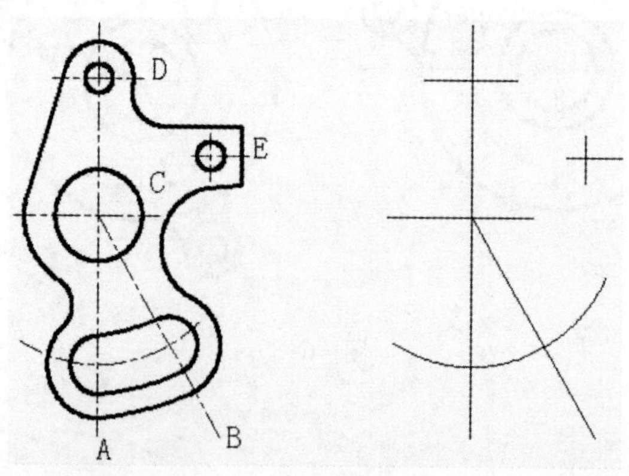


图　7-2

(3)绘制圆,结果如图 7-3 所示。

(4)使用“LINE”命令绘制圆的切线 A,再使用“FILLET”命令绘制过渡圆弧 B,结果如图 7-4所示。

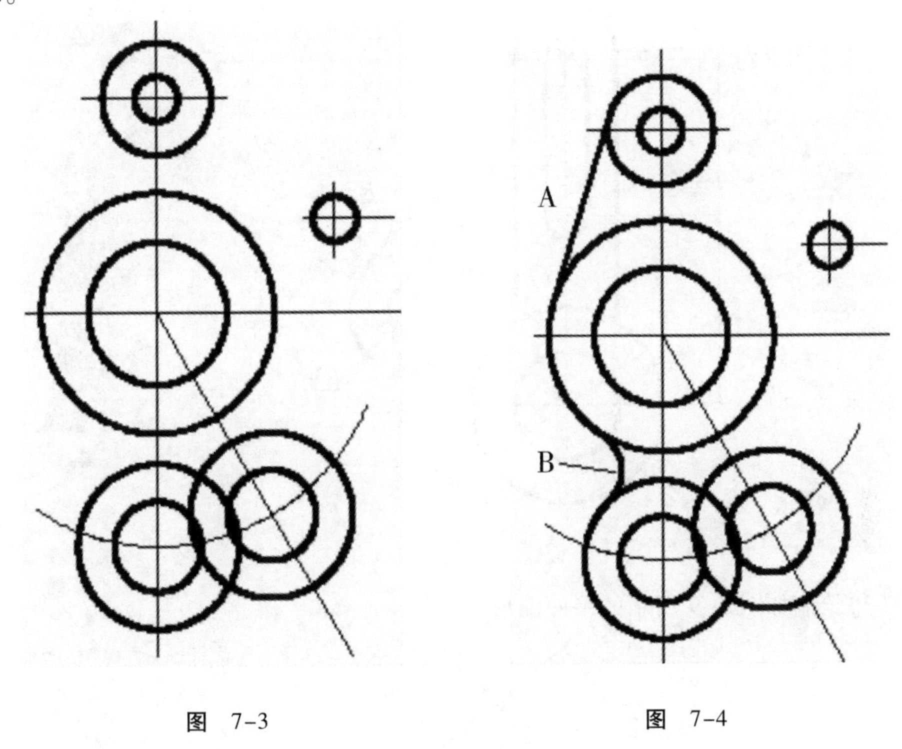


图　7-3　　　　图　7-4

(5)绘制平行线 C,D 及斜线段 E,结果如图 7-5 所示。

(6)绘制过渡圆弧 G,H,M 和 N,结果如图 7-6 所示。

(7)修剪多余线段,再将定位线的线型改为中心线,结果如图 7-7 所示。

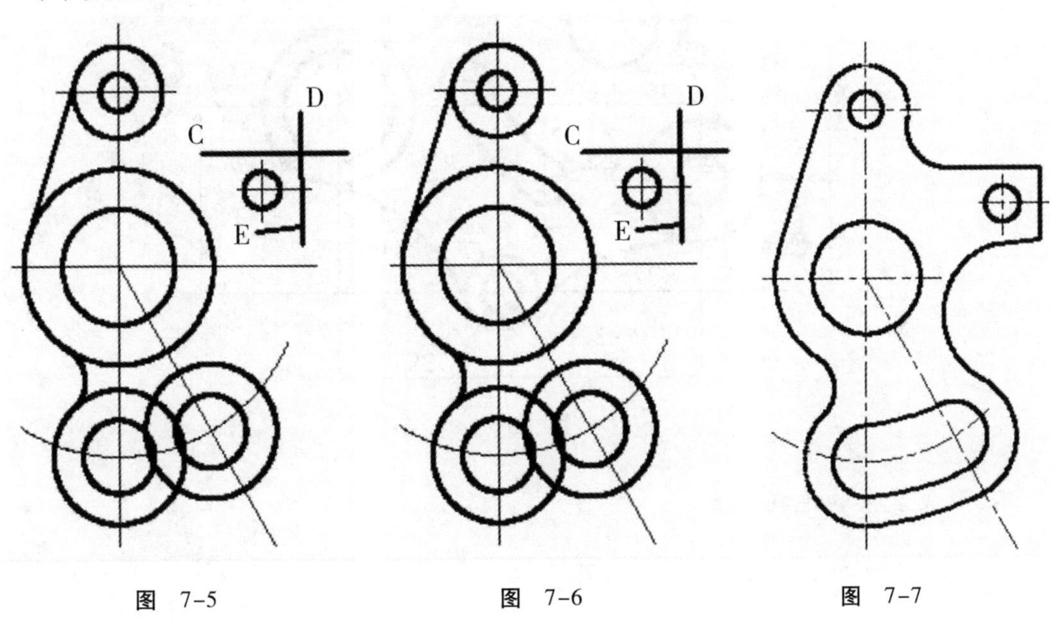


图　7-5　　　　图　7-6　　　　图　7-7

【练习 2】绘制如图 7-8 所示的平面图形。

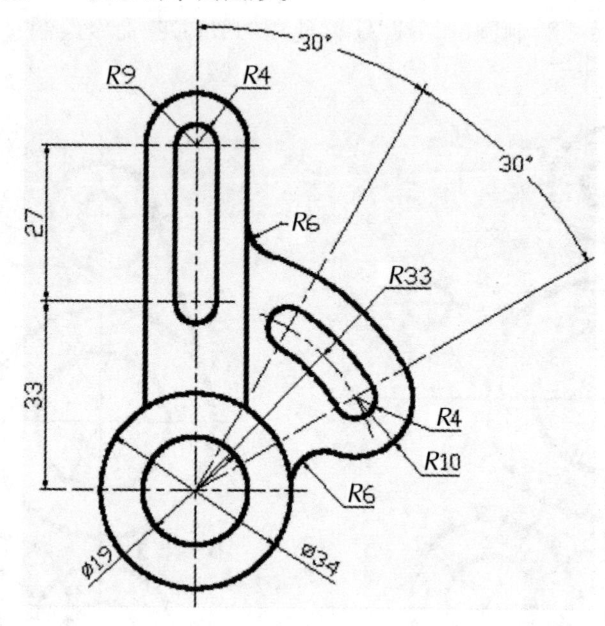


图 7-8

【练习 3】绘制如图 7-9 所示的平面图形。

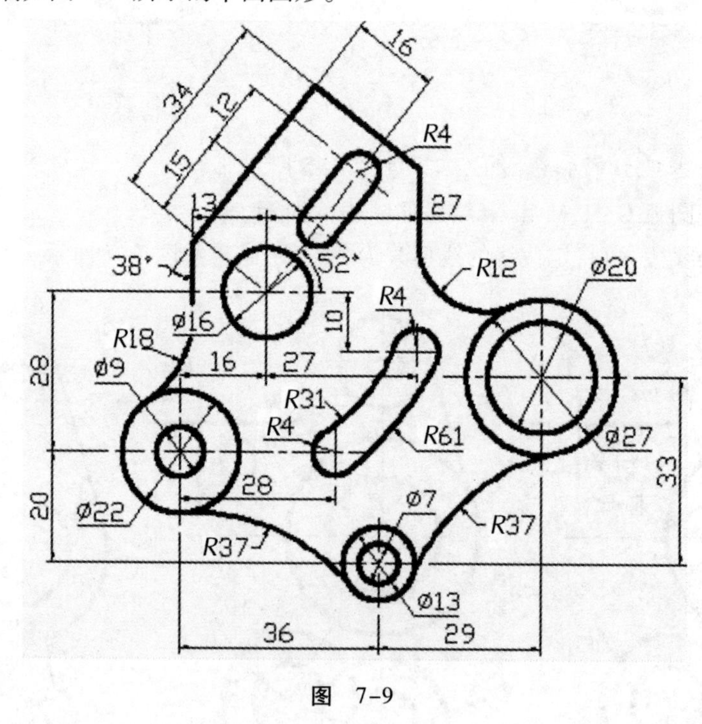


图 7-9

## 二、形成复杂的连接关系

【练习 4】绘制如图 7-10 所示的平面图形。

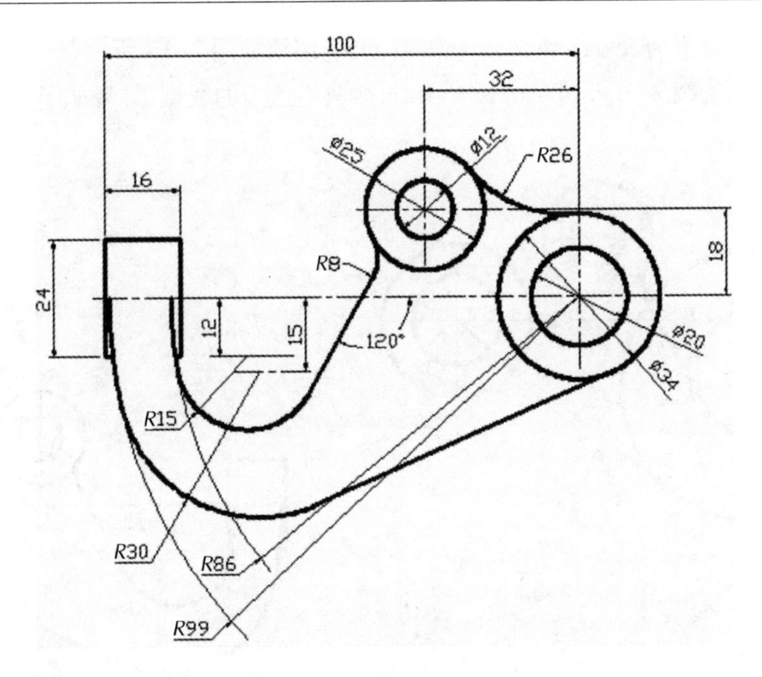


图　7-10

### 操作步骤提示

(1)设置作图区域大小为 150mm×100mm,再设定全局线型比例因子 0.2。

(2)绘制图形元素的定位线 A,B 和 C 及端面线 D 等,结果如图 7-11 所示。

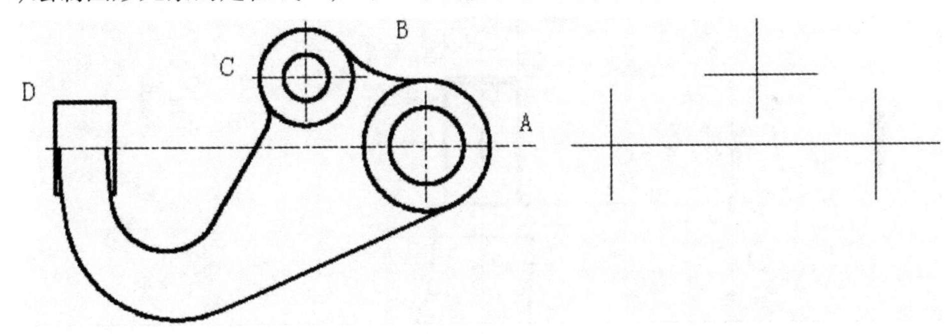


图　7-11

(3)绘制平行线 E,F 及圆 G,H 等,结果如图 7-12 所示。

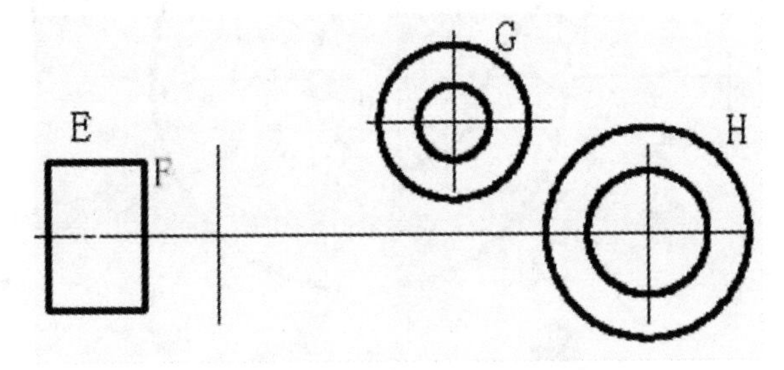


图　7-12

(4)绘制半径分别为 $R$99,$R$86,$R$15 和 $R$30 的圆,结果如图 7-13 所示。

(5)绘制圆的切线 A,B 及过渡圆弧 C,D,再修改不适当的线型,结果如图 7-14 所示。

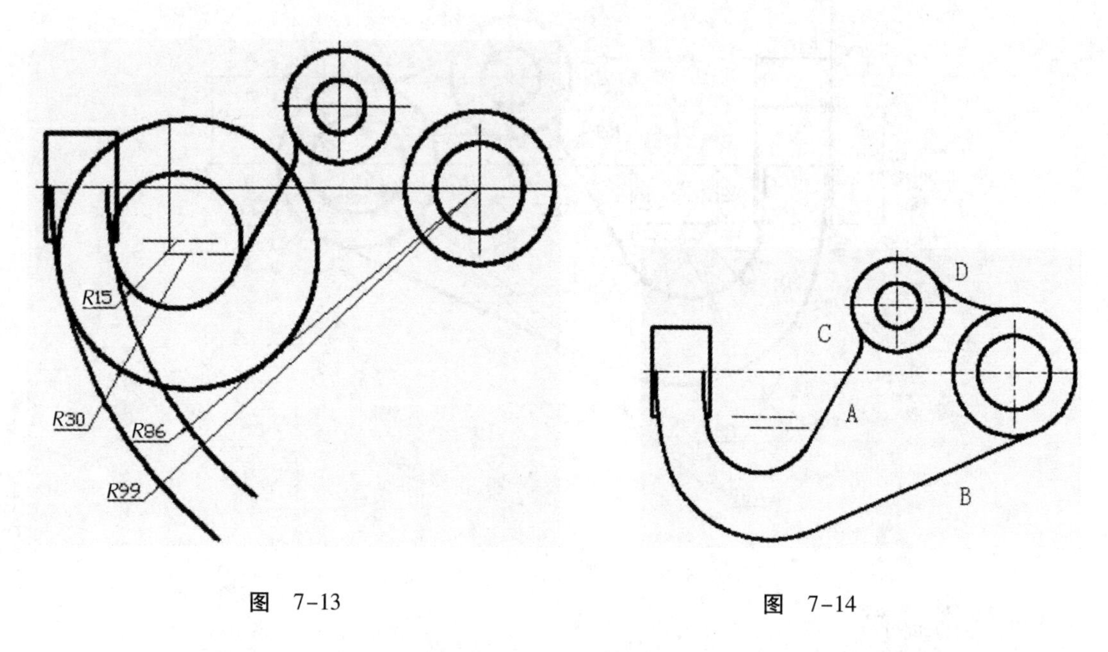


图 7-13　　　　图 7-14

【**练习 5**】绘制如图 7-15 所示的平面图形。

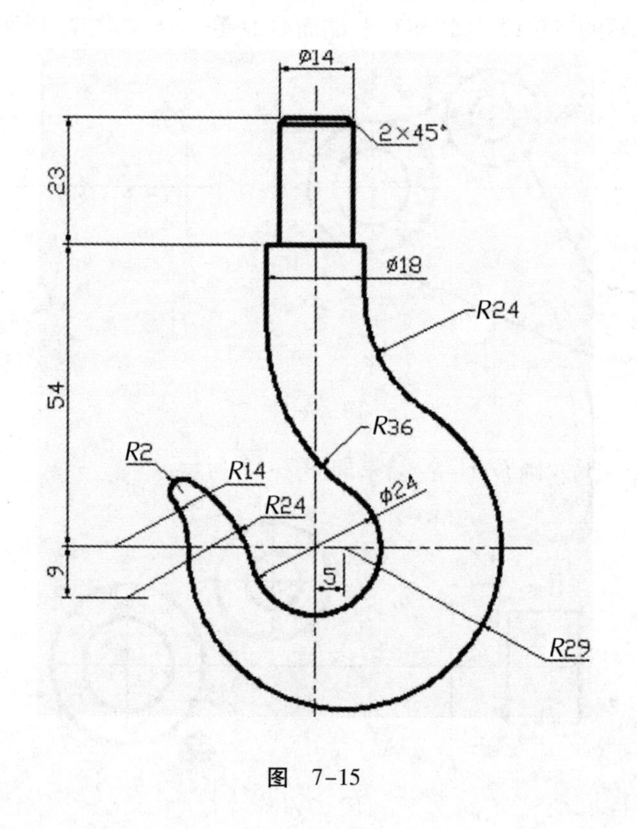


图 7-15

【**练习6**】绘制如图7-16所示的平面图形。

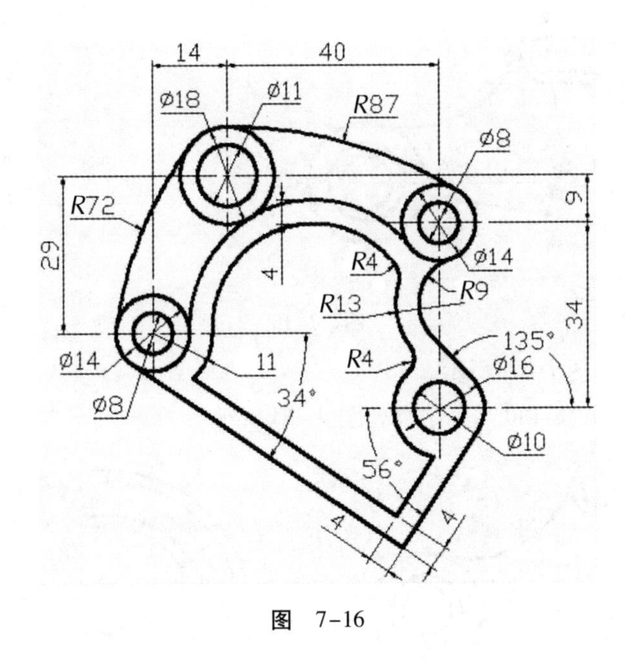


图　7-16

三、使用辅助线作图

【**练习7**】绘制如图7-17所示的图形。

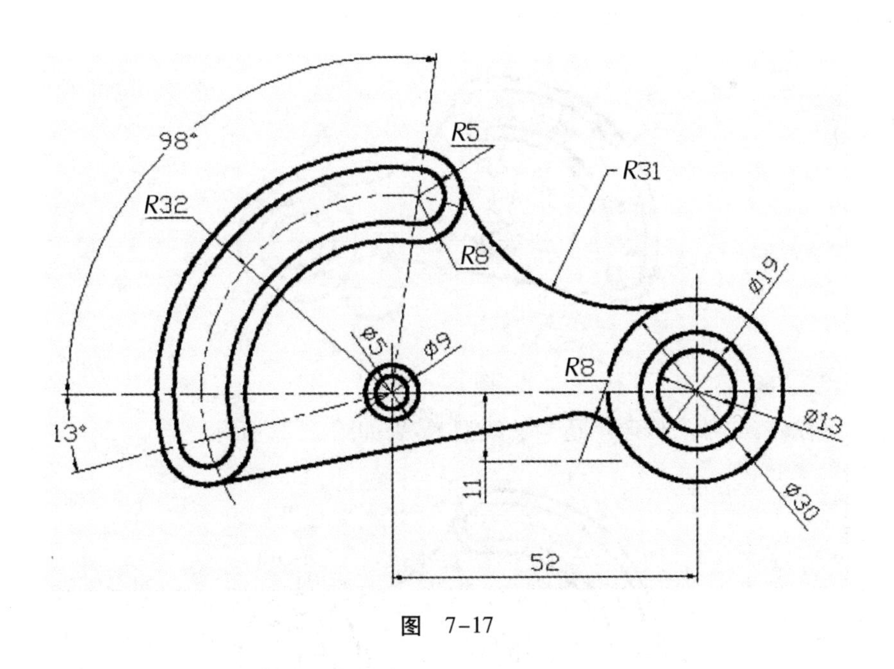


图　7-17

**操作步骤提示**

(1)设置作图区域大小为150mm×100mm,再设定全局线型比例因子为0.2。

（2）布置图面，绘制图形的定位线 A，B，C，D 和 E，结果如图 7-18 所示。

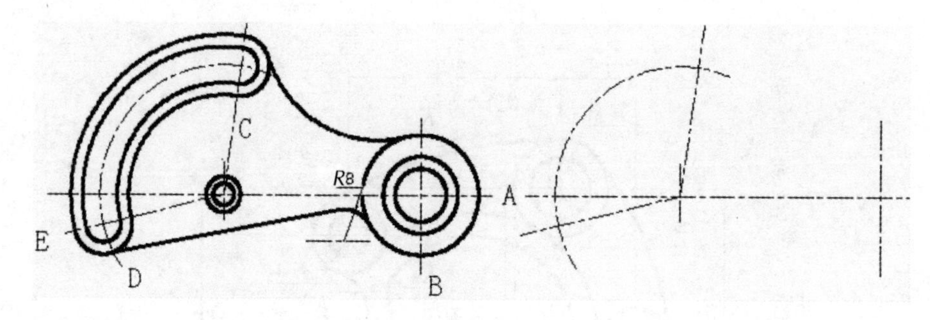


图 7-18

（3）绘制圆，结果如图 7-19 所示。

（4）绘制过渡圆弧 A，B 和 C 等，结果如图 7-20 所示。

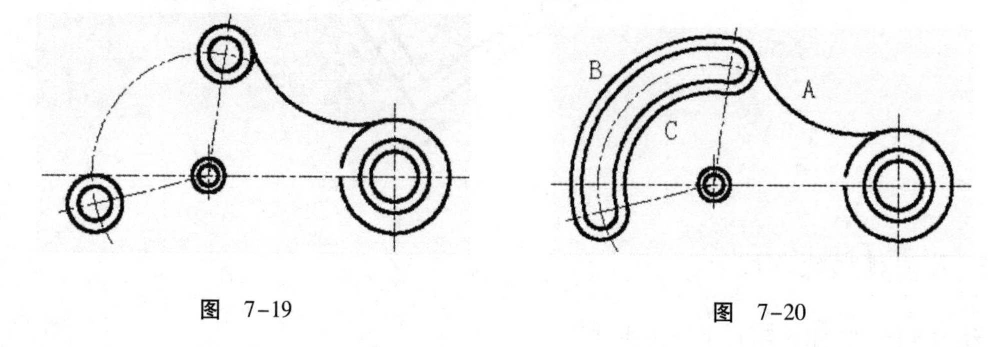


图 7-19　　图 7-20

（5）绘制圆 F 及两圆的公切线 E，结果如图 7-21 所示。

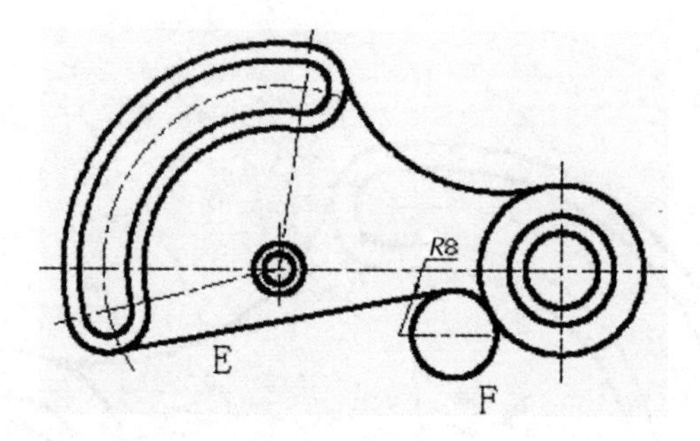


图 7-21

（6）修剪多余线条，然后修改不适当的线型，结果如图 7-22 所示。

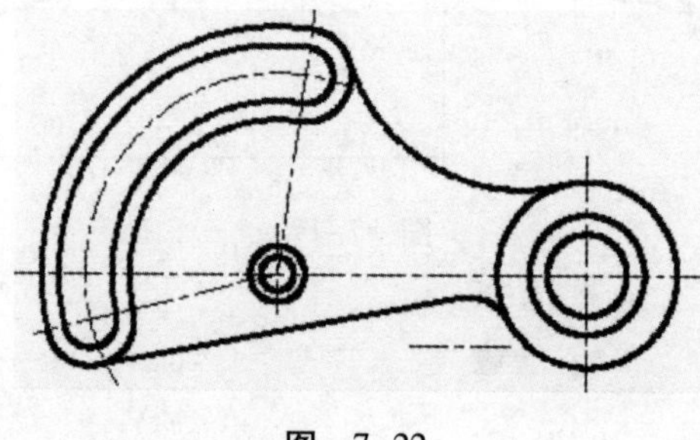

图 7-22

【练习 8】绘制如图 7-23 所示的平面图形。

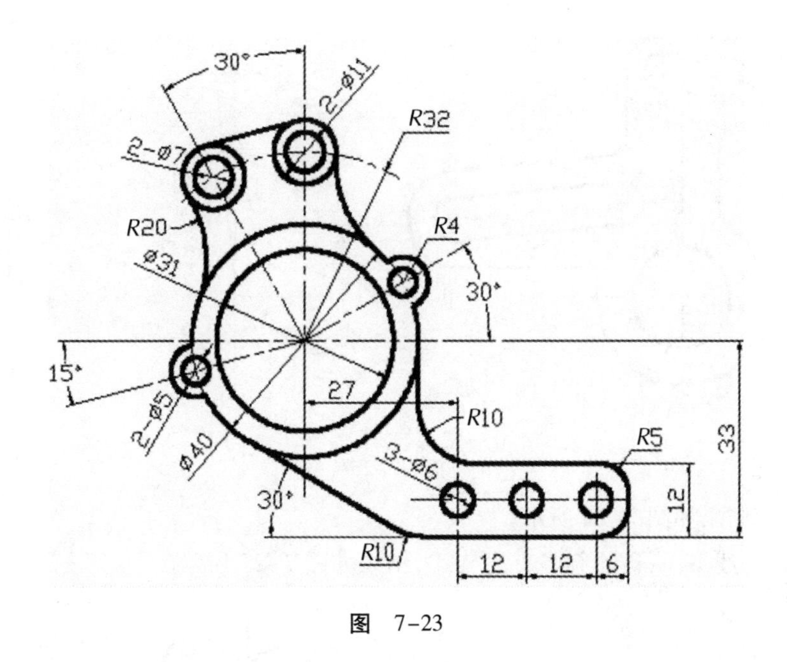


图　7-23

四、布图技巧练习

【练习 9】绘制如图 7-24 所示的图形。

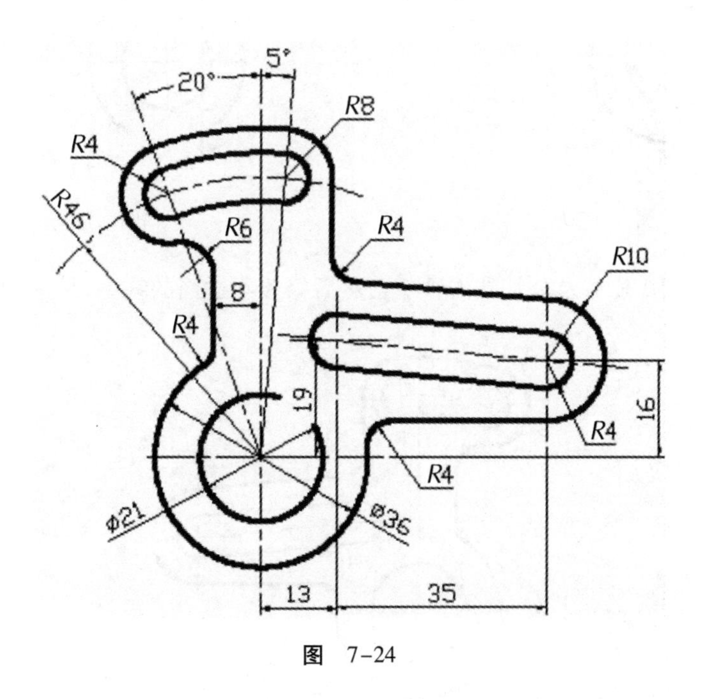


图　7-24

**操作步骤提示**

(1)设置作图区域大小为 120mm×100mm,再设定全局线型比例因子为 0.2。

(2)绘制图形元素的定位线 A,B,C,D 和 E 等,结果如图 7-25 所示。

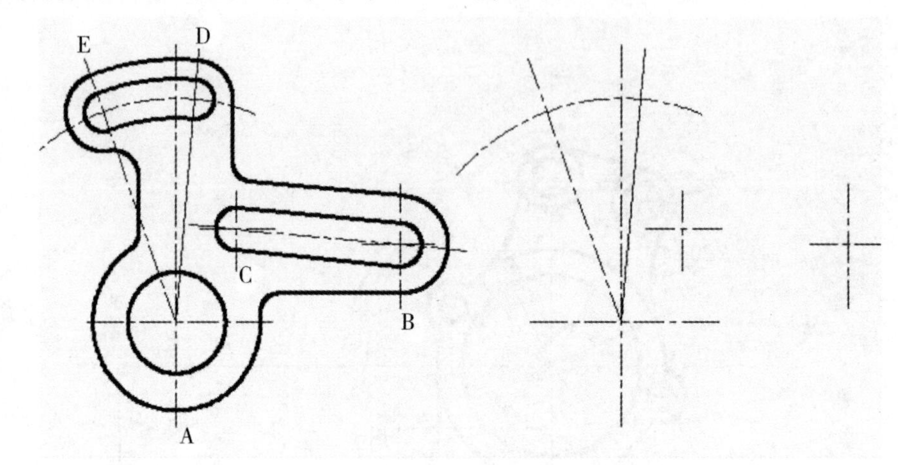


图 7-25

(3)绘制圆,结果如图 7-26 所示。

(4)绘制平行线 B,C,再绘制竖直线 A,D,结果如图 7-27 所示。

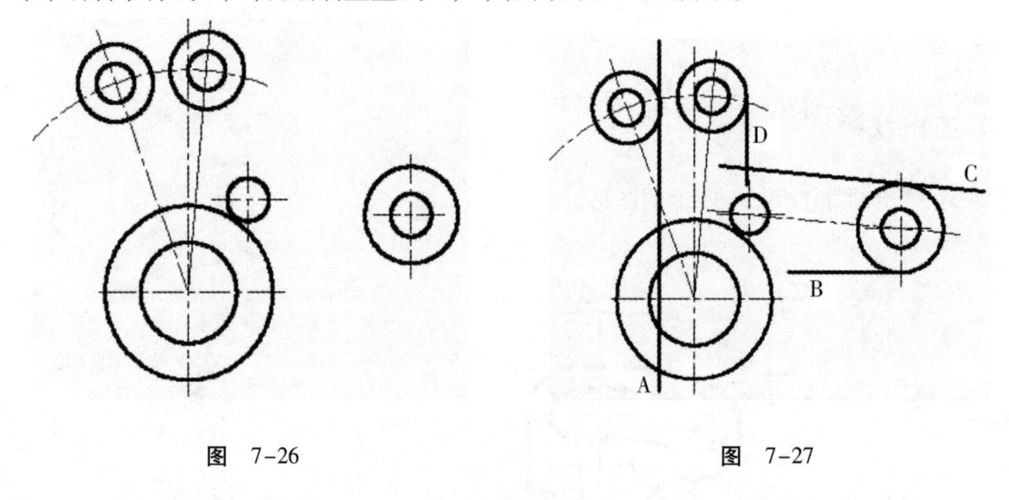


图 7-26　　图 7-27

(5)绘制过渡圆弧 E,F 及公切线 G,H 等,然后修改不适当的线型,结果如图 7-28 所示。

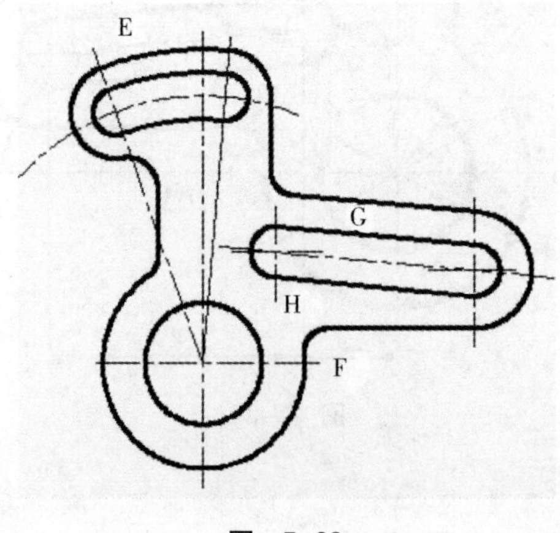


图 7-28

【**练习 10**】绘制如图 7-29 所示的平面图形。

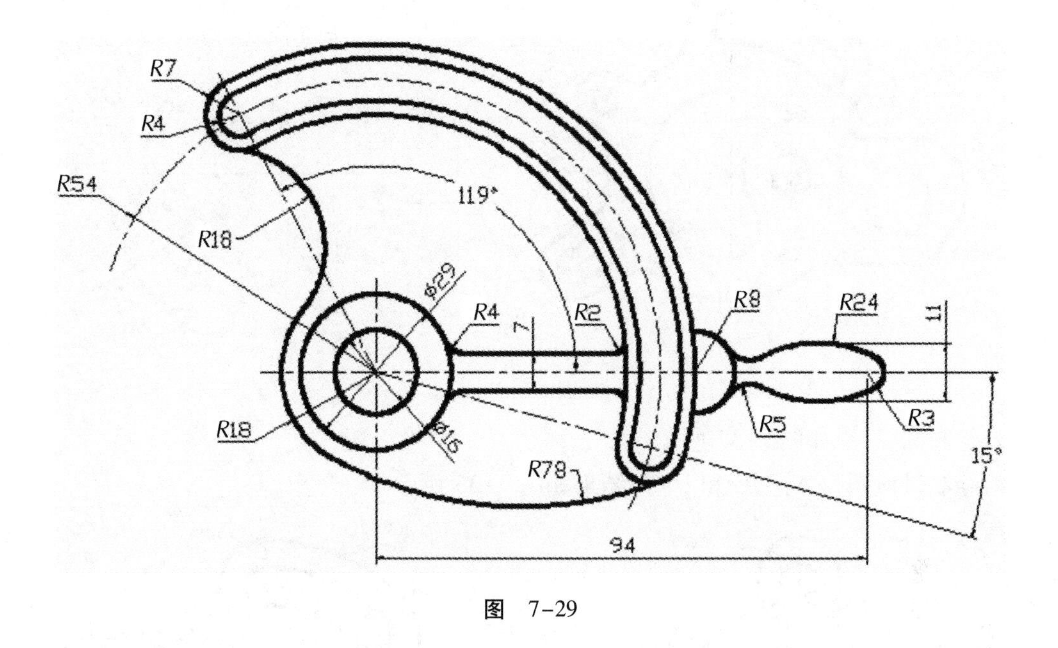


图　7-29

## 五、绘制包含多种连接关系的平面图形

【**练习 11**】绘制如图 7-30 所示的图形。

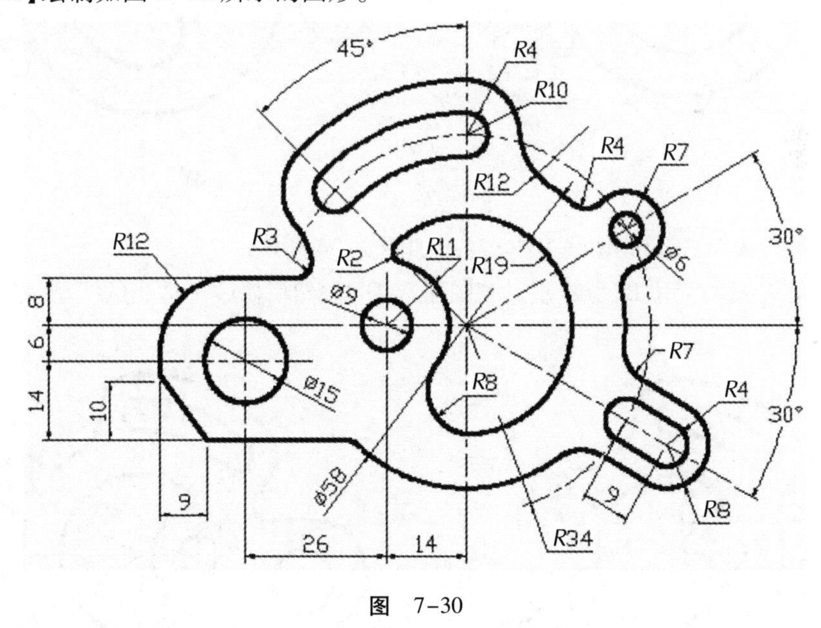


图　7-30

**操作步骤提示**

(1)设置作图区域大小为 150mm×120mm,再设定全局线型比例因子为 0.2。

(2)绘制图形元素的定位线 A,B,C,D,E,F 和 G 等,结果如图 7-31 所示。

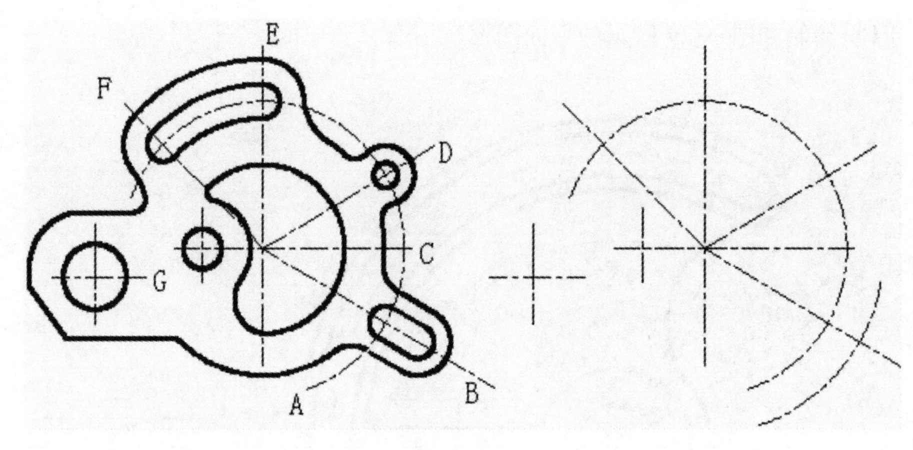


图 7-31

(3)绘制圆,结果如图 7-32 所示。

(4)绘制过渡圆弧 A,B,C 和 D 等,结果如图 7-33 所示。

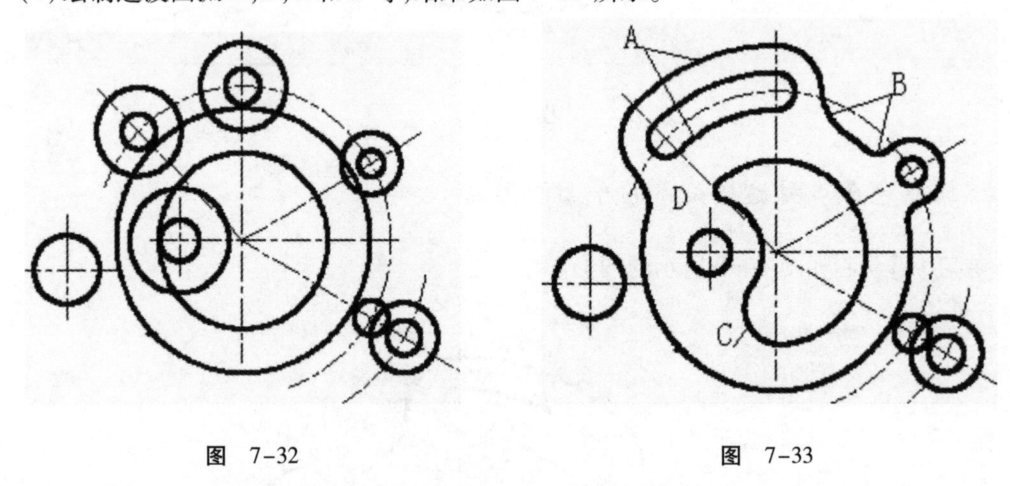


图 7-32　　图 7-33

(5)绘制平行线 M,P 及公切线 V 等,结果如图 7-34 所示。

(6)倒斜角 A 及倒圆角 B,再绘制过渡圆弧 C,D 等,然后修改不适当的线型,结果如图7-35所示。

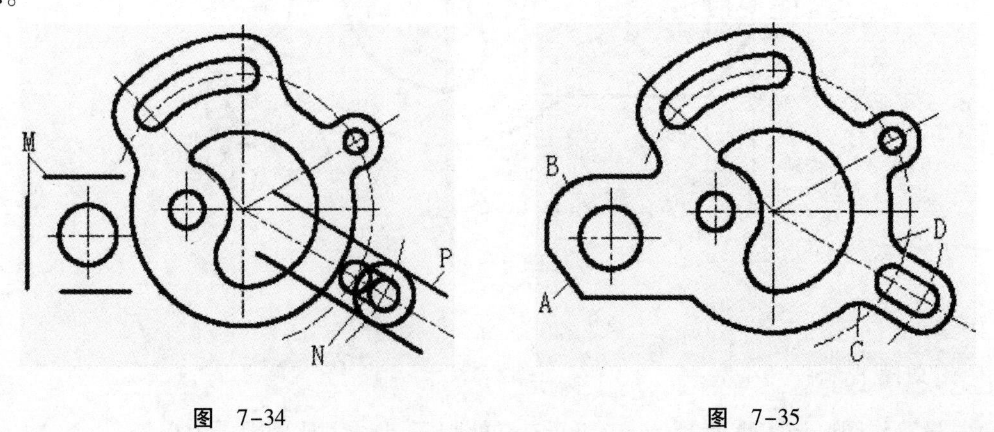


图 7-34　　图 7-35

【**练习 12**】绘制如图 7-36 所示的平面图形。

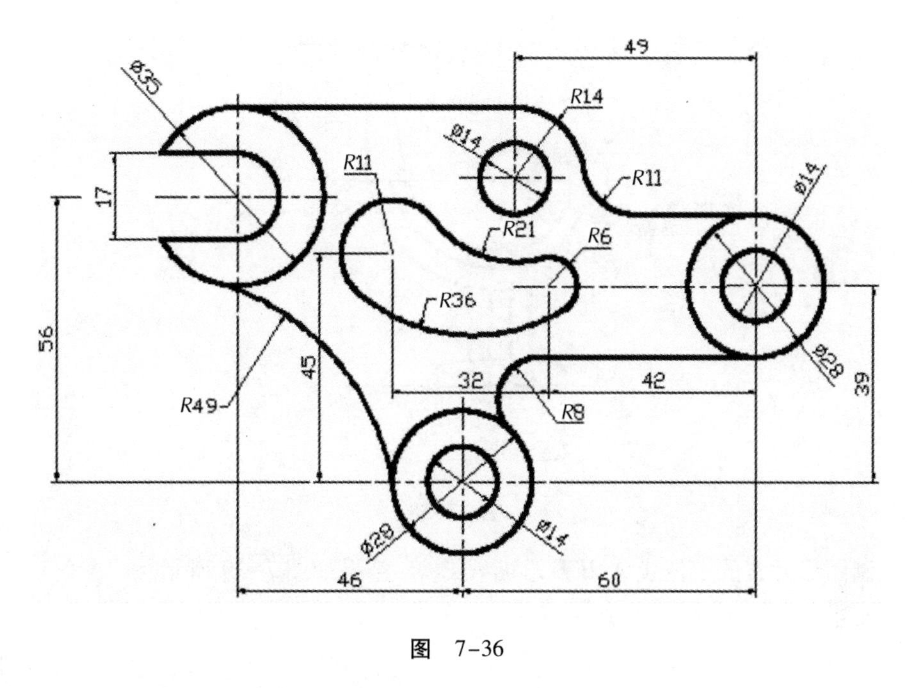


图　7-36

【**练习 13**】绘制如图 7-37 所示的平面图形。

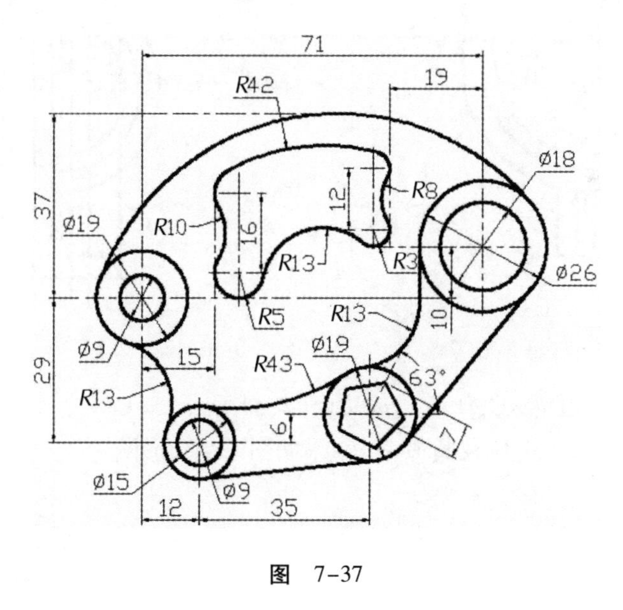


图　7-37

## 六、绘制复杂平面图形

【**练习 14**】绘制如图 7-38 所示的图形。

**操作步骤提示**

(1)设置作图区域大小为 100mm×100mm,再设定全局线型比例因子为 0.2。

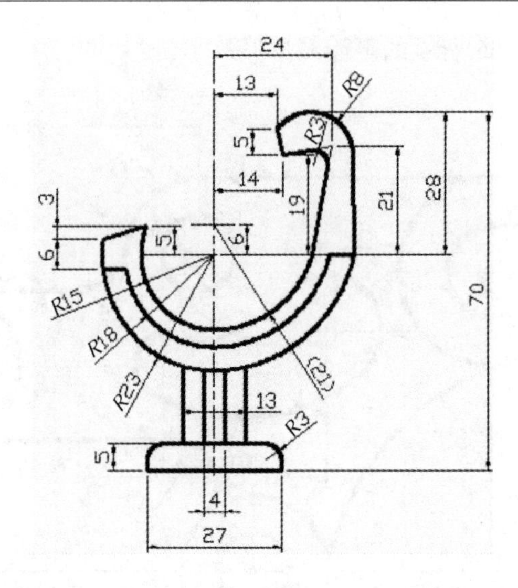


图 7-38

(2)绘制图形元素的定位线 A,B 及端面线 C 等,结果如图 7-39 所示。

(3)绘制平行线 E 及圆 F 等,结果如图 7-40 所示。

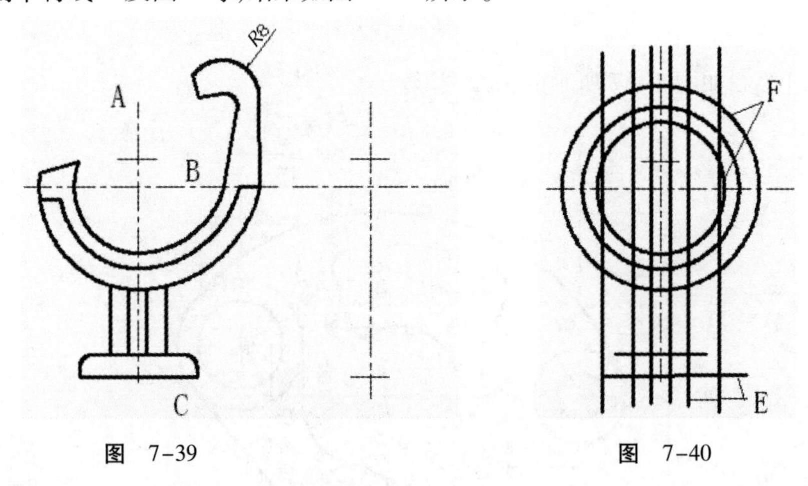


图 7-39　　　　图 7-40

(4)绘制线段 A,B 及圆弧 C,D 等,结果如图 7-41 所示。

(5)绘制线段 E,F 和切线 G 及圆 H 等,结果如图 7-42 所示。

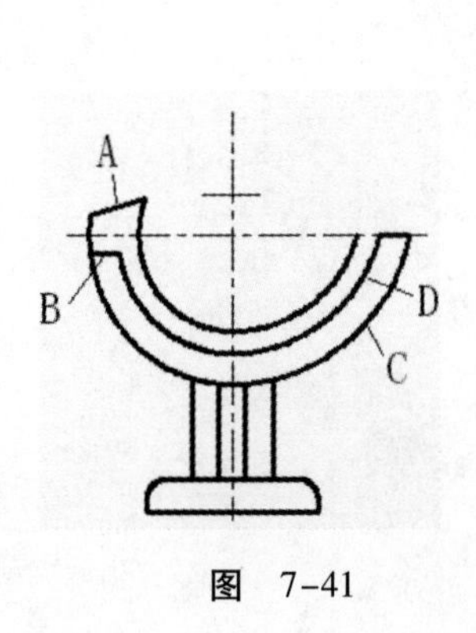


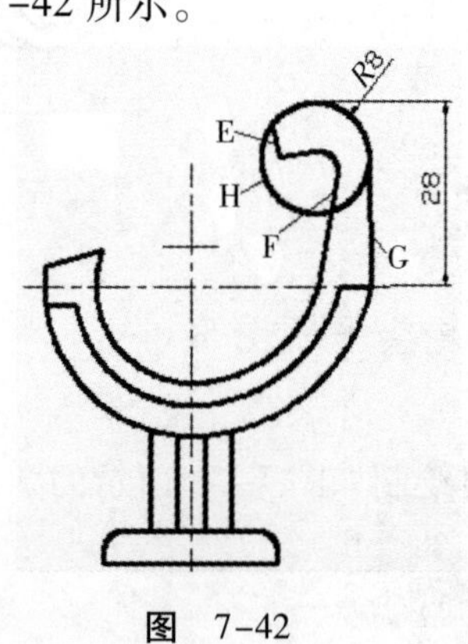


图 7-41　　　　图 7-42

(6)绘制过渡圆弧 A,再修剪多余线条,然后修改不适当的线型,结果如图 7-43 所示。

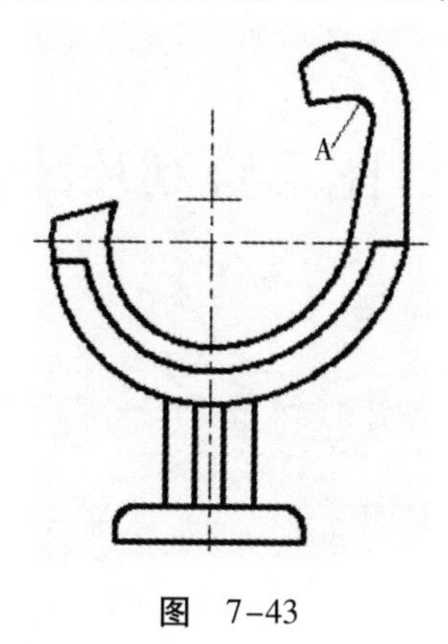


图　7-43

【**练习 15**】绘制如图 7-44 所示的平面图形。

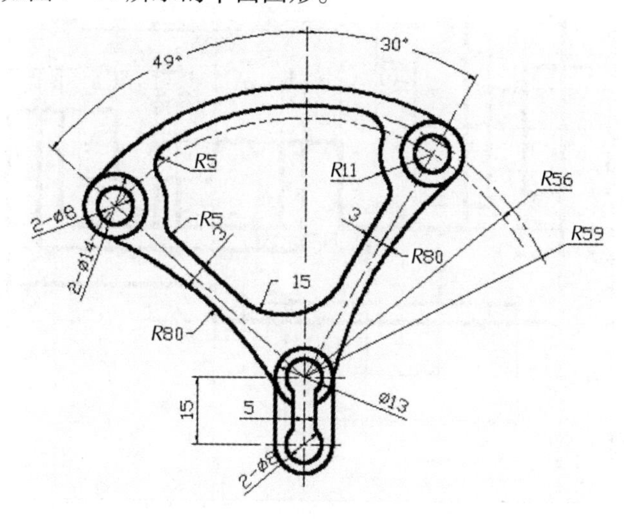


图　7-44

【**练习 16**】绘制如图 7-45 所示的平面图形。

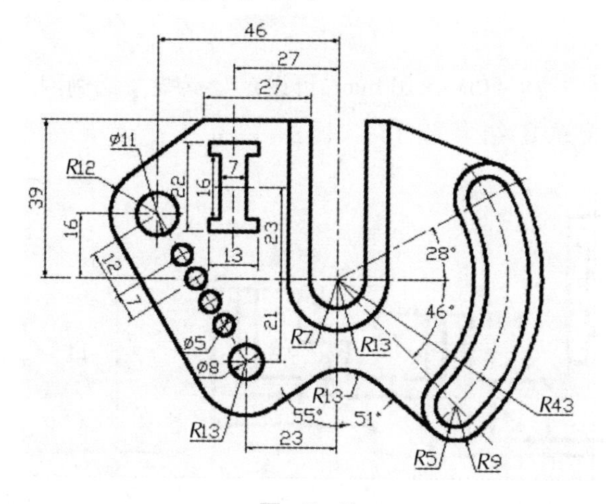


图　7-45

# 第 8 章　图形绘制及编辑技巧

## 一、使用"OFFSET"命令生成图形细节

**【练习 1】**绘制如图 8-1 所示的平面图形。

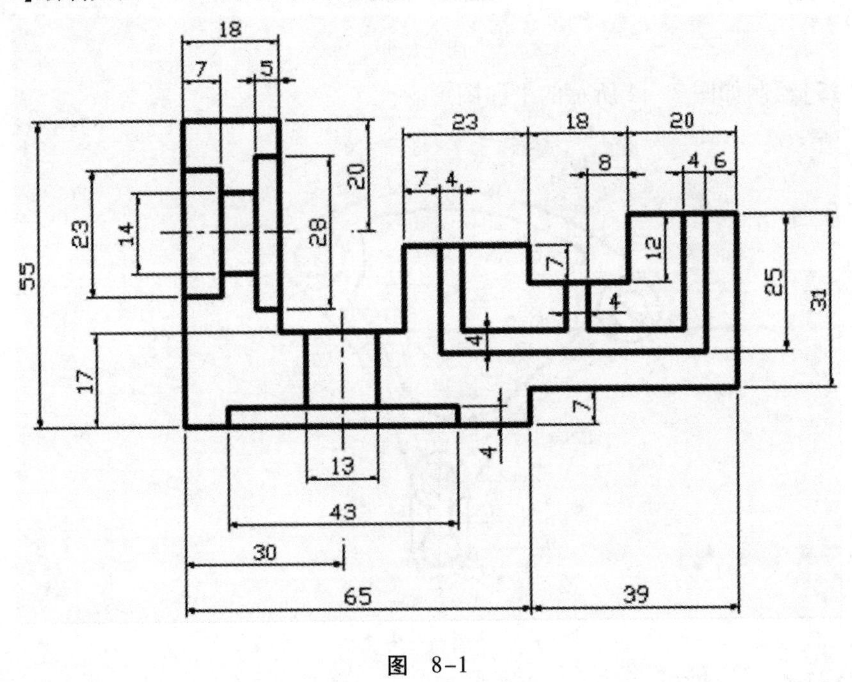


图　8-1

操作步骤提示

(1)设置作图区域大小为 150mm×100mm，再设定全局线型比例因子为 0.2。

(2)绘制作图基准线 A，B，结果如图 8-2 所示。

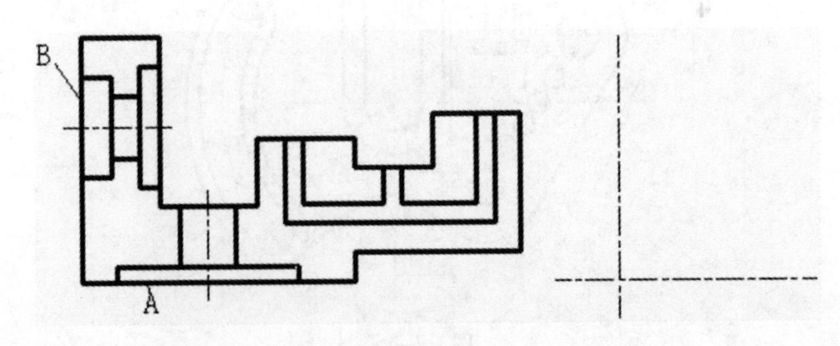


图　8-2

(3)使用“OFFSET”命令偏移线段 A,B,以形成图形细节 E,结果如图 8-3 所示。

(4)偏移线段 A,B,以形成局部细节 F,结果如图 8-4 所示。

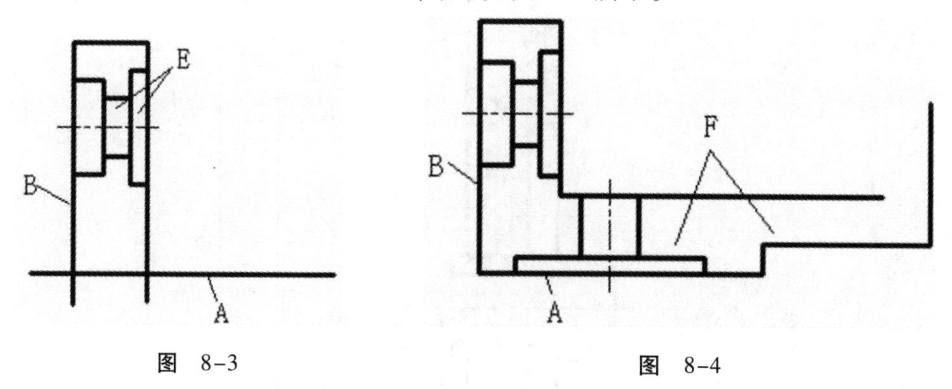


图　8-3　　　　图　8-4

(5)使用“OFFSET”命令偏移线段 C,D,以形成图形细节 G,然后修改不适当的线型,结果如图 8-5 所示。

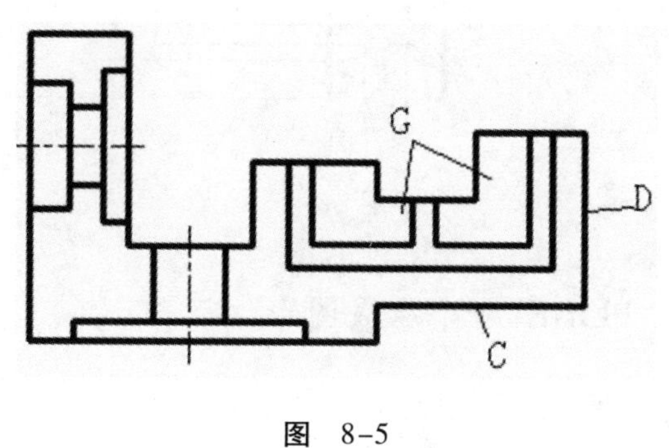


图　8-5

【练习 2】绘制如图 8-6 所示的平面图形。

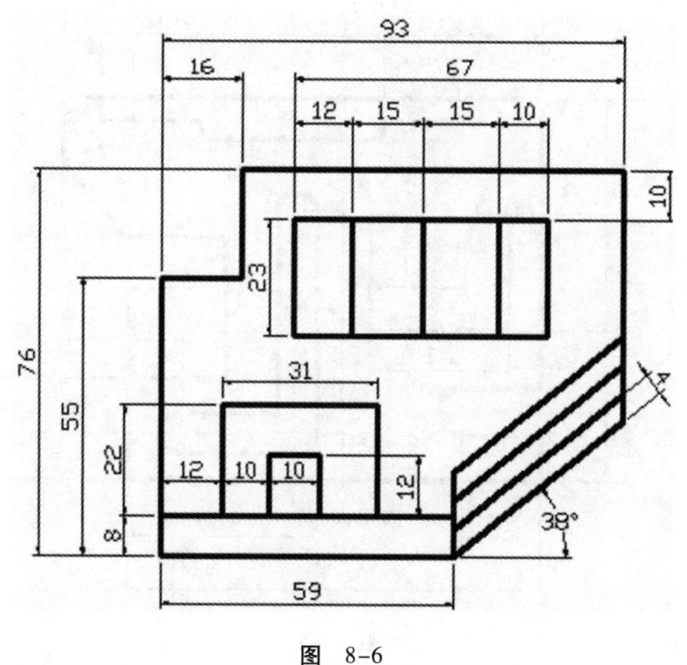


图　8-6

【练习 3】绘制如图 8-7 所示的平面图形。

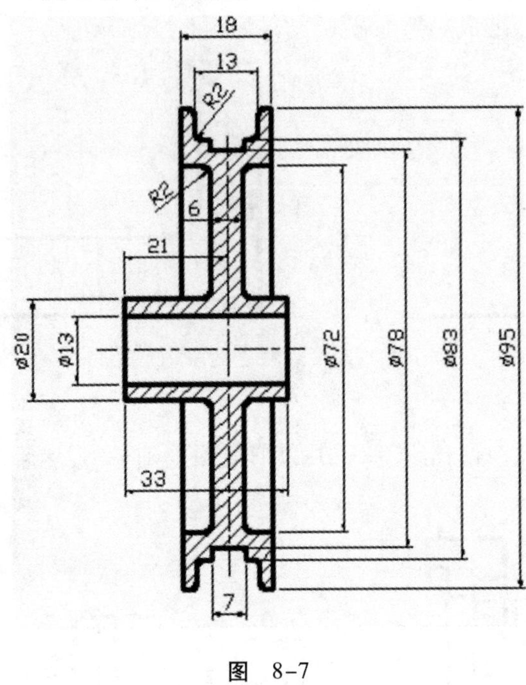


图 8-7

二、使用"LINE"或"PLINE"命令生成图形细节

【练习 4】绘制如图 8-8 所示的平面图形。

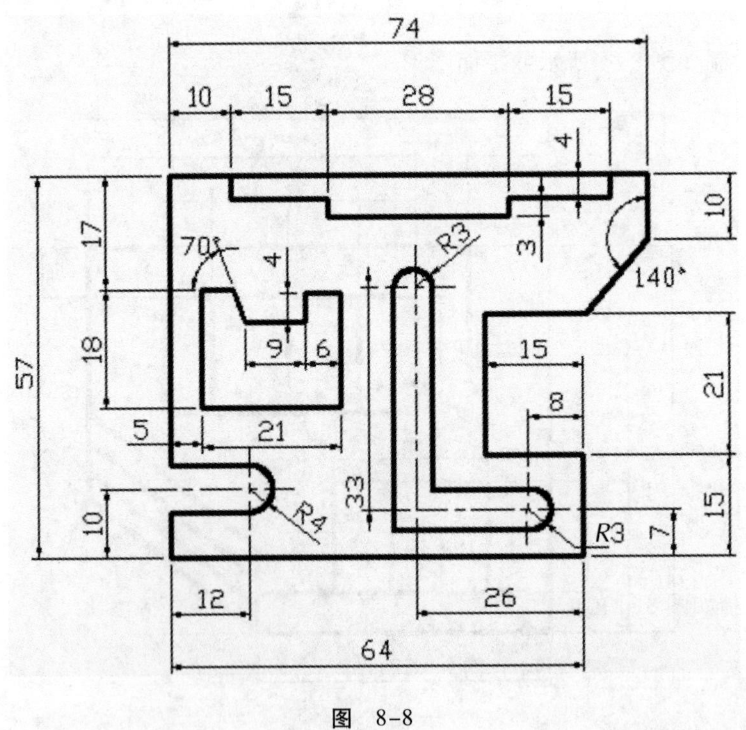


图 8-8

操作步骤提示

(1)设置作图区域大小为 100mm×100mm,再设定全局线型比例因子为 0.2。

(2)打开正交模式,使用“PLINE”命令绘制图形的外轮廓线,结果如图 8-9 所示。

(3)使用“LINE”命令并结合极轴追踪、对象捕捉及自动追踪功能绘制细节特征 A,结果如图 8-10 所示。

(4)使用“PLINE”命令并结合极轴追踪、对象捕捉及自动追踪功能绘制细节特征 B,结果如图 8-11 所示。

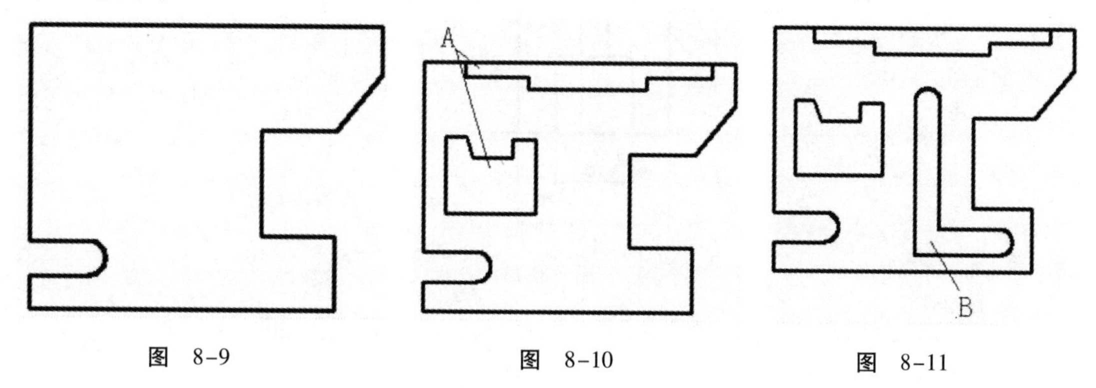


图 8-9　　图 8-10　　图 8-11

【**练习 5**】绘制如图 8-12 所示的平面图形。

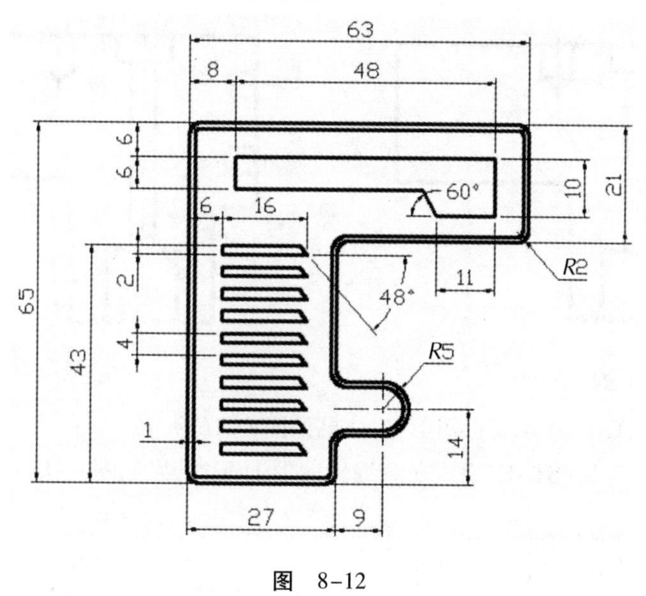


图 8-12

## 三、从现有实体生成新图形

【**练习 6**】绘制如图 8-13 所示的平面图形。

操作步骤提示

(1)设置作图区域大小为 120mm×100mm,再设定全局线型比例因子为 0.2。

(2)绘制图形轮廓,然后使用“OFFSET”和“LINE”命令绘制细节 A,B,结果如图 8-14 所示。

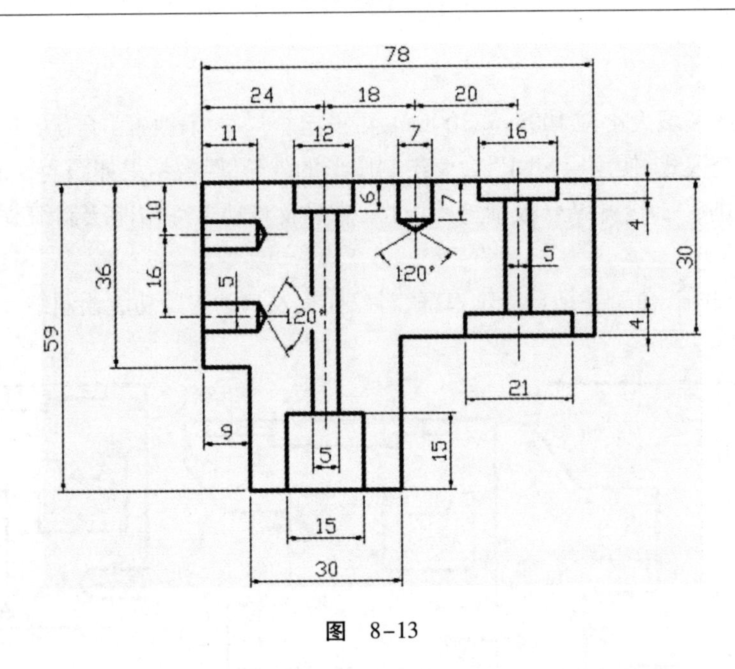


图 8-13

(3)把图形 A 复制到 C 处,再将图形 B 分别复制到 D,E 处,结果如图 8-15 所示。

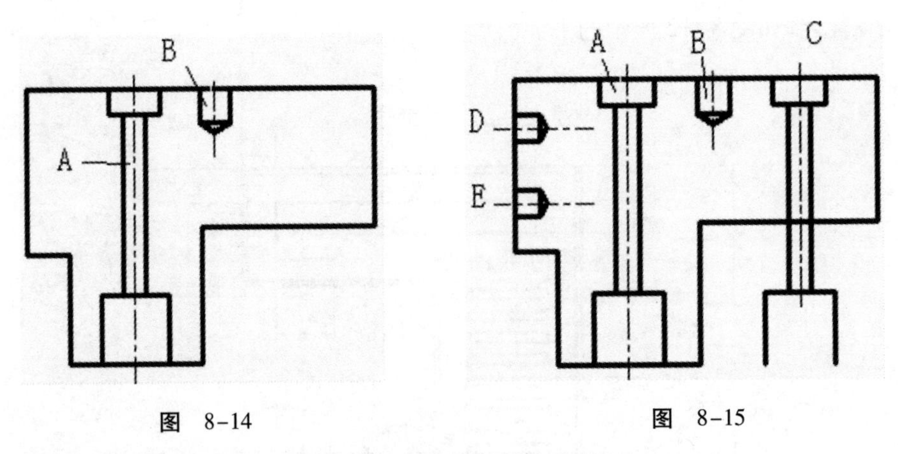


图 8-14　　图 8-15

(4)使用"STRETCH"命令编辑图形 C,结果如图 8-16 所示。

(5)使用"SCALE"和"STRETCH"命令编辑图形 D,E,结果如图 8-17 所示。

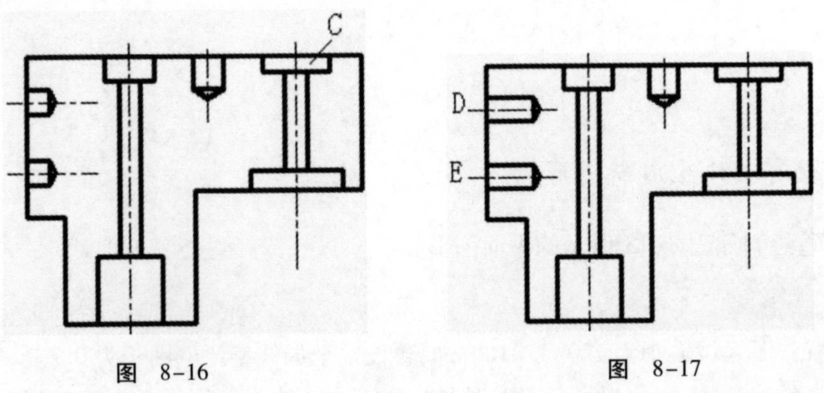


图 8-16　　图 8-17

【**练习 7**】绘制如图 8-18 所示的平面图形。

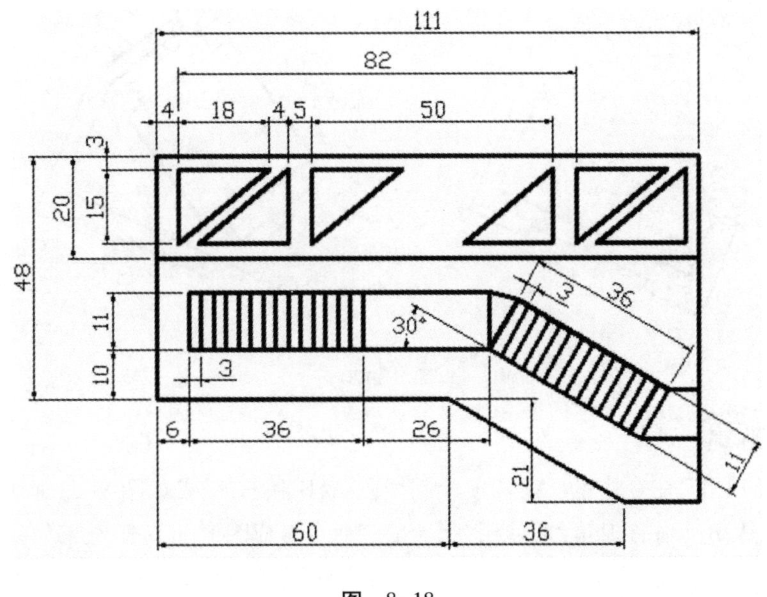


图　8-18

【**练习 8**】绘制如图 8-19 所示的平面图形。

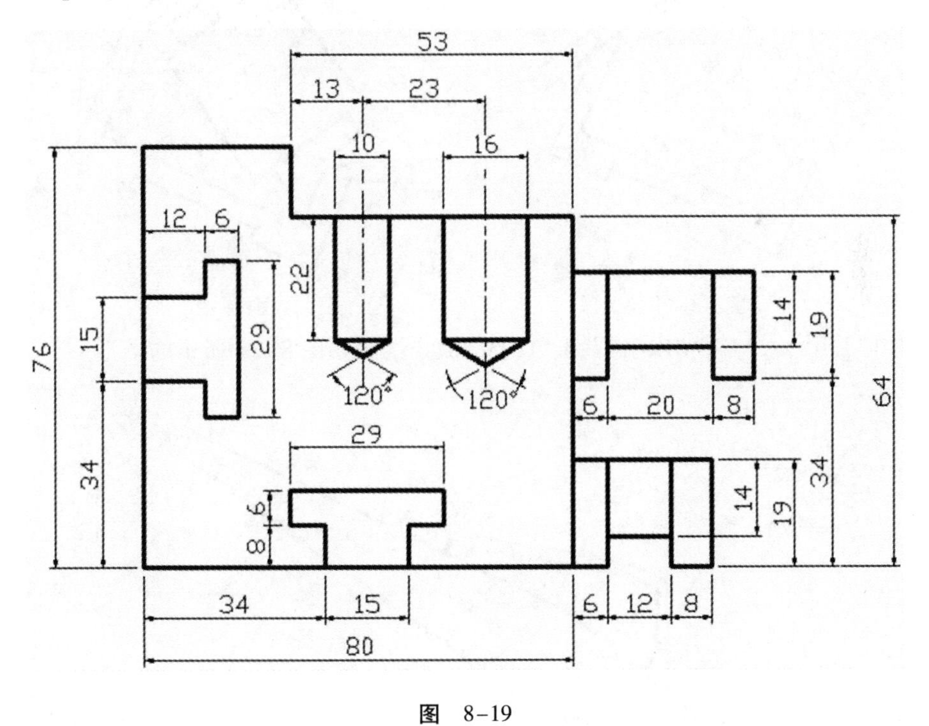


图　8-19

## 四、用“XLINE”命令辅助绘图

【**练习 9**】打开附盘文件“\dwg\第 8 章\9. dwg”，使用“XLINE”“OFFSET”和“TRIM”等命令将图 8-20 中的左图修改为右图。

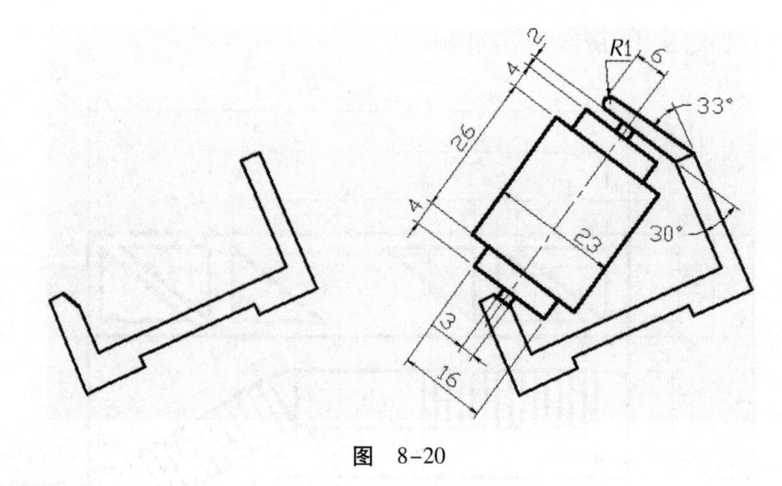


图 8-20

操作步骤提示

(1)使用“XLINE”命令中的“A”选项绘制线段 A,B 和 C,结果如图 8-21 所示。

(2)以线段 A,B 为作图基准线,使用“OFFSET”命令形成图形细节 E,结果如图 8-22 所示。

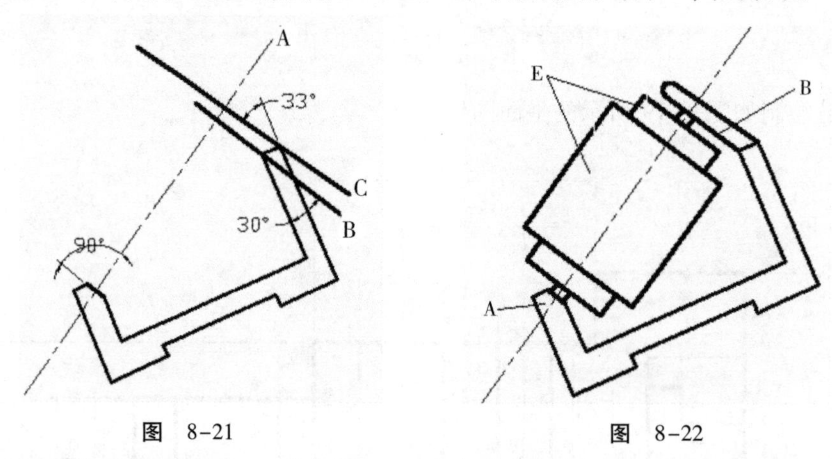


图 8-21　　图 8-22

【练习 10】用“XLINE”“CIRCLE”和“TRIM”命令绘制如图 8-23 所示的图形。

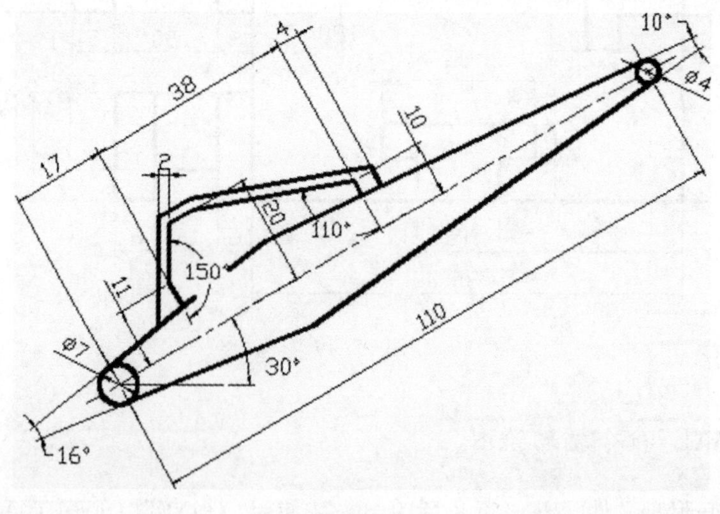


图 8-23

## 五、快速修剪

**【练习11】**打开附盘文件“\dwg\第8章\11.dwg”，将图8-24中的左图修改为右图。

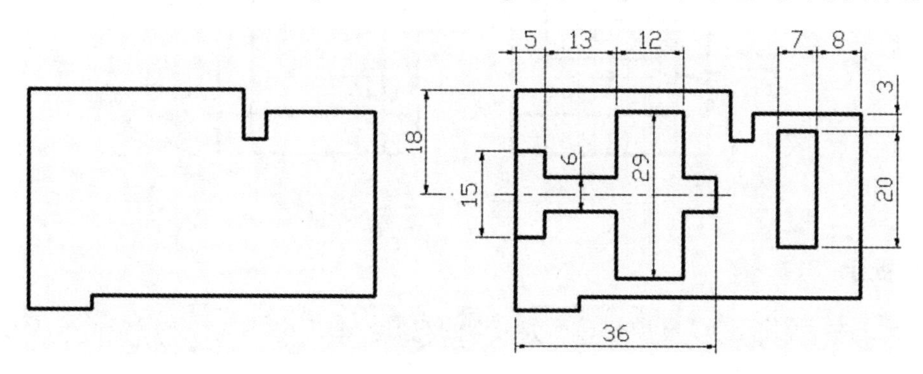


图 8-24

操作步骤提示

(1)使用“OFFSET”命令绘制平行线A，B和C等，结果如图8-25所示。

(2)使用“TRIM”命令，用交叉窗口(1)—(2)选择对象。因为被选中的线段既可作为修剪边，又可作为被修剪边，所以它们之间可以相互修剪。接下来只需仔细选取要修剪的对象就可以了，结果如图8-26所示。

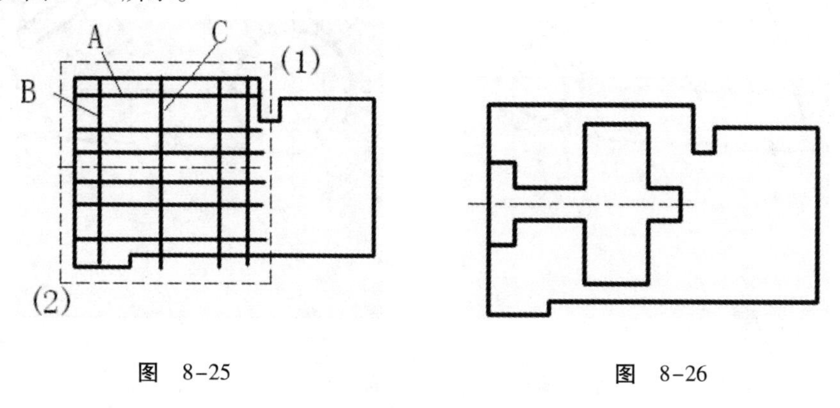


图 8-25　　图 8-26

(3)使用“OFFSET”命令绘制平行线E，F等，结果如图8-27所示。

(4)设定圆角半径为0，使用“FILLET”命令修剪多余线段，结果如图8-28所示。

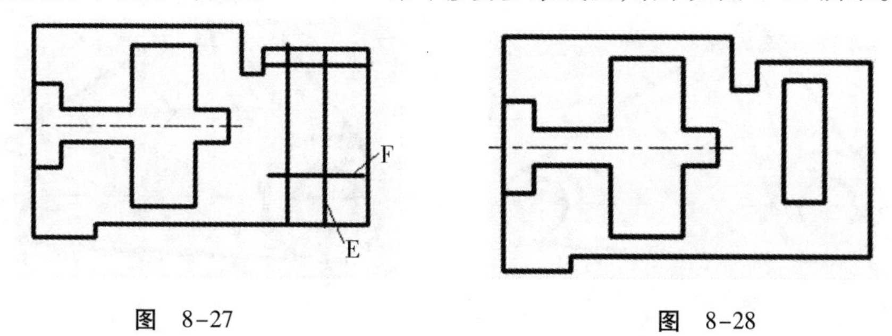


图 8-27　　图 8-28

**【练习12】**打开附盘文件“\dwg\第8章\12.dwg”，将图8-29中的左图修改为右图。

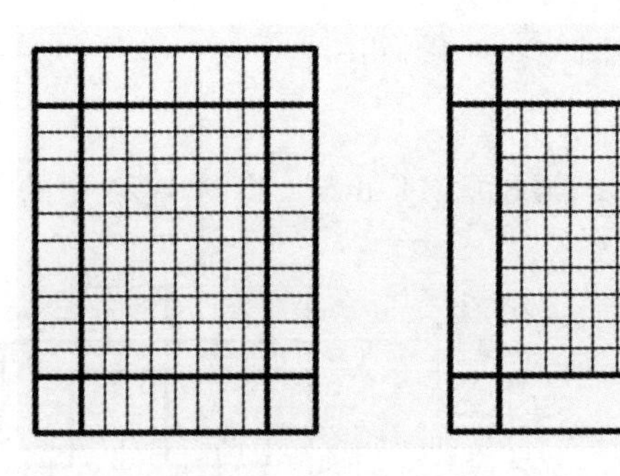

图 8-29

### 要点提示

修剪图形时，可使用“F”选项来选择被修剪的对象。

## 六、绘制倾斜的图形实体

**【练习 13】**打开附盘文件“\dwg\第 8 章\13. dwg”，将图 8-30 中的左图修改为右图。

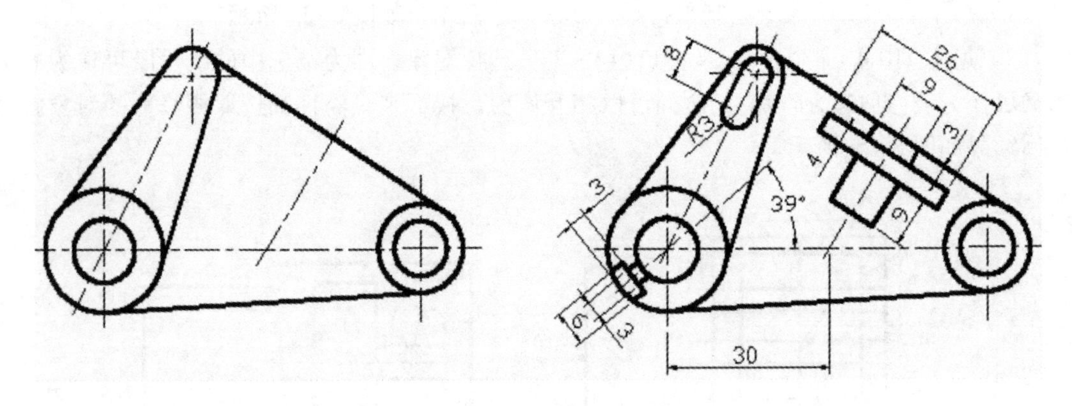


图 8-30

操作步骤提示

(1)在水平位置绘制图形 A，B，结果如图 8-31 所示。

(2)使用“ALIGN”和“ROTATE”命令将图形 A，B 定位到正确的位置，结果如图 8-32 所示。

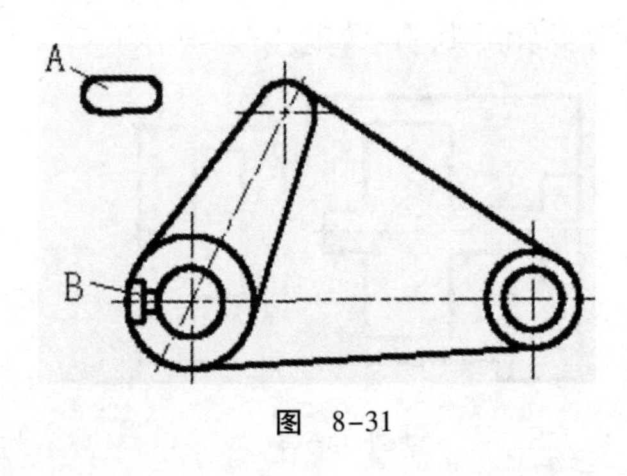


图 8-31

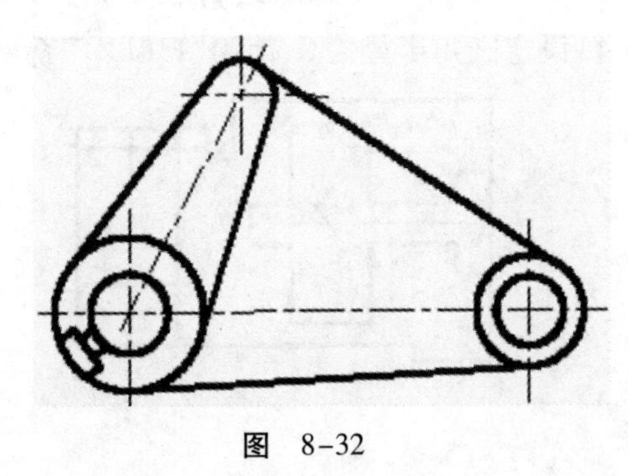

图 8-32

(3)绘制线段 C,使其与线段 D 垂直,结果如图 8-33 所示。

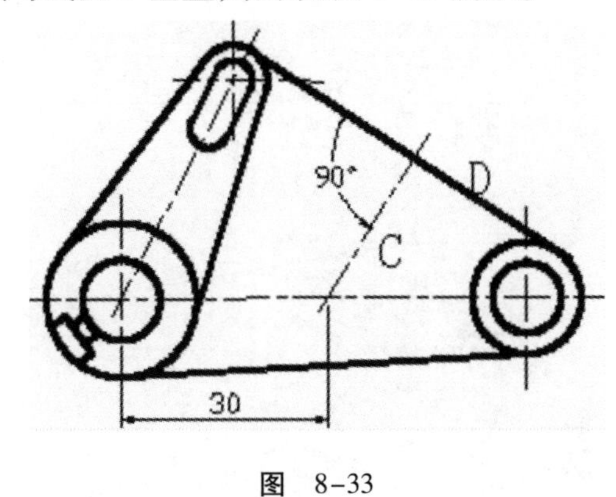


图　8-33

(4)以线段 C,D 为作图基准线,使用"OFFSET"命令形成图形细节 E,结果如图 8-34 所示。

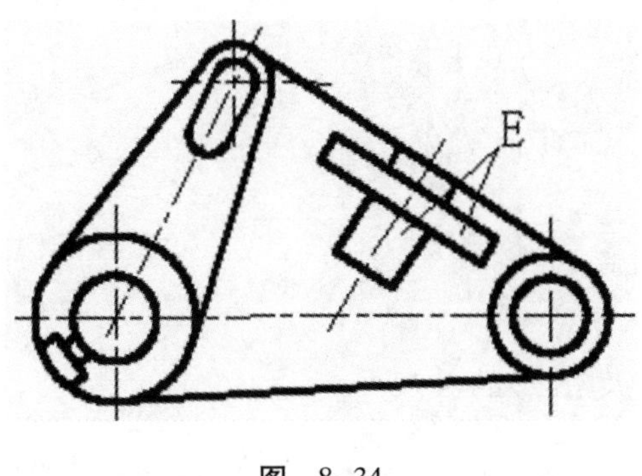


图　8-34

**【练习 14】**绘制如图 8-35 所示的图形。

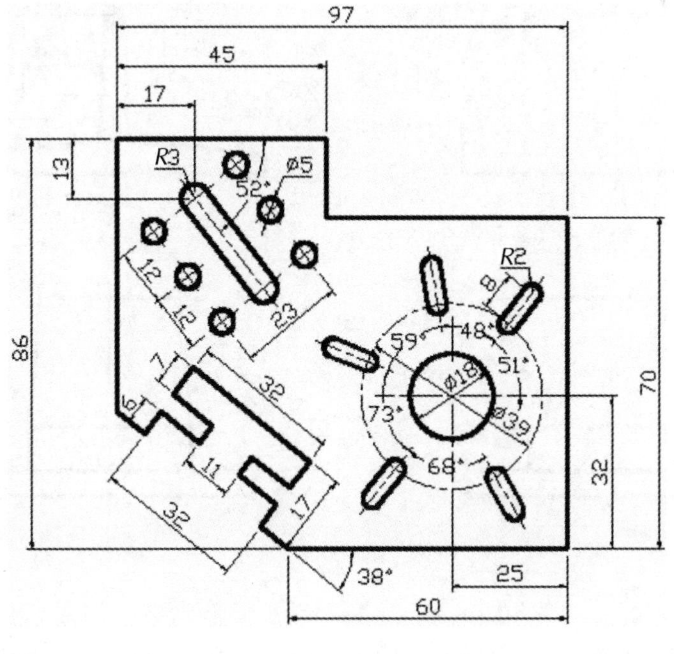


图　8-35

**【练习 15】**绘制如图 8-36 所示的图形。

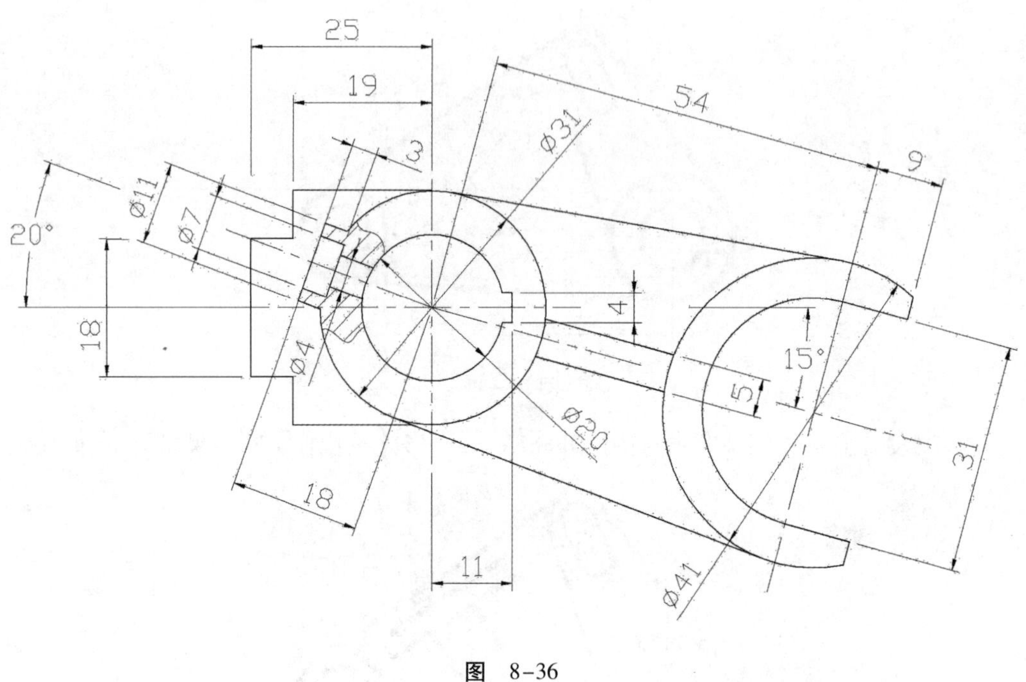


图　8-36

## 七、绘制有锥度和斜度图形的技巧

**【练习 16】**打开附盘文件"\dwg\第 8 章\16. dwg",将图 8-37 中左边的两幅图分别修改为右图。

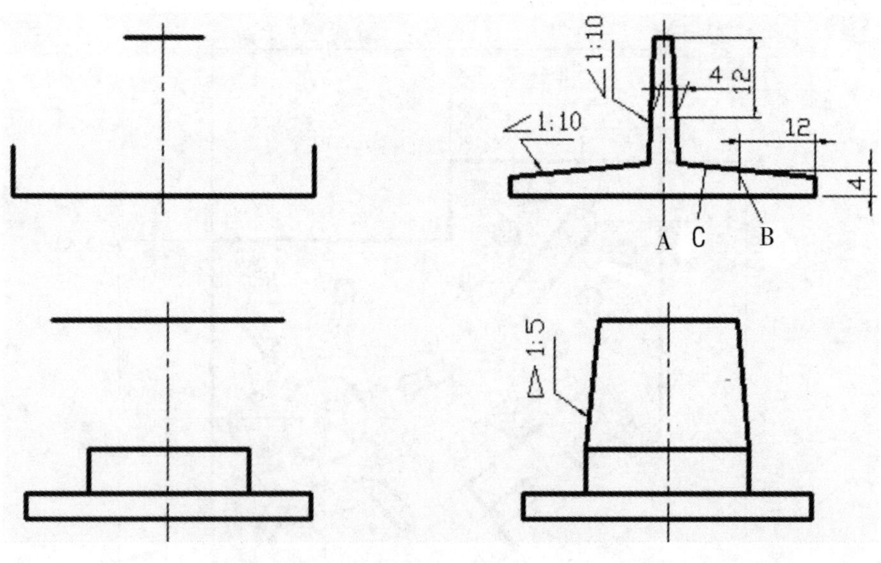


图　8-37

**要点提示**

可使用"XLINE"命令绘制图 8-37 中的斜线 C。发出该命令后,首先找到斜线 A 上的点 B,然后输入另一点的相对坐标"@10,-1"或"@-10,1"即可。

【**练习 17**】绘制如图 8-38 所示的图形。

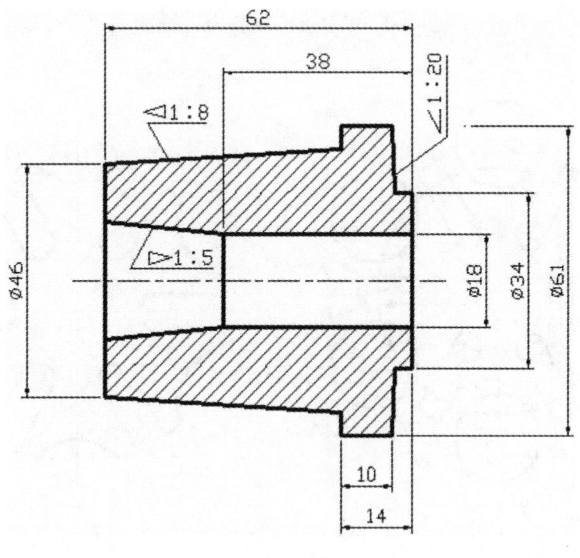


图　8-38

## 八、面域造型法的应用

【**练习 18**】绘制如图 8-39 所示的图形。

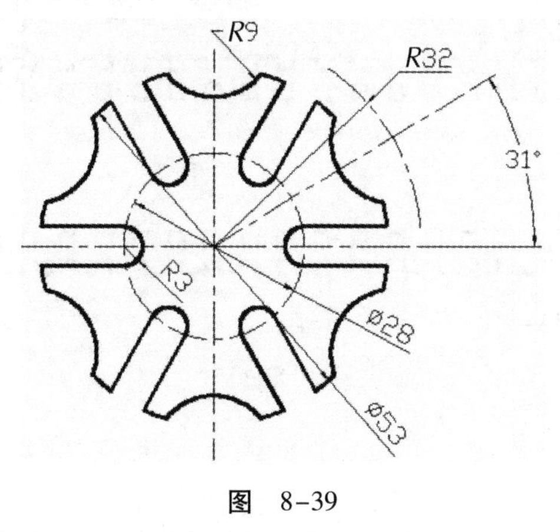


图　8-39

**操作步骤提示**

(1)绘制如图 8-40 所示的图形,然后将圆 A,B 和 C 及矩形 D 创建成面域。

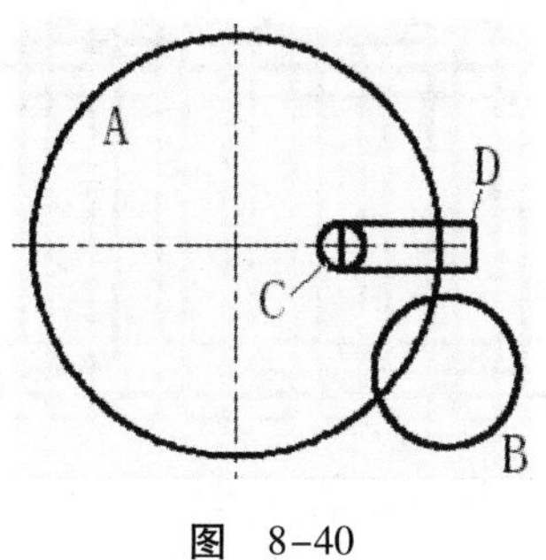


图　8-40

(2)创建圆 B,C 及矩形 D 的环形阵列,结果如图 8-41 所示。

(3)进行布尔运算,用面域 A 减去面域 B,C 和 D 等,结果如图 8-42 所示。

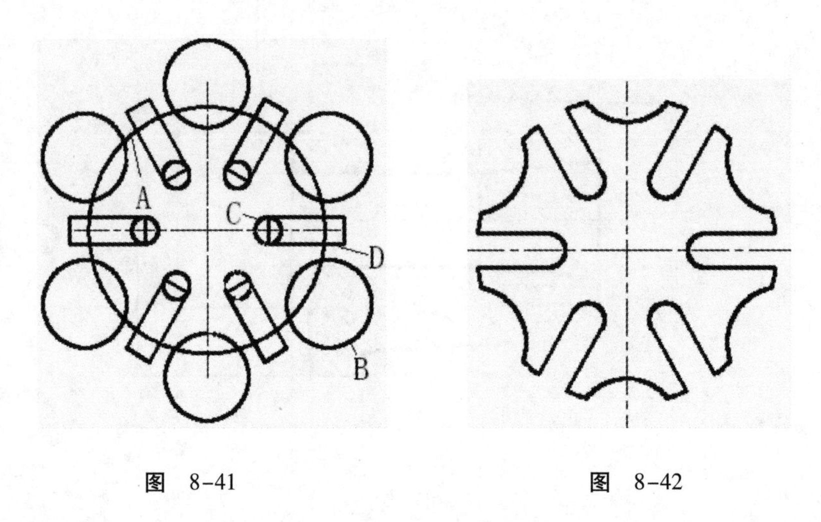


图 8-41　　　　图 8-42

【**练习 19**】使用面域造型法绘制如图 8-43 所示的图形。

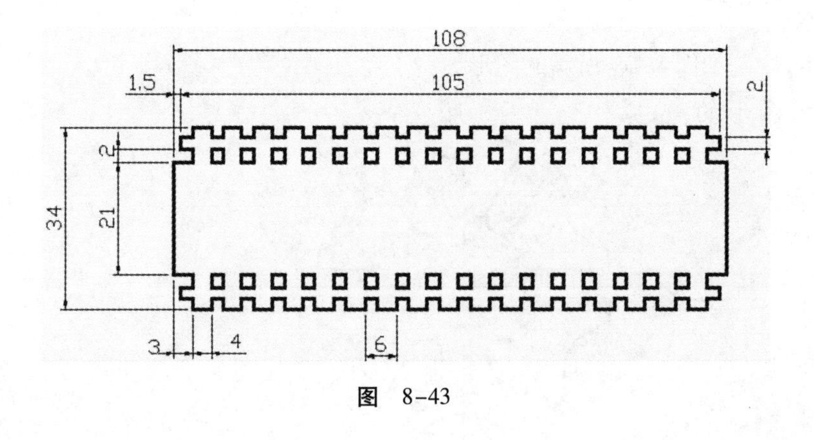


图 8-43

### 要点提示

首先创建如图 8-44 所示的矩形面域,然后对所有面域进行“并”运算。

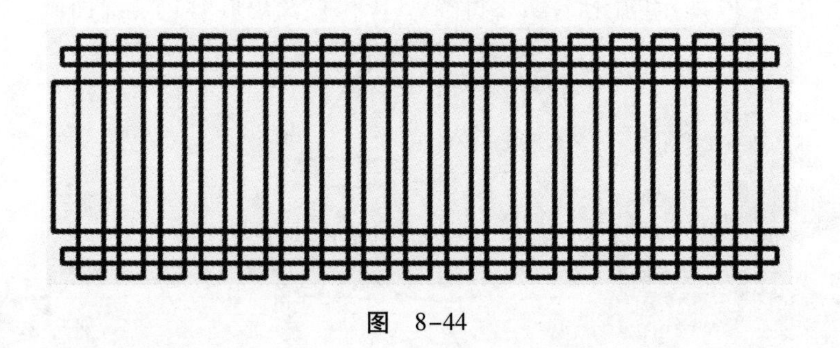

图 8-44

【练习20】使用面域造型法绘制如图8-45所示的图形。

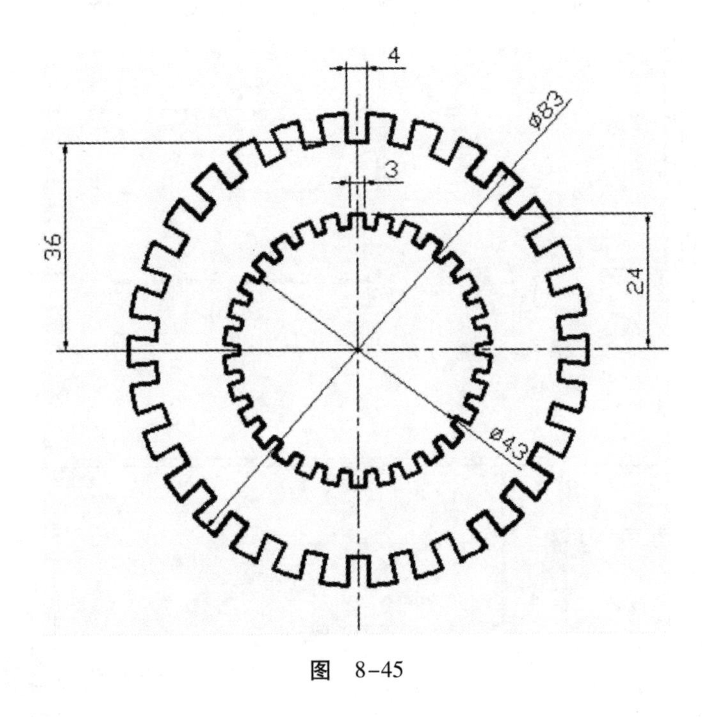


图　8-45

## 九、利用图形的多个视图辅助作图

【练习21】利用多个视图辅助作图。

(1)打开附盘文件"\dwg\第8章\21.dwg",如图8-46所示,利用多个视图辅助作图。

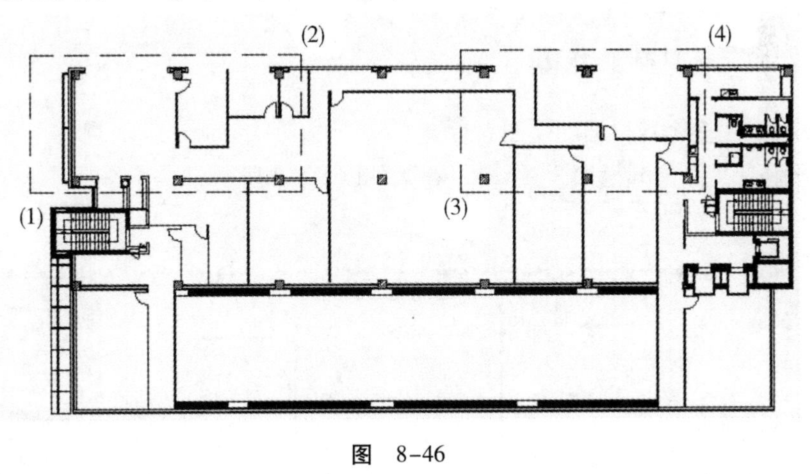


图　8-46

操作步骤提示

(2)将矩形(1)—(2)和矩形(3)—(4)内的图形分别定义成视图"View-l"和"View-2"。

(3)设定视图"View-l"为当前视图,然后绘制线段A,B等,结果如图8-47所示。

(4)设定视图"View-2"为当前视图,然后绘制线段C,D等,结果如图8-48所示。

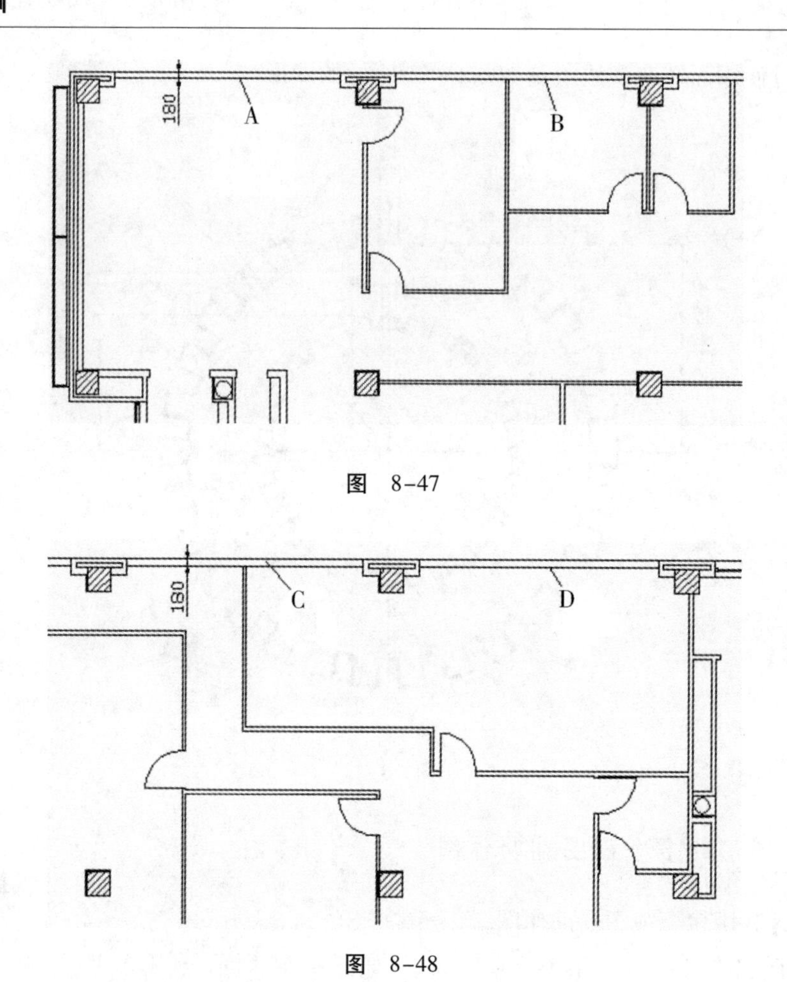


图 8-47

图 8-48

## 十、建立多个视口辅助作图

**【练习 22】**利用多个视口辅助作图。

(1)打开附盘文件“\dwg\第 8 章\22. dwg”,如图 8-49 所示。

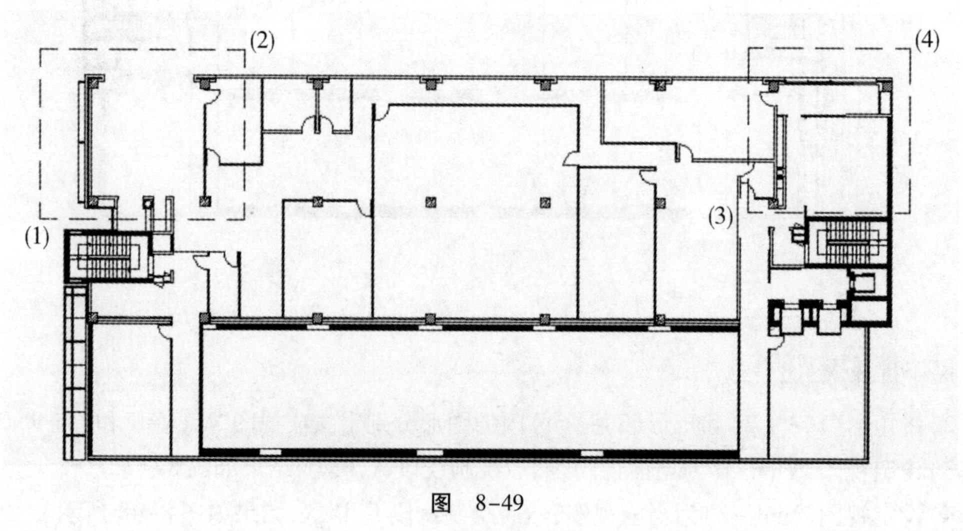


图 8-49

操作步骤提示

(2)创建两个竖向排列的视口,在左、右两边的视口中分别利用矩形框(1)—(2)、(3)—(4)来放大图形,结果如图 8-50 所示。

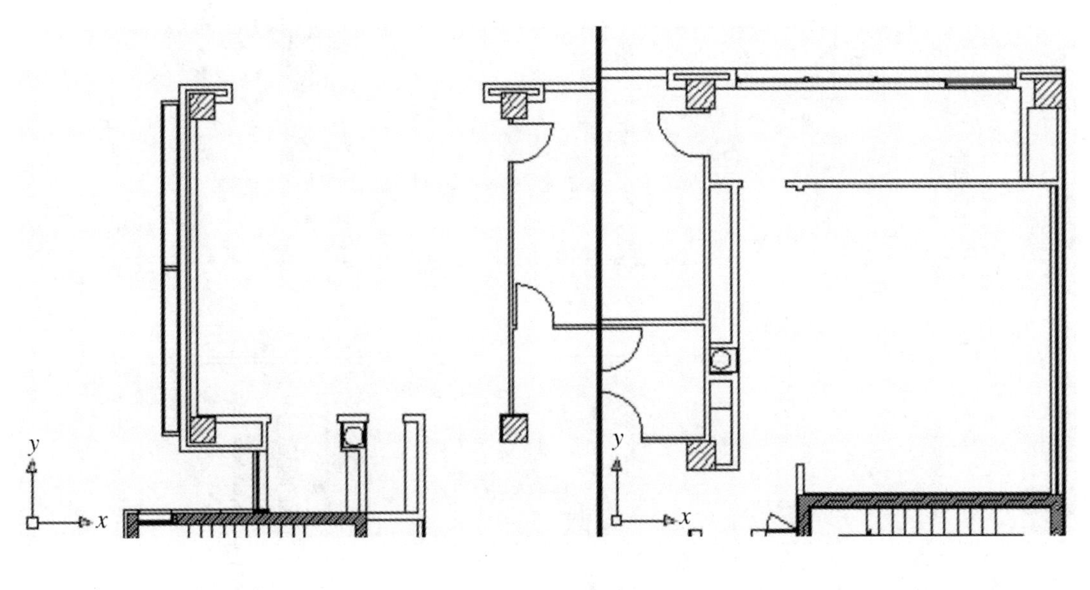


图　8-50

(3)绘制辅助线 DE,然后将右边视口中的图形 A,B 和 C 等进行镜像,镜像线沿竖直方向并通过线段 DE 的中点,结果如图 8-51 所示。

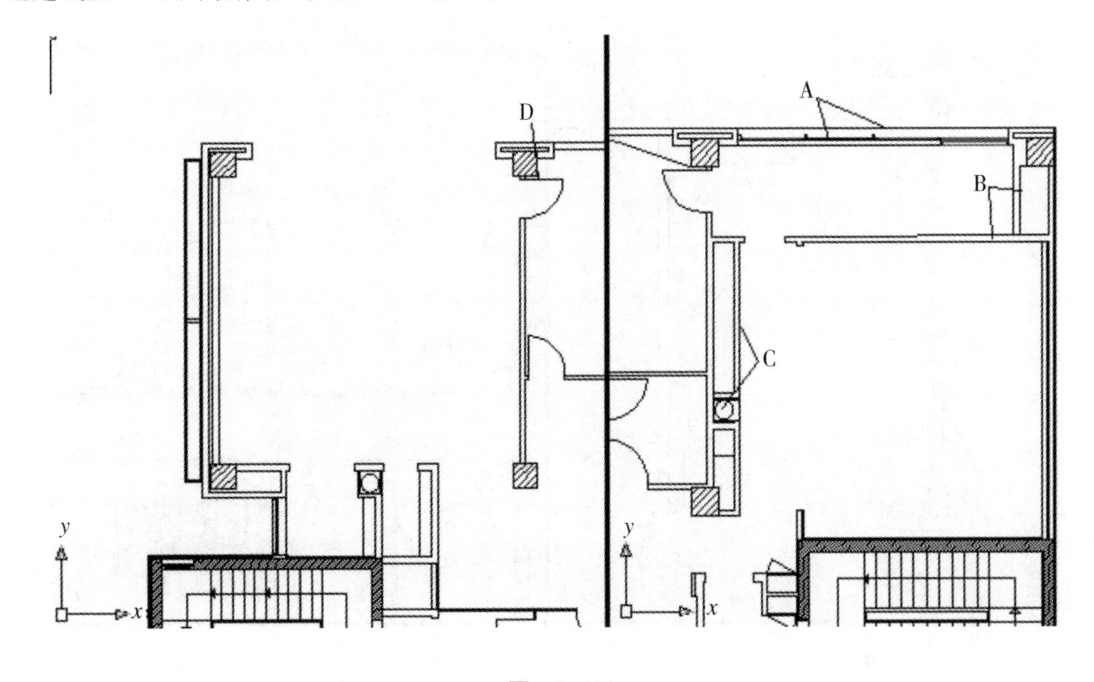


图　8-51

## 十一、选择集编组的应用

**【练习 23】**打开附盘文件“\dwg\第 8 章\23. dwg”，如图 8-52 所示，应用选择集编组。

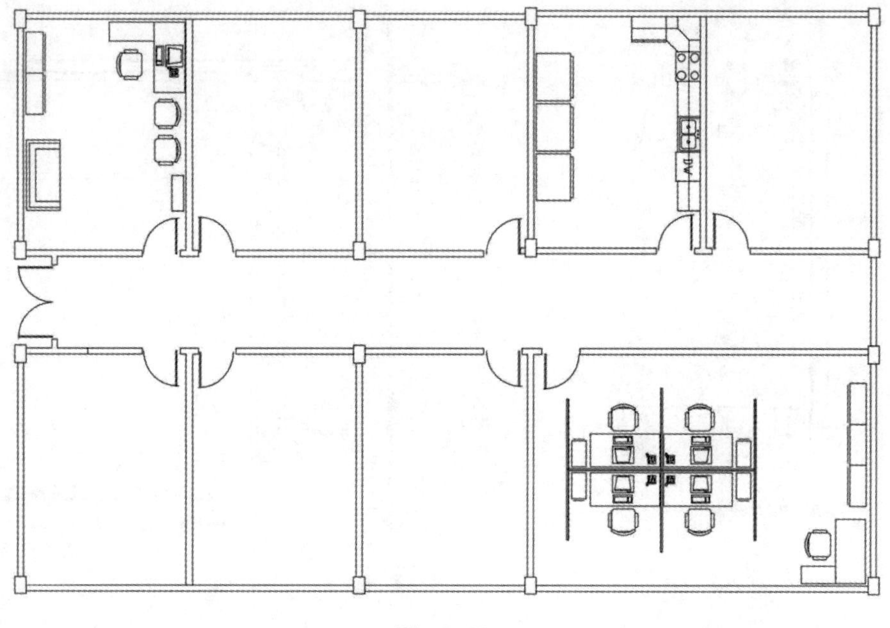

图 8-52

操作步骤提示

(1)创建两个竖向排列的视口，在左、右两边的视口中分别利用矩形框(1)—(2)，(3)—(4)来放大图形，结果如图 8-53 所示。

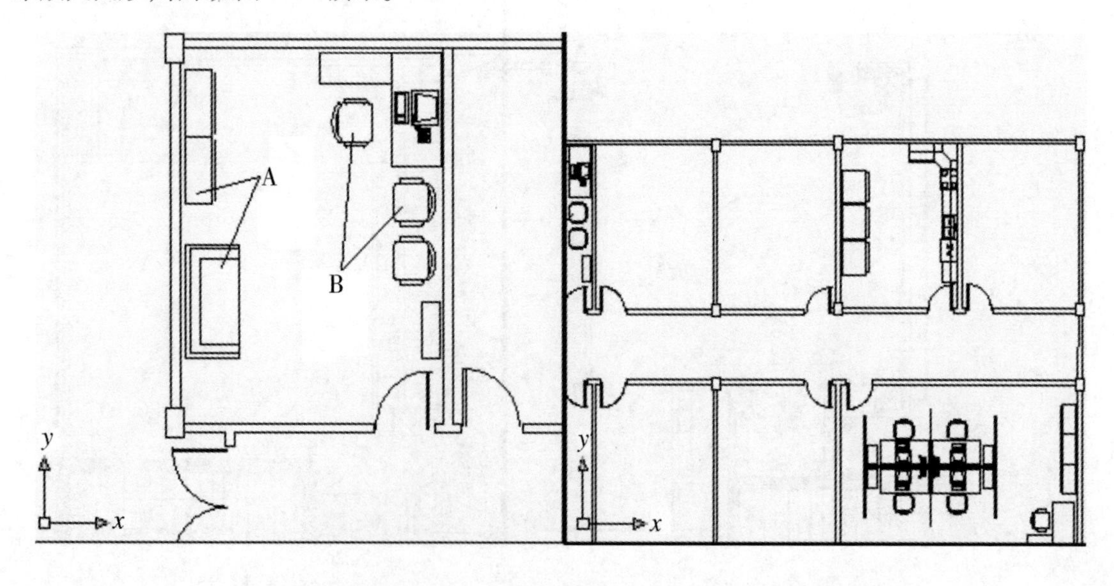


图 8-53

(2)使用“GROUP”命令将左视口中的图形 A，B 等创建组成，编组名称为“Group-1”。

（3）对编组“Group-1”进行镜像及复制操作，结果如图 8-54 所示。

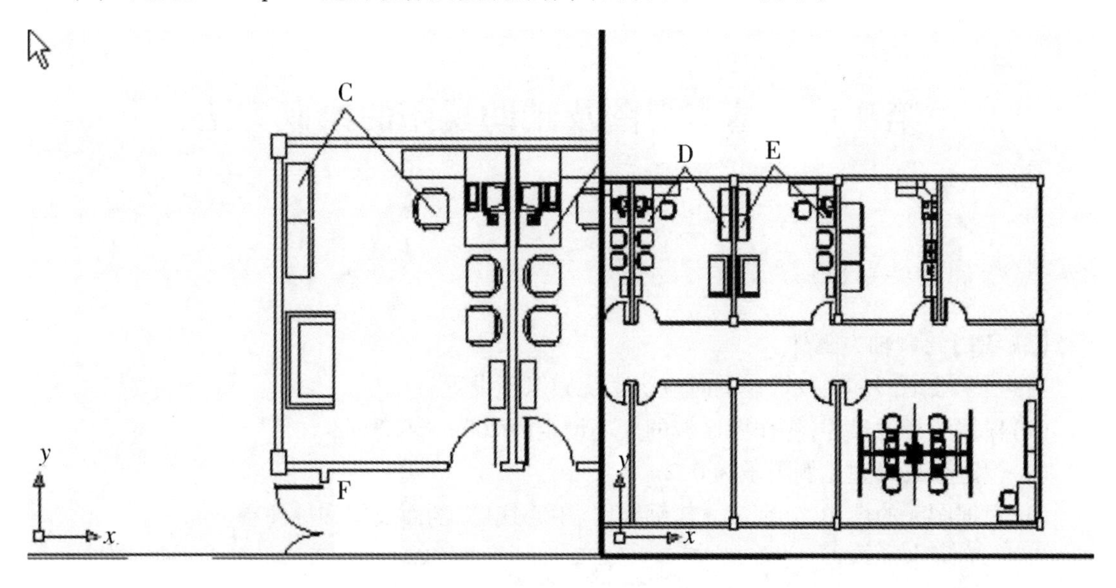


图　8-54

（4）把图形 C，D 和 E 沿水平方向进行镜像，镜像线过 F 点，结果如图 8-55 所示。

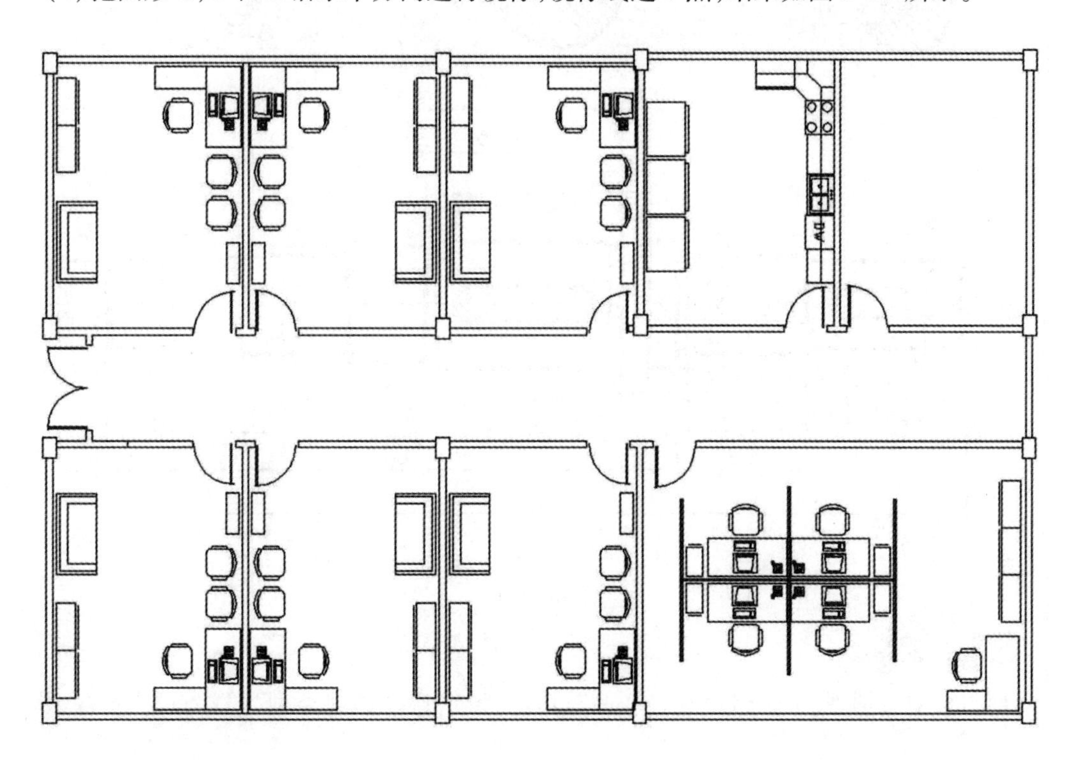

图　8-55

# 第 9 章　基本视图及辅助视图的绘制方法

## 一、绘制轴类零件

**【练习 1】**绘制轴类零件。

轴的图样如图 9-1 所示，作图时应将系统做以下设置。

（1）根据图样的尺寸，将作图区域的大小设定为 200mm×100mm。

（2）设定全局线型比例因子为 0.2。

（3）根据图元的性质，分别建立轮廓线层、中心线层、剖面线层和标注层。

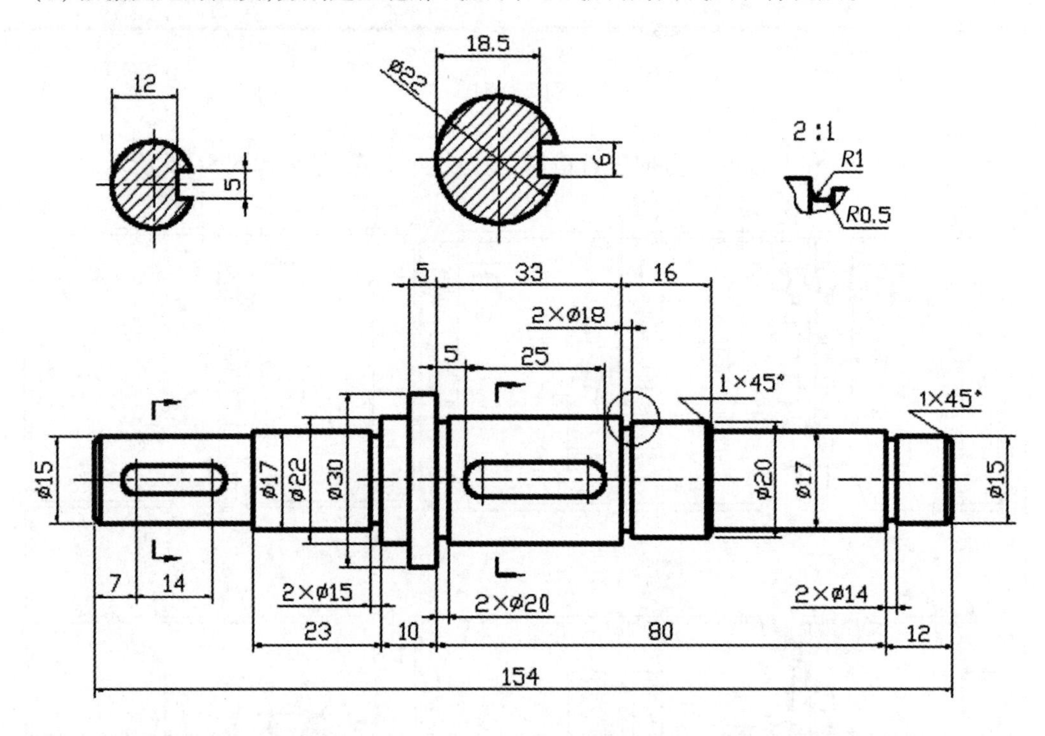


图　9-1

**操作步骤提示**

（1）打开对象捕捉、极轴追踪及自动追踪功能，设定自动捕捉类型为“端点”“圆心”及“交点”。

（2）图样布局。设置轮廓线层为当前层，然后在该层的适当位置绘制对称轴线 A 及左、右端面线 B，C，结果如图 9-2 所示。

（3）以轴线 A 和 B 为作图基准线，使用“OFFSET”和“TRIM”命令形成轴左边的第一段和第二段，结果如图 9-3 所示。

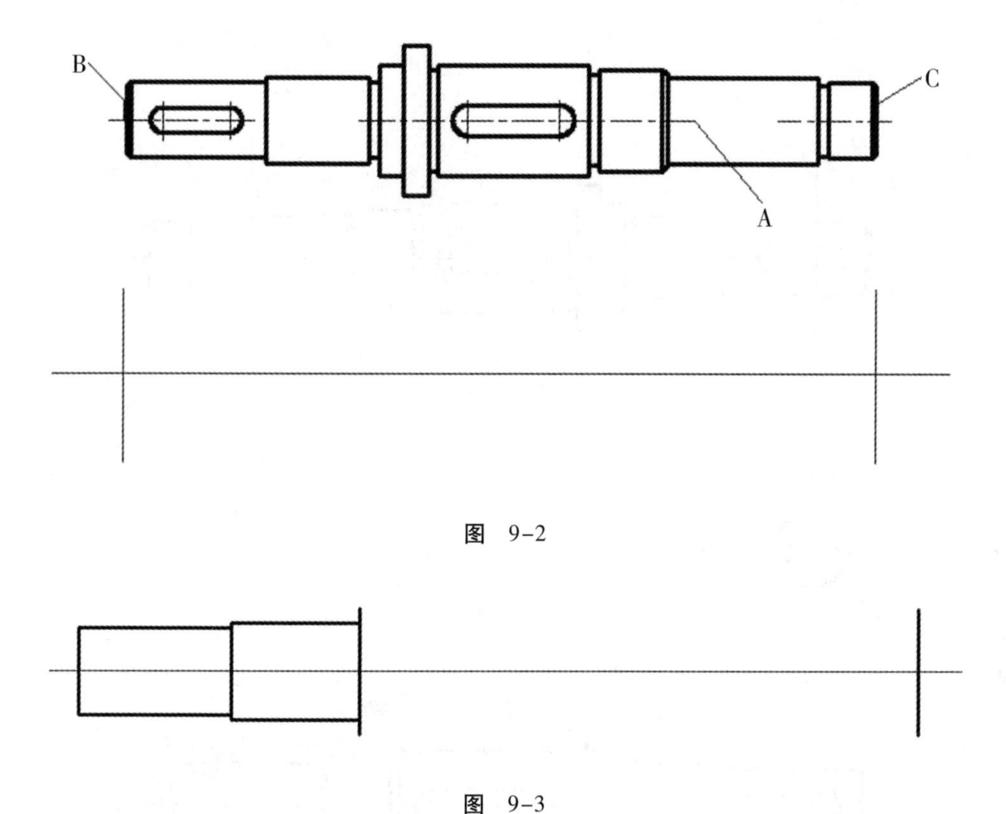


图　9-2

图　9-3

(4)用与上一步同样的方法绘制轴类零件主视图的其余各段,结果如图 9-4 所示。

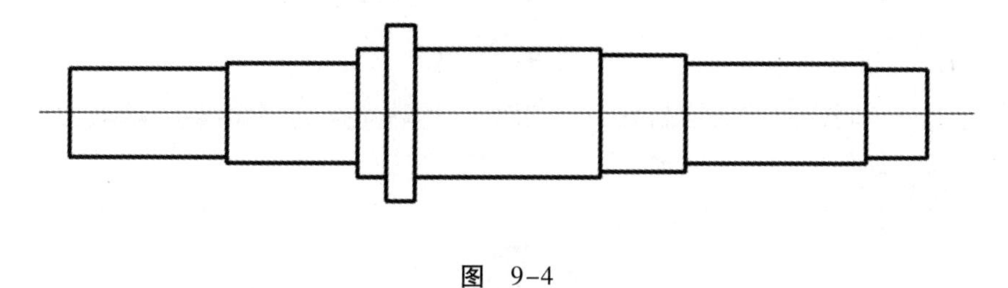

图　9-4

(5)绘制退刀槽、键槽,再倒斜角,结果如图 9-5 所示。

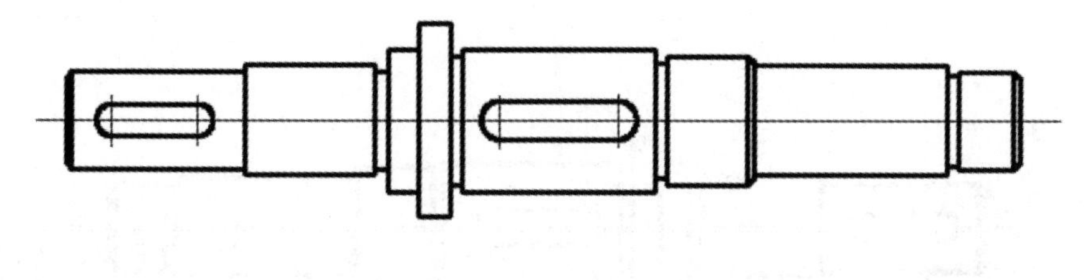

图　9-5

(6)绘制剖面图。首先确定剖面图的位置,再使用“LINE”命令绘制两条定位辅助线 E,F,结果如图 9-6 所示。

(7)以交点 G 为圆心绘制剖面圆,再偏移线段 E,F 以形成槽,结果如图 9-7 所示。

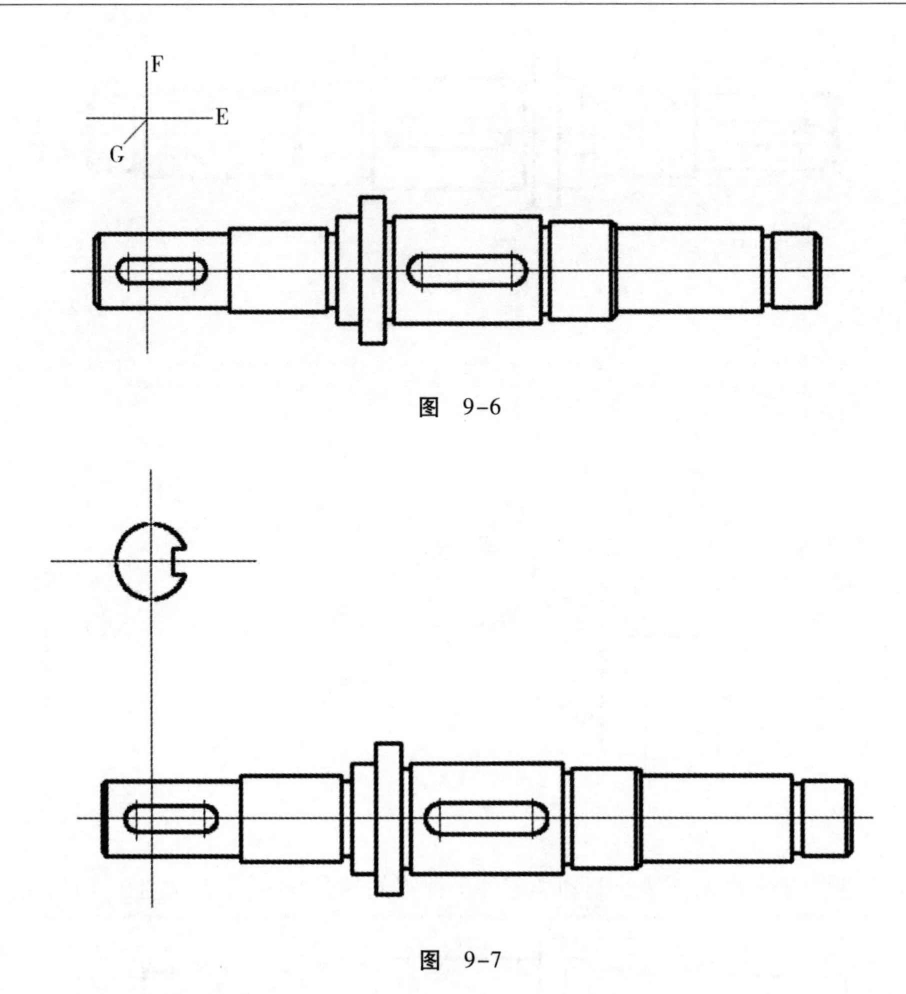


图 9-6

图 9-7

(8)用与上一步同样的方法绘制另一个剖面图,然后切换到剖面线层,填充剖面图案,结果如图 9-8 所示。

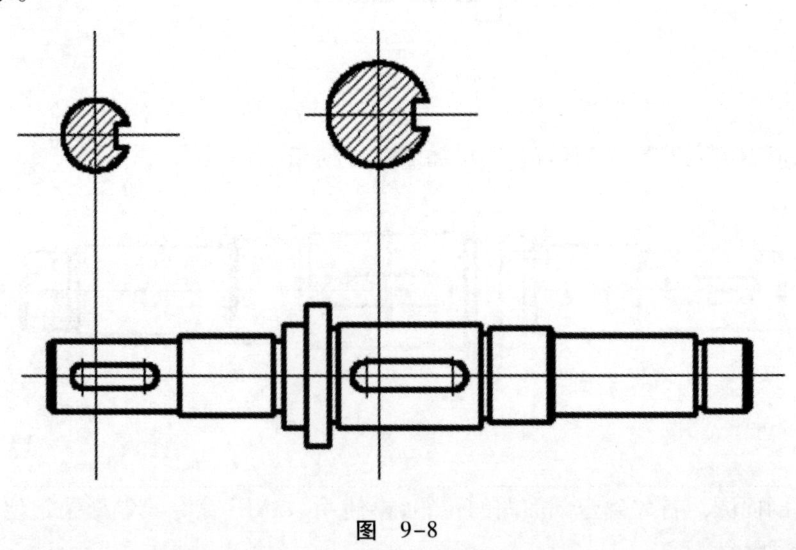

图 9-8

(9)使用“SCALE”命令创建局部放大图,把图形 A 复制到 B 处,结果如图 9-9 所示。

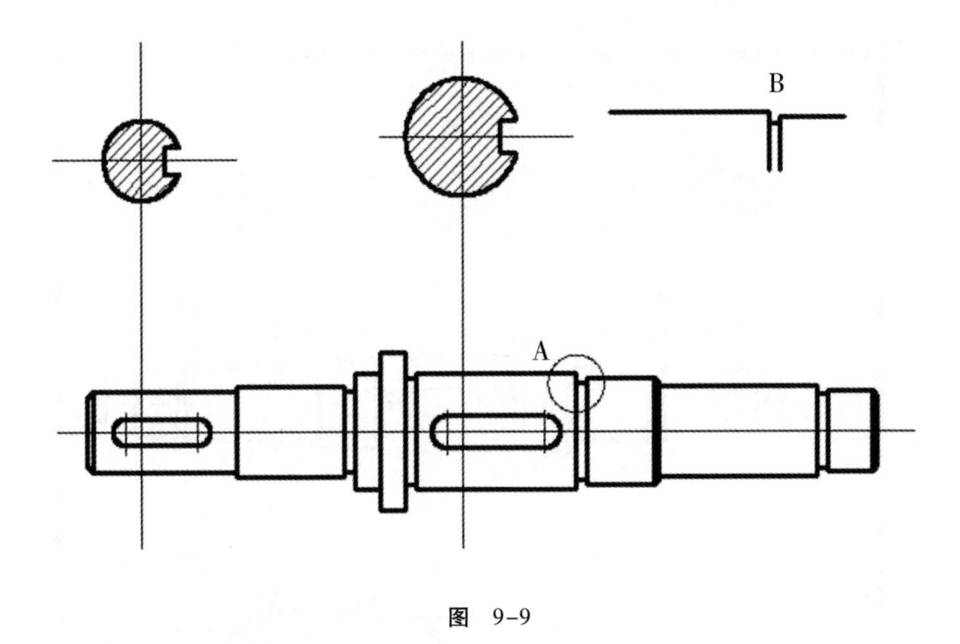


图　9-9

(10)使用“SCALE”命令将图形 B 放大两倍,绘制局部放大图的细节,再调整对称轴线、圆中心线的长度,然后将其修改到中心线层上,结果如图 9-10 所示。

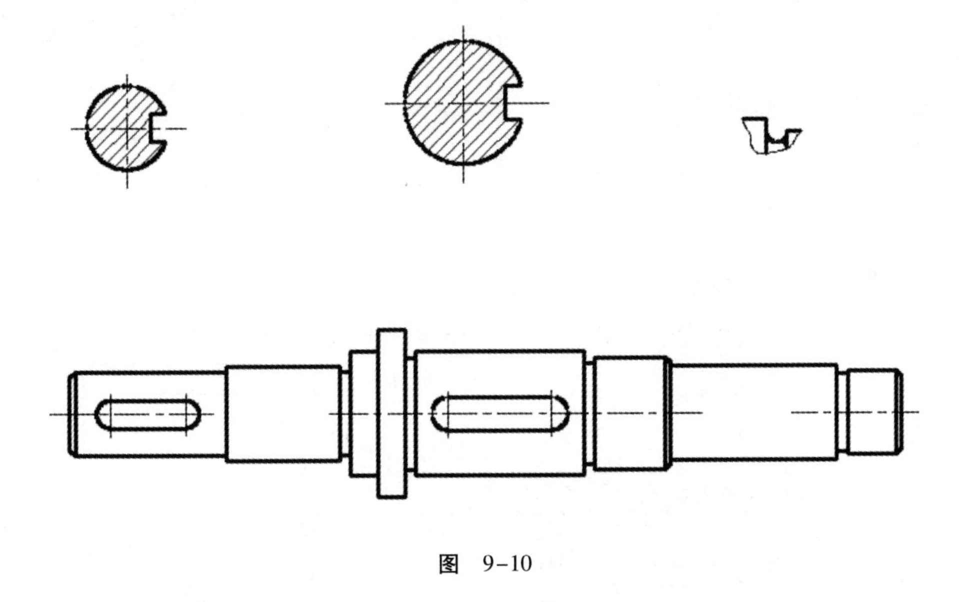

图　9-10

(11)打开附盘文件“\dwg\第 9 章\A3. dwg”,该文件包含一个 A3 幅面的图框,利用 Windows 的复制/粘贴功能将 A3 幅面图纸拷贝到零件图中。使用“SCALE”命令缩放图框,缩放比例为 1∶2(打印时的比例为 2∶1,恰好将图形输出到 A3 幅面的图纸上),然后把零件图布置在图框中,如图 9-11 所示。

(12)切换到尺寸标注层,标注尺寸。尺寸文字字高为 3.5mm,标注全局比例因子为 0.5(即打印比例的倒数)。请参阅第 11 章介绍的标注尺寸方法。

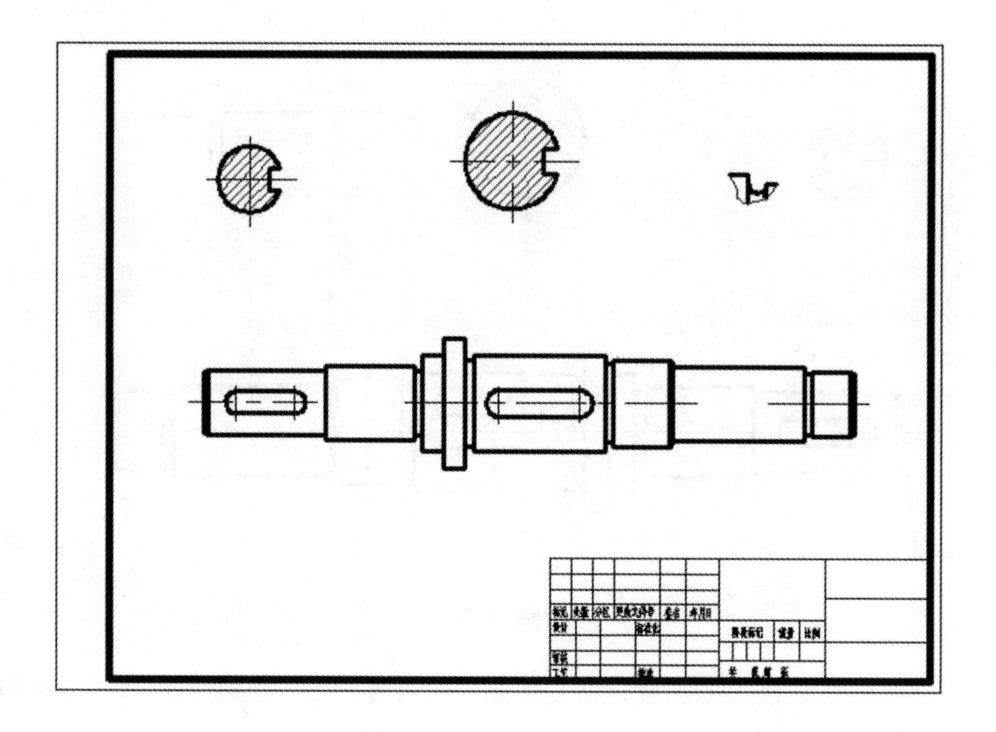

图 9-11

## 二、轴类零件综合练习

**【练习 2】**绘制如图 9-12 所示的图形。

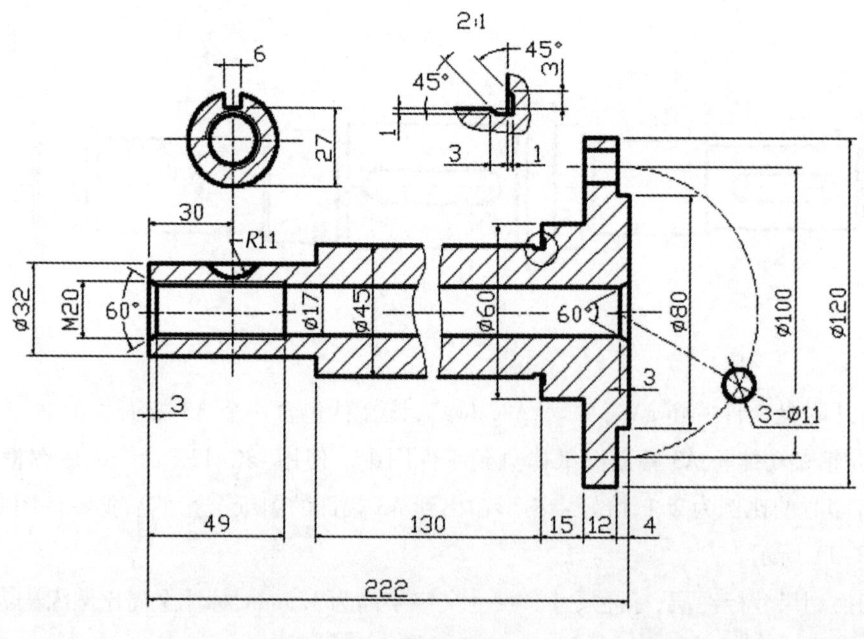


图 9-12

## 三、绘制叉架类零件

**【练习 3】**绘制如图 9-13 所示的托架。

这种托架属于典型的叉架类零件,绘制时应将系统做以下设置。

(1)根据图样的尺寸,将作图区域大小设置为 300mm×200mm。

(2)设定全局线型比例因子为 0.2。

(3)根据图元的性质,分别建立轮廓线层、中心线层、剖面线层和标注层。

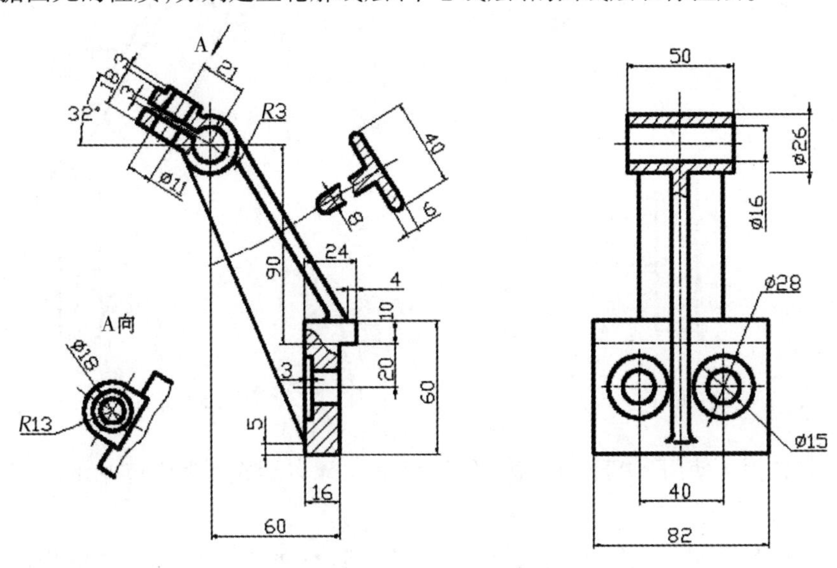


图　9-13

**操作步骤提示**

(1)打开对象捕捉、极轴追踪及自动追踪功能,设定自动捕捉类型为“端点”“圆心”及“交点”。

(2)主视图布局。使用“XLINE”命令绘制定位线 A,B,然后偏移线段 A,B 以形成线段 C,D,它们是主视图的主要作图基准线,结果如图 9-14 所示。

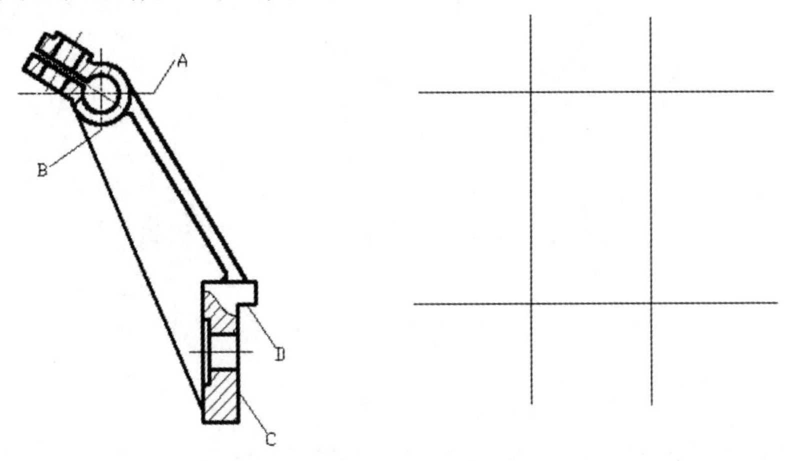


图　9-14

(3)绘制圆 E,F,再使用“OFFSET”命令偏移线段 C,D,以形成图形细节 G,结果如图 9-15 所示。

(4)使用“LINE”命令绘制图形细节 H 及切线 I,J,再绘制平行线 K,然后倒圆角,结果如图 9-16 所示。

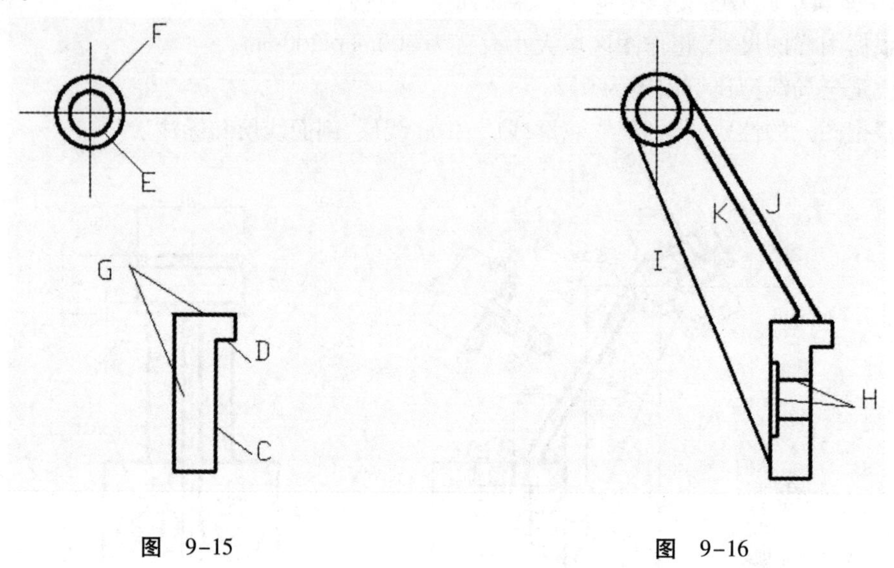


图 9-15　　　　图 9-16

(5)绘制斜视图。使用“OFFSET”命令偏移线段 L,M 以形成图形细节 N,结果如图 9-17 所示。

(6)在水平位置绘制斜视图 P,绘制时可从以图形 O 处作投影线来辅助作图,结果如图 9-18所示。

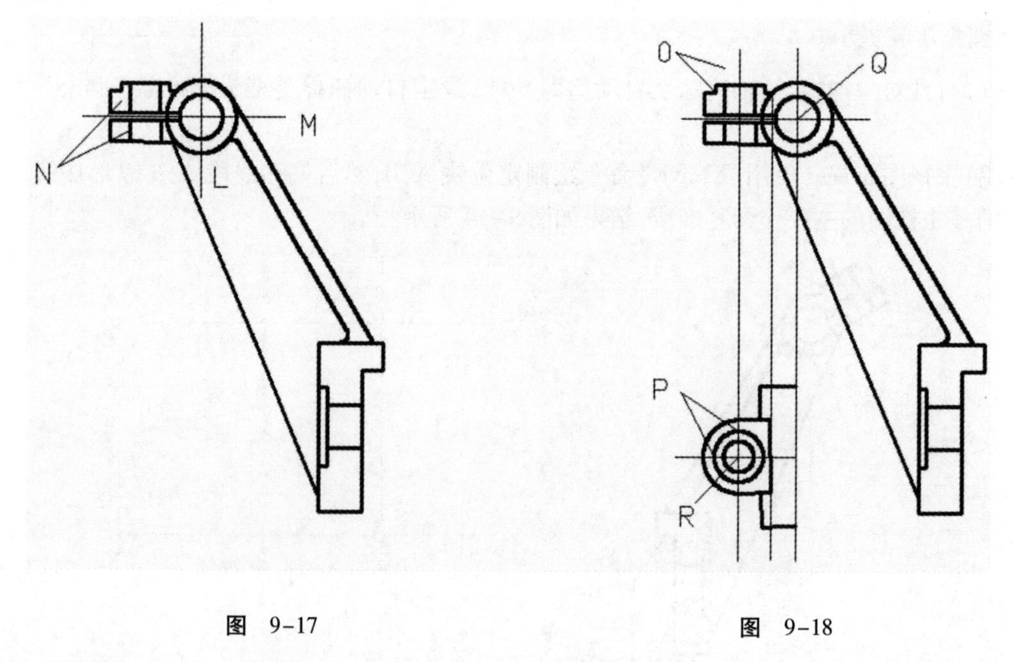


图 9-17　　　　图 9-18

(7)把图形 O,P 分别绕 Q,R 点旋转-32°,结果如图 9-19 所示。

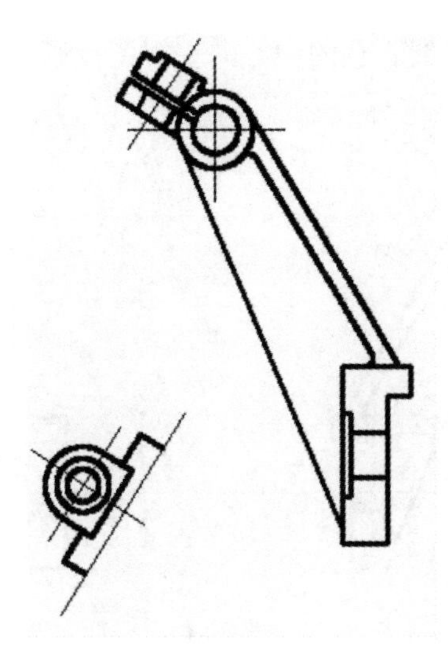

图 9-19

(8)从主视图向左视图投影。绘制左视图的对称线A,再用“XLINE”命令绘制水平辅助线以投影主视图的特征,结果如图9-20所示。

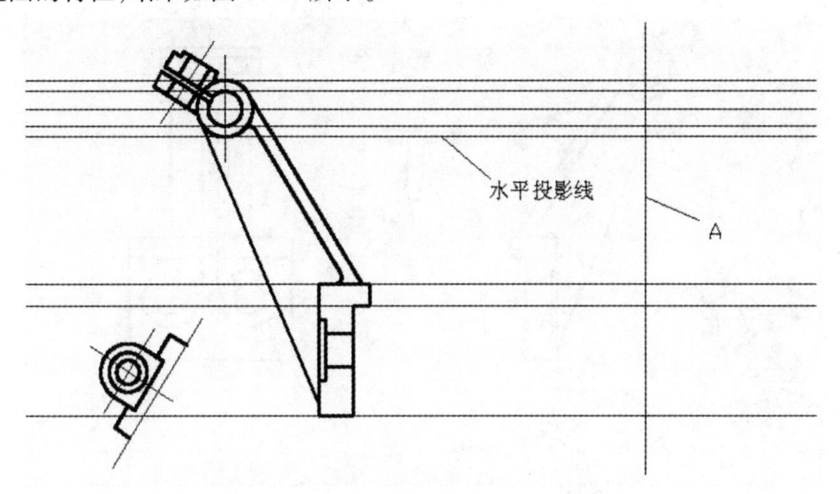


图 9-20

(9)通过偏移线段A来形成左视图的主要细节特征,结果如图9-21所示。

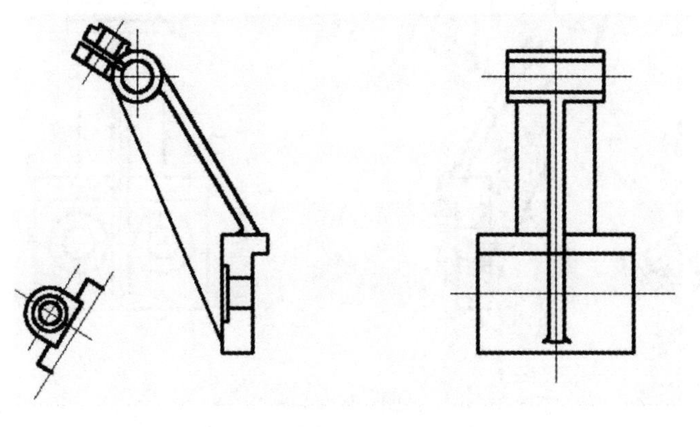

图 9-21

(10)从主视图绘制水平投影线将孔的中心向左视图投影，然后绘制圆 E 和 F 等，结果如图 9-22 所示。

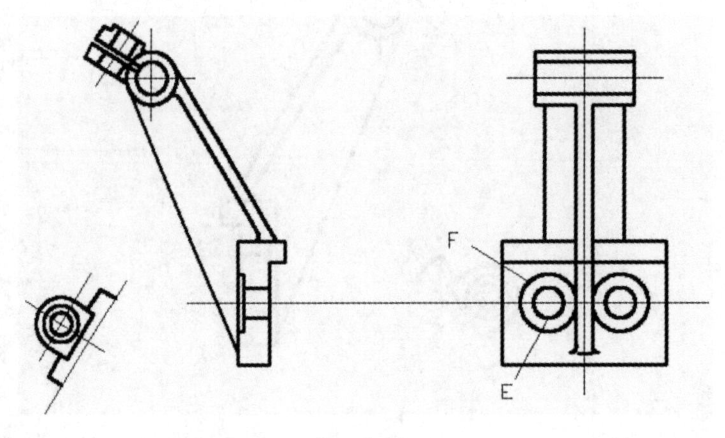


图　9-22

(11)绘制剖面图。使用 PLINE 命令在适当位置绘制剖面图，再绘制出剖切位置，结果如图 9-23 所示。

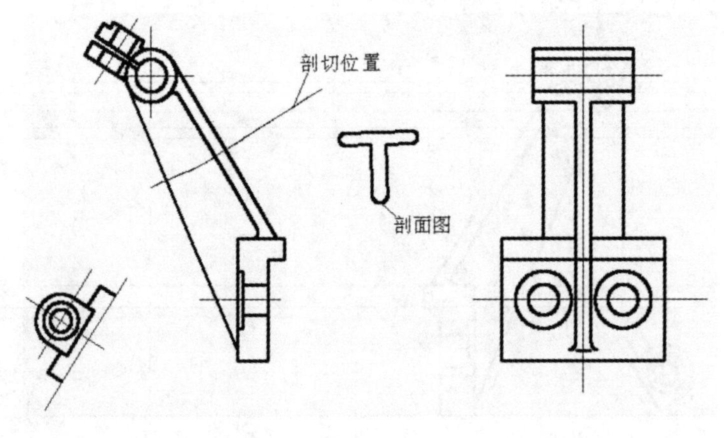


图　9-23

(12)使用"ALIGN"命令将剖面图与剖切位置对齐，结果如图 9-24 所示。

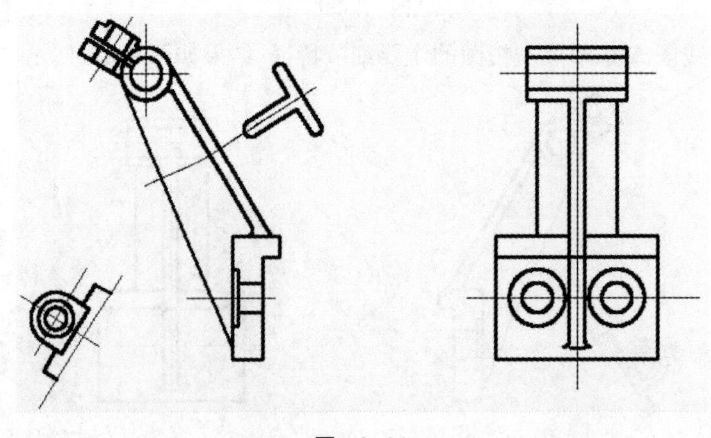

图　9-24

（13）绘制断裂线并填充剖面图案。使用“SPLINE”命令绘制断裂线，然后填充剖面图案，将剖面图案修改到剖面线层上，再将对称线、圆的中心线等修改到中心线层上，结果如图 9-25 所示。

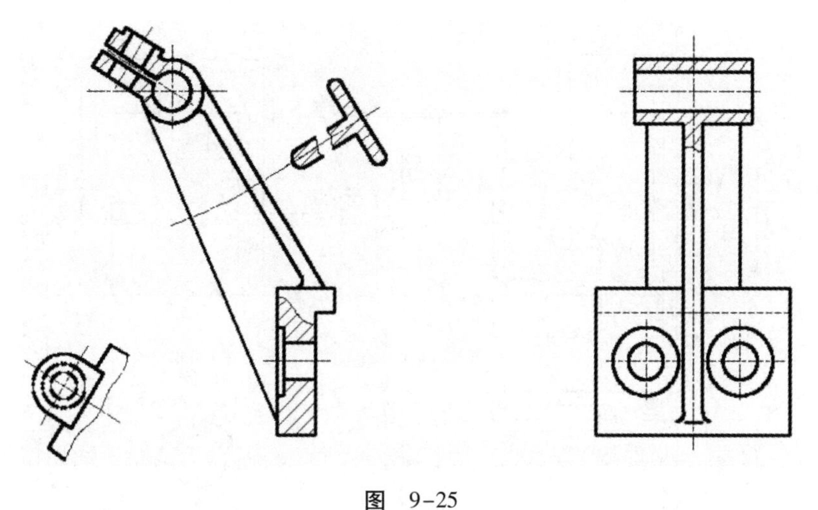

图　9-25

## 四、叉架类零件综合练习

**【练习 4】**绘制如图 9-26 所示的图形。

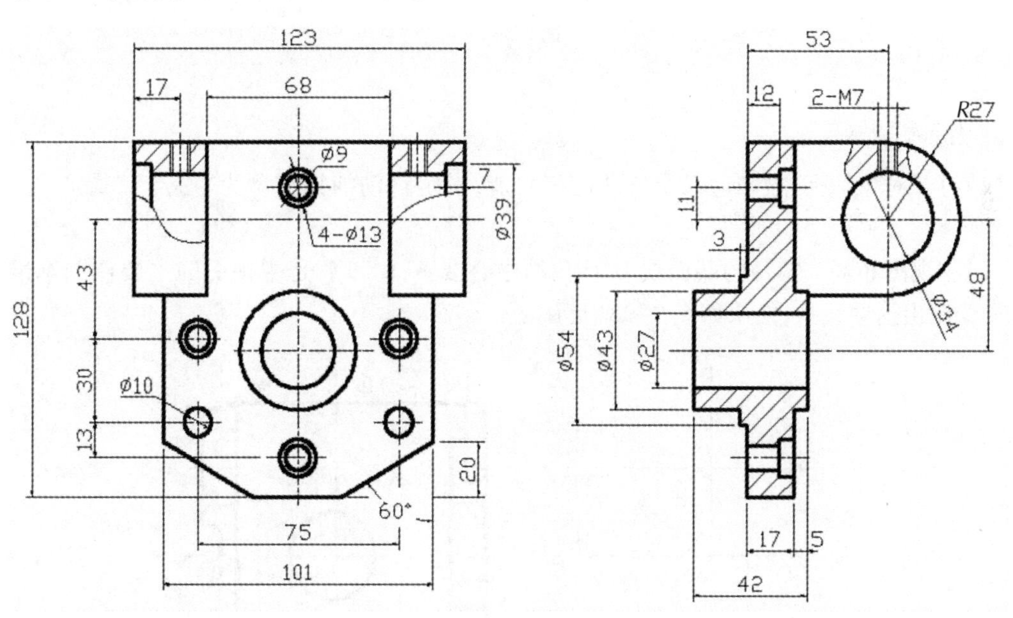


图　9-26

## 五、绘制箱体类零件

**【练习 5】**绘制减速器箱体。

减速器箱体零件如图 9-27 所示，作图时应做如下设置。

（1）依据主视图的尺寸设置作图区域的大小为 200mm×200mm。

(2)设定全局线型比例因子为0.5。

(3)根据图样中图元的性质,分别建立轮廓线层、中心线层、剖面线层和标注层。

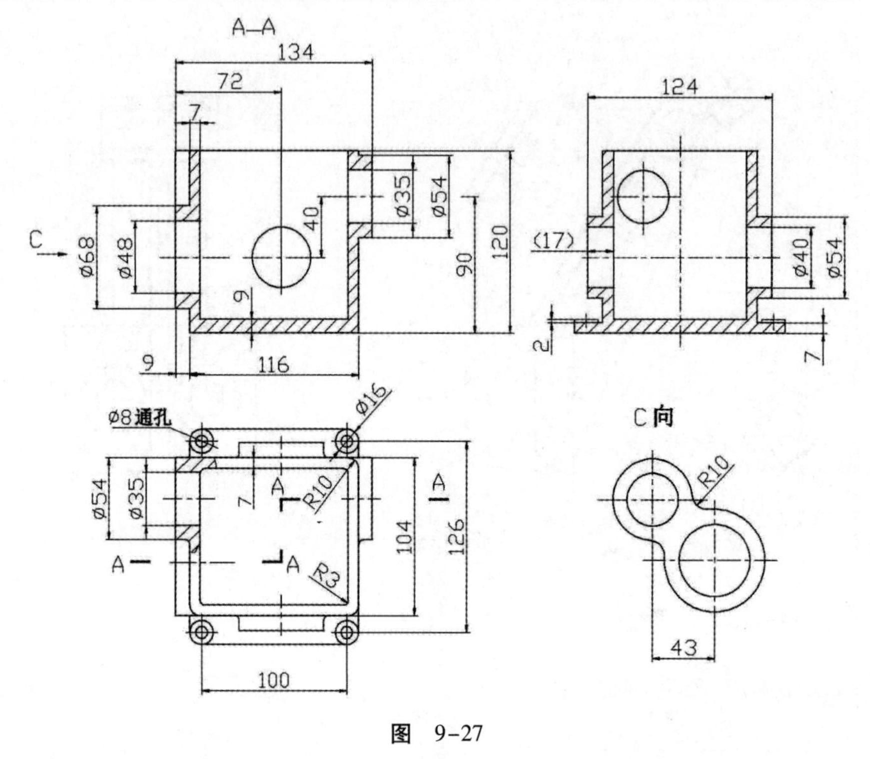


图 9-27

## 操作步骤提示

(1)打开对象捕捉、极轴追踪及自动追踪功能,设定自动捕捉类型为“端点”“圆心”及“交点”。

(2)主视图布局。零件的端面线D及孔的中心线A,B和C是主视图的主要作图基准线,应首先绘制出这些线条,结果如图9-28所示。

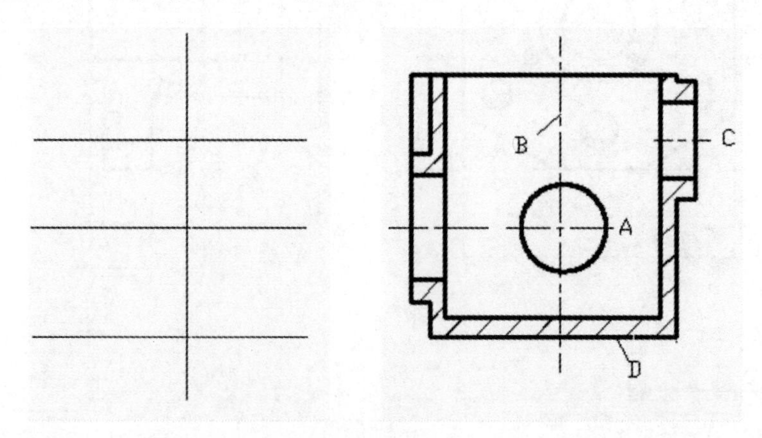


图 9-28

(3)绘制主视图细节。绘制圆E,再偏移线段A,B以形成图形细节F,结果如图9-29所示。

(4)通过偏移线段C,G来形成图形细节H,结果如图9-30所示。

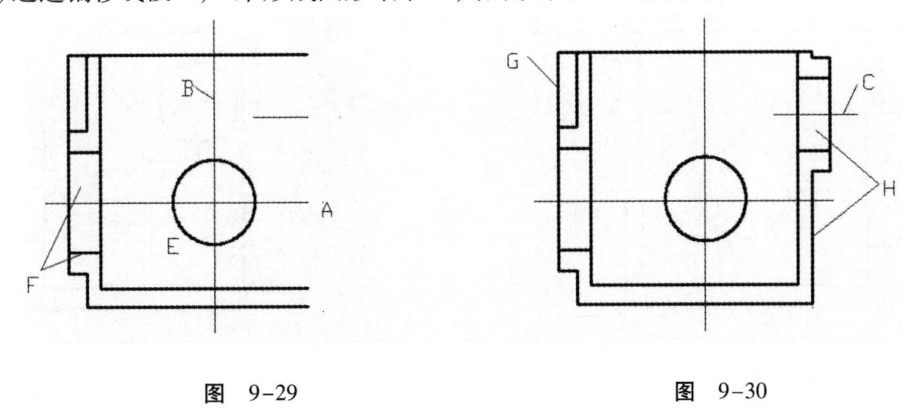


图　9-29　　　　　　　　　　　　图　9-30

(5)绘制左视图。从主视图向左视图绘制水平投影线,再绘制出左视图的对称线(左视图近似对称),结果如图9-31所示。

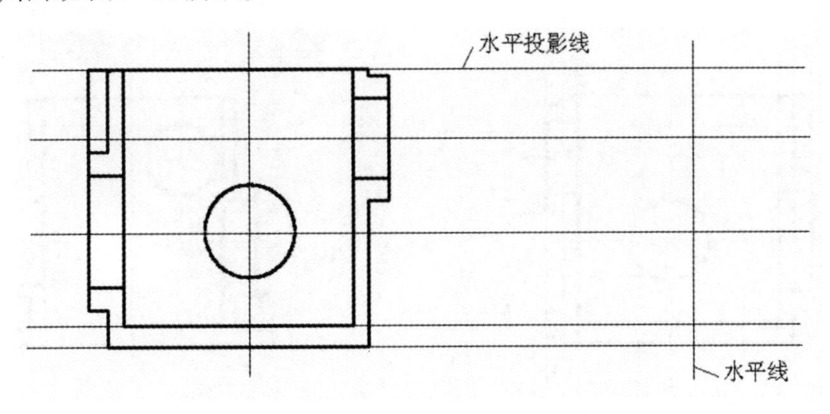


图　9-31

(6)以线段A,B和C为作图基准线,通过偏移这些线段来形成图形细节D,结果如图9-32所示。

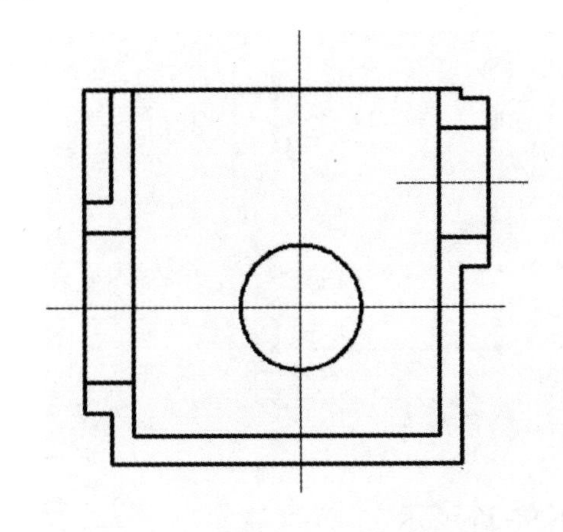

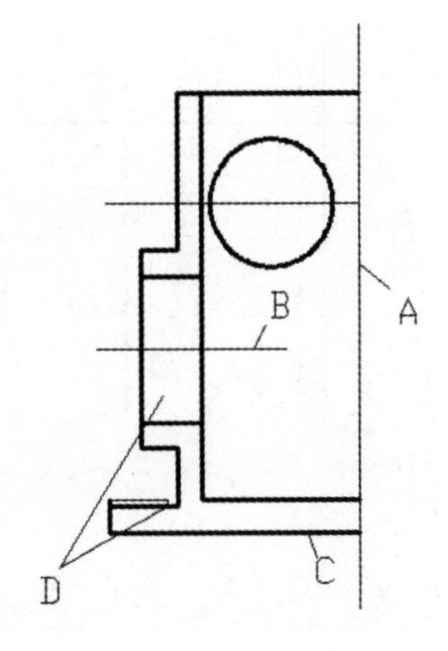


图　9-32

(7)将图形 D 镜像,然后绘制圆 E,结果如图 9-33 所示。

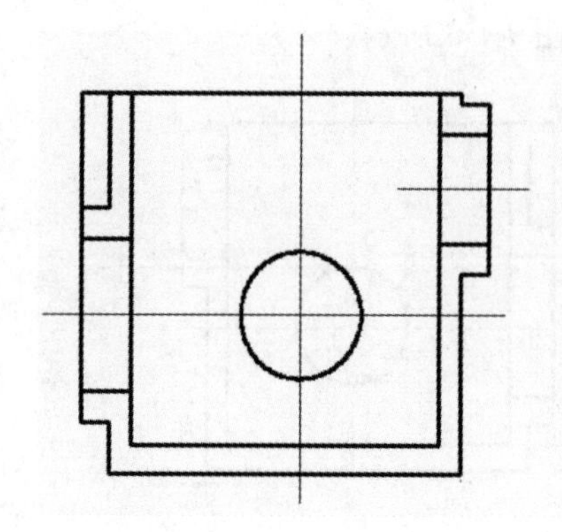

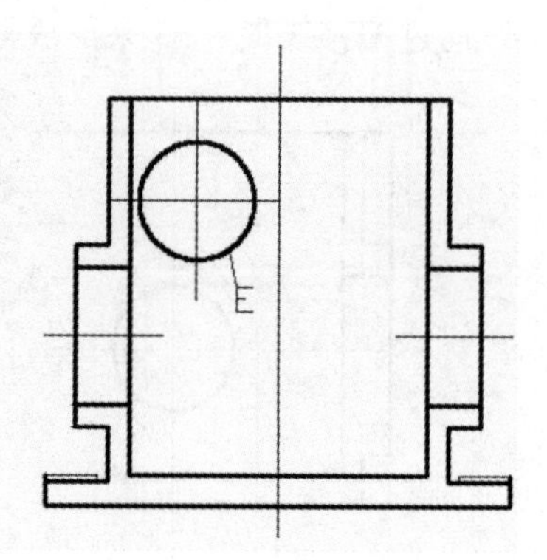


图 9-33

(8)绘制俯视图。绘制俯视图中孔的轴线 A,B,再从主视图向俯视图作竖直投影线,结果如图 9-34 所示。

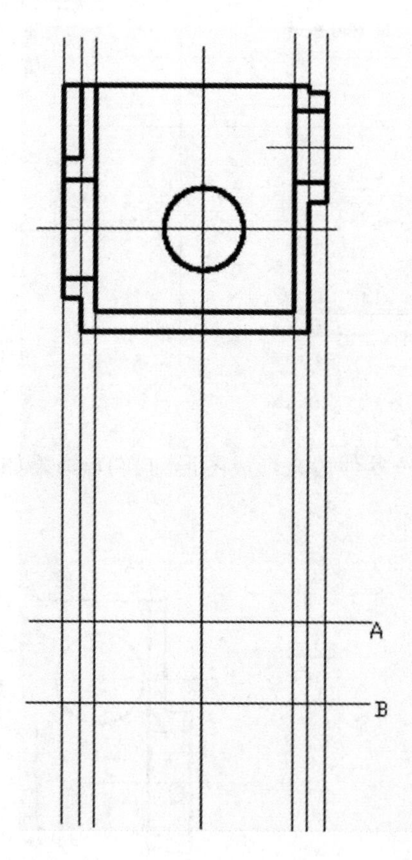


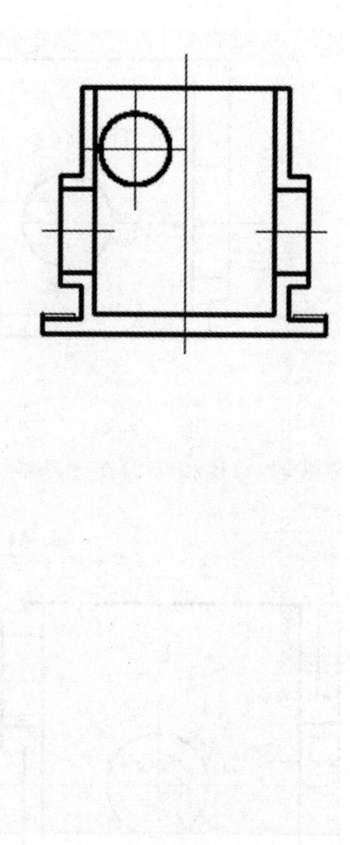

图 9-34

(9)偏移线段 A,B 以形成图形细节 C,结果如图 9-35 所示。

(10)偏移线段 E,F 和 G 以形成图形细节 H,然后绘制圆,结果如图 9-36 所示。

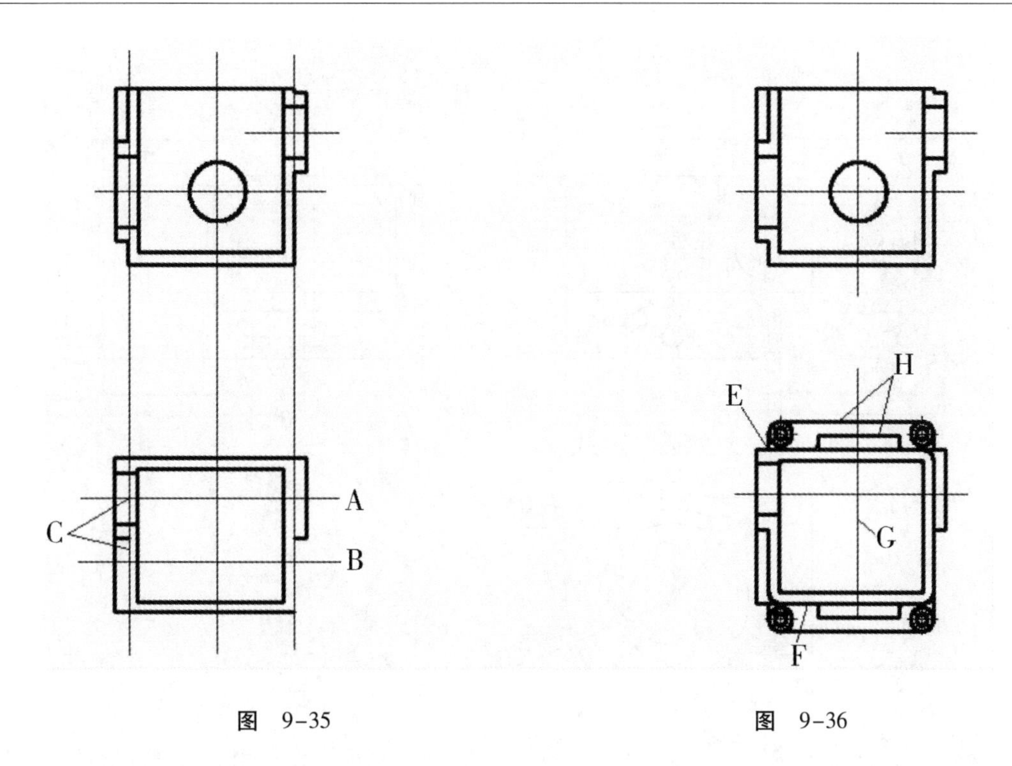


图　9-35　　图　9-36

(11)绘制局部视图。在适当位置绘制局部视图的定位线 A,B,C 和 D,然后绘制圆,结果如图 9-37 所示。

(12)将图形对称线、孔的中心线修改到中心线层上,再用“SPLINE”命令绘制断裂线,然后填充剖面图案,结果如图 9-38 所示。

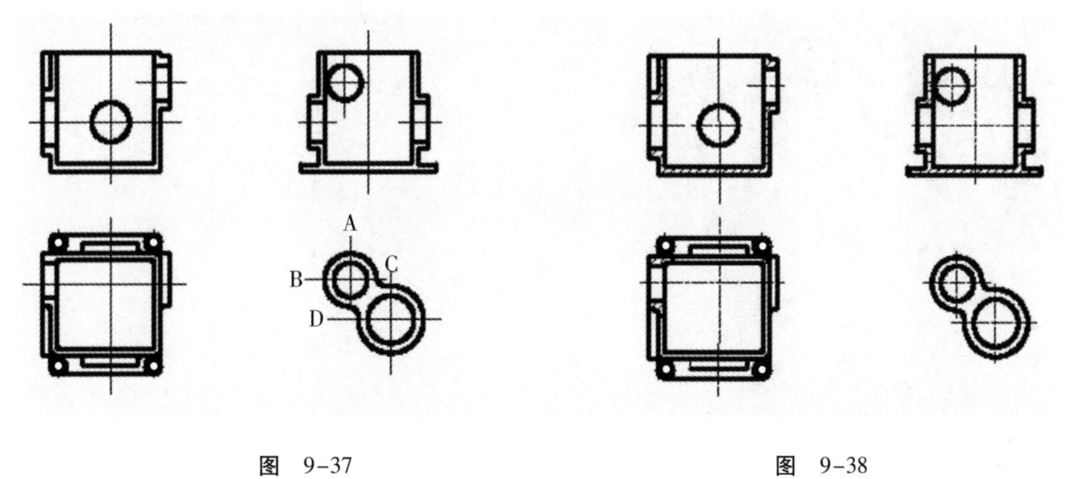


图　9-37　　图　9-38

## 六、箱体类零件综合练习

**【练习 6】**绘制如图 9-39 所示的图形。

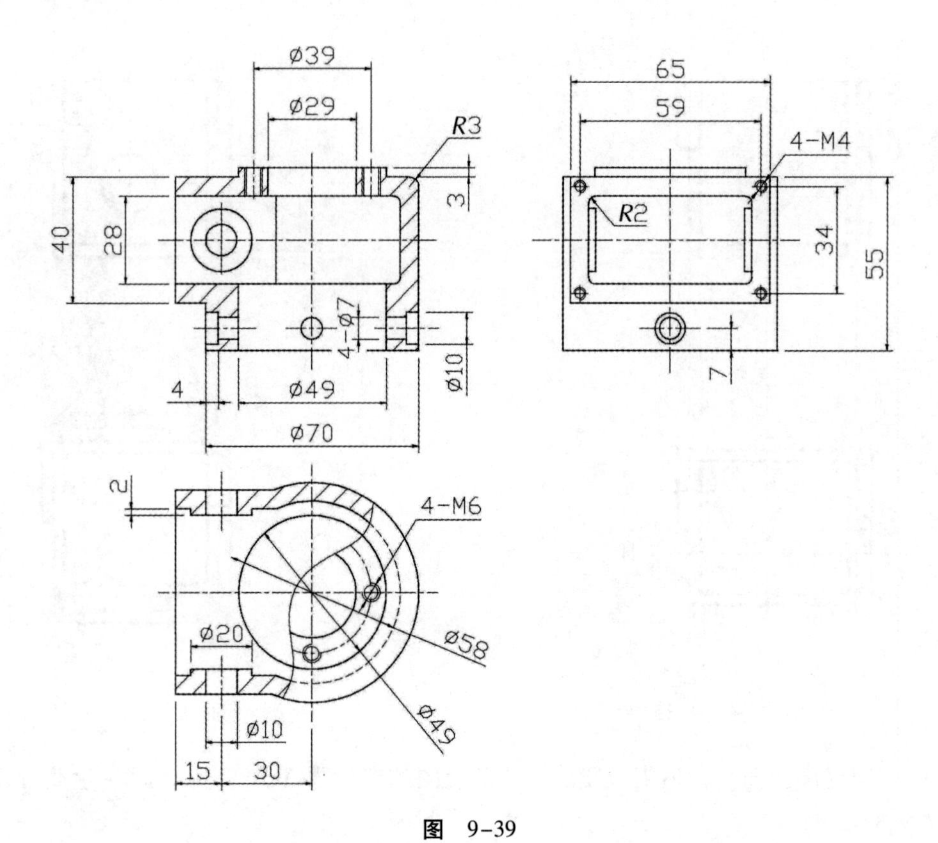

ø39
ø29
R3
3
40
28
4-ø7
ø10
4
ø49
ø70
65
59
4-M4
R2
34
55
7
2
4-M6
ø58
ø20
ø49
ø10
15
30


图 9-39

# 第 10 章　添加文字注释

## 一、创建单行文本

**【练习 1】**打开附盘文件"\dwg\第 10 章\1. dwg",在图样中加入单行文字。设置文字高度为 3. 5mm,字体为宋体,结果如图 10-1 所示。

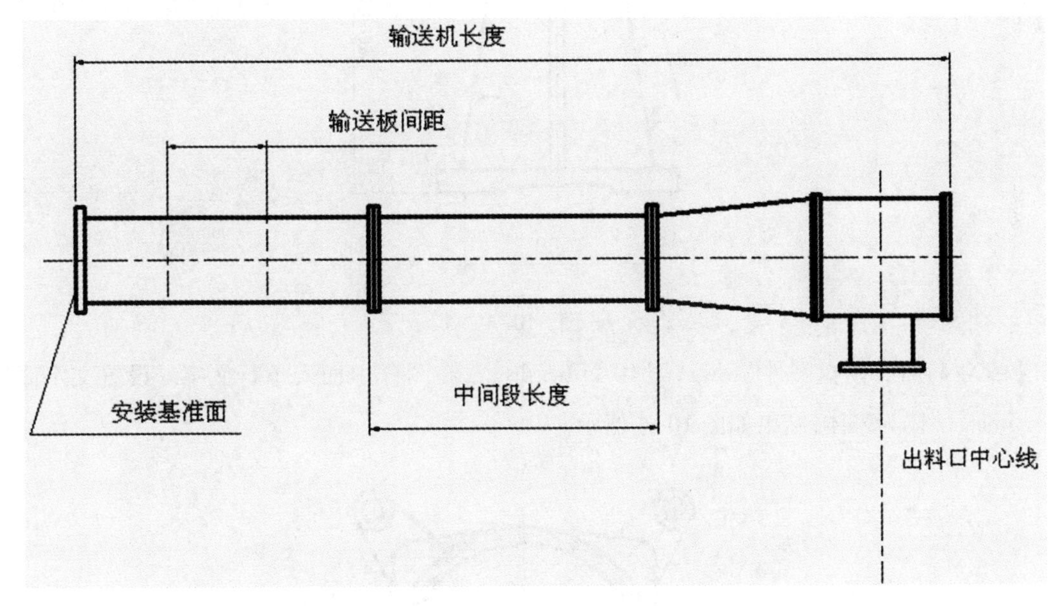


图　10-1

**【练习 2】**打开附盘文件"\dwg\第 10 章\2. dwg",在图样中加入单行文字。设置文字高度为 5mm,字体为楷体,结果如图 10-2 所示。

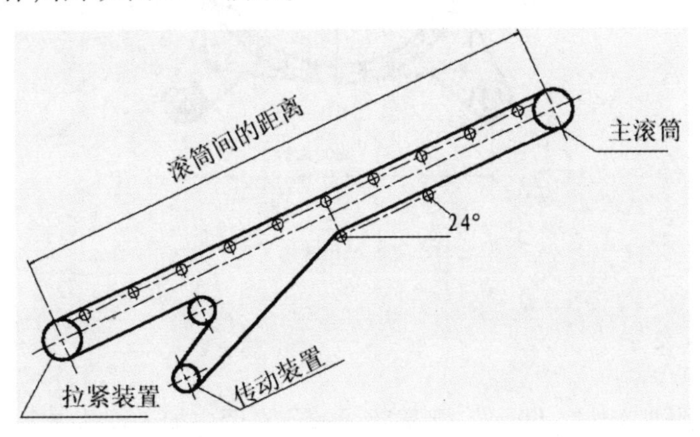


图　10-2

## 二、在单行文字中加入特殊字符

**【练习 3】**打开附盘文件“\dwg\第 10 章\3. dwg”,在图样中加入单行文字。设置文字高度为 4mm,字体为楷体,结果如图 10-3 所示。

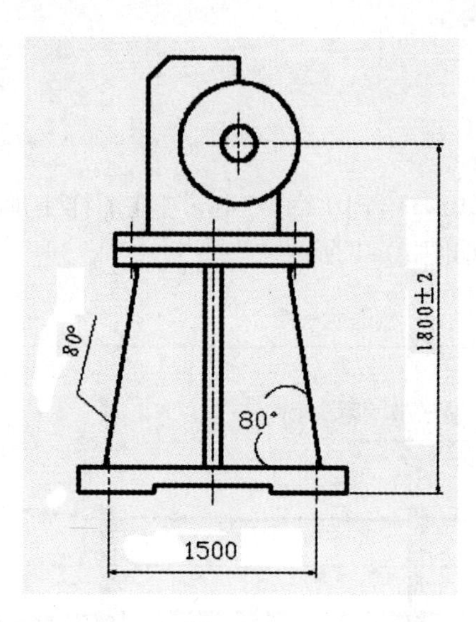


图 10-3

**【练习 4】**打开附盘文件“\dwg\第 10 章\4. dwg”,在图样中加入单行文字。设置文字高度为 3.5mm,字体为宋体,结果如图 10-4 所示。

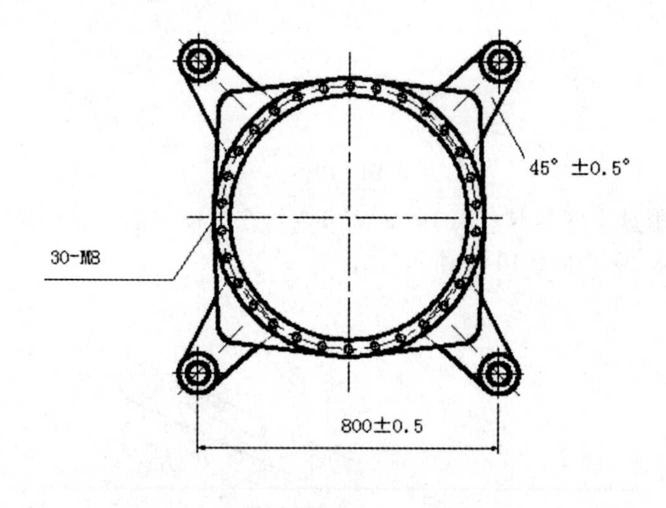


图 10-4

## 三、创建段落文字

**【练习 5】**打开附盘文件“\dwg\第 10 章\5. dwg”,在图中加入段落文字。设置字高分别为 5mm 和 3.5mm,字体分别为黑体和宋体,结果如图 10-5 所示。

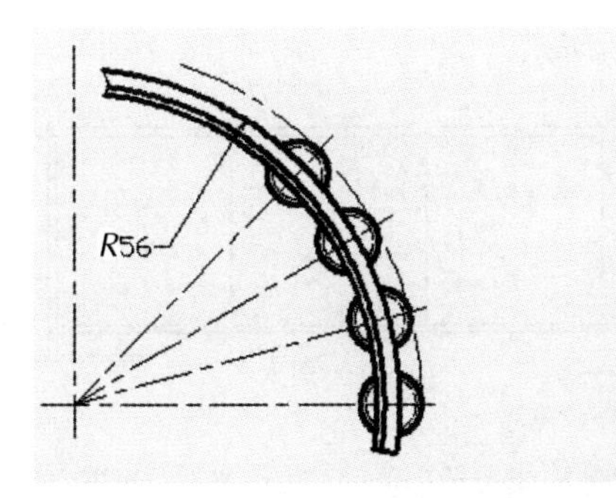


图　10-5

【练习 6】打开附盘文件“\dwg\第 10 章\6. dwg”，在图中加入段落文字。设置字高为 5mm，字体为楷体，结果如图 10-6 所示。

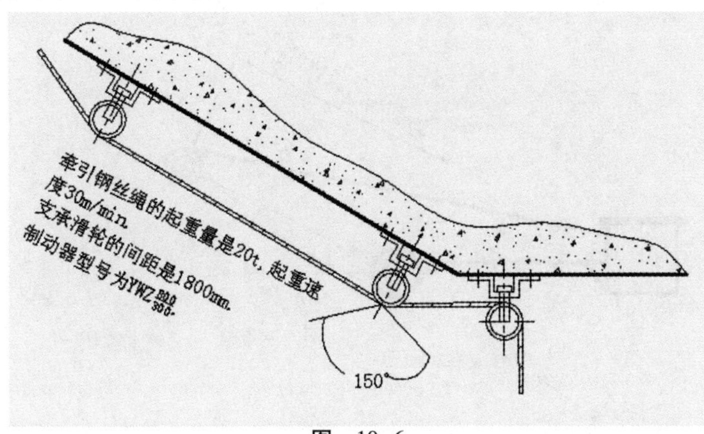


图　10-6

**要点提示**

若在【多行文字编辑器】的输入框中输入“1 / 2”，然后选中此文字项，再单击 a/b 按钮，则显示结果为“1 / 2”。

### 四、在段落文字中加入特殊字符

【练习 7】打开附盘文件“\dwg\第 10 章\7. dwg”，在图中加入段落文字。设置字高为 7mm，字体为宋体和“txt. shx”，结果如图 10-7 所示。

**要点提示**

若在【多行文字编辑器】中输入“L2^”，再选中文字项“2^”，然后单击 b/a 按钮，则显示结果变为“$L^2$”。

【练习 8】打开附盘文件“\dwg\第 10 章\8. dwg”，在图中加入段落文字。设置字高为 8mm，字体分别为楷体和“txt. shx”，结果如图 10-8 所示。

### 五、编辑文字

【练习 9】打开附盘文件“\dwg\第 10 章\9. dwg”，如图 10-9 左图所示。使用“DDEDIT”命令修改图中文字的内容，结果如图 10-9 右图所示。

1. 主梁在制造完毕后，应按二次抛物线：$y=f(x)=4(L-x)*/L^2$ 起拱。

2. 钢板厚度 $a>=6$ mm。

3. 隔板根部切角为 20mm×20mm。

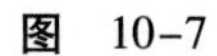

图 10-7

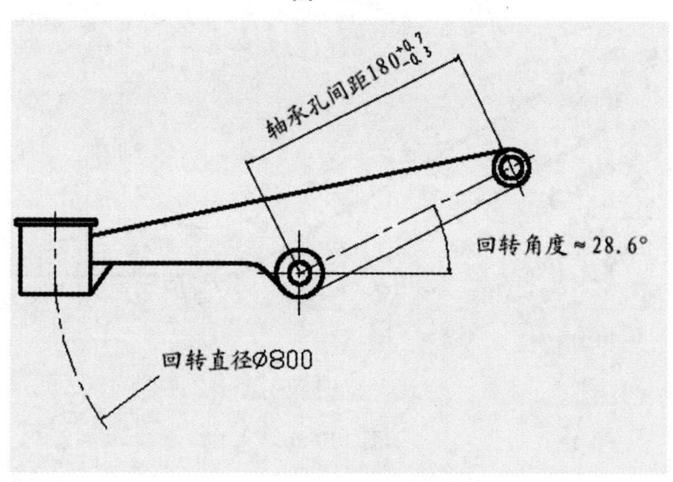


图 10-8

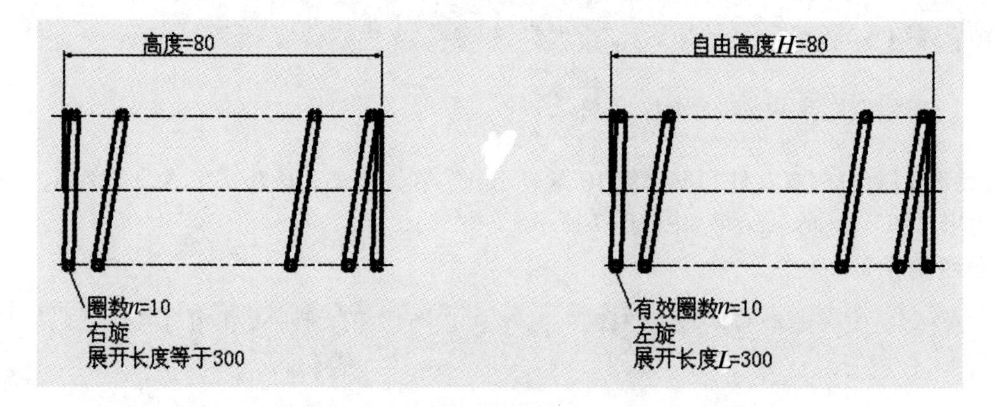


图 10-9

【练习 10】打开附盘文件“\dwg\第 10 章\10. dwg”，如图 10-10 左图所示。使用“DDEDIT”命令把图中段落文字的字体分别改为黑体和楷体，并将字高分别改为 5mm 和 4mm，结果如图 10-10 右图所示。

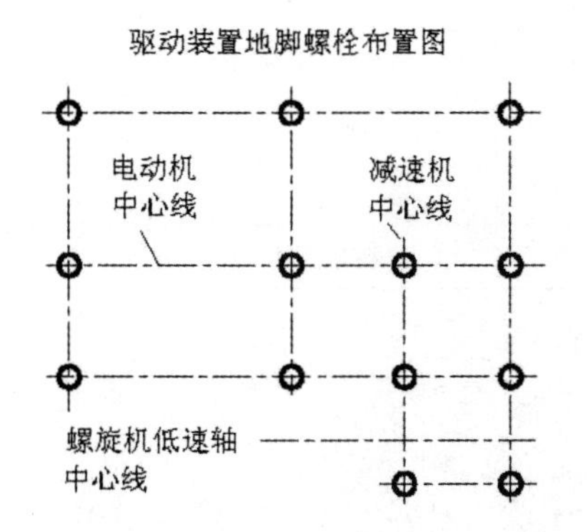


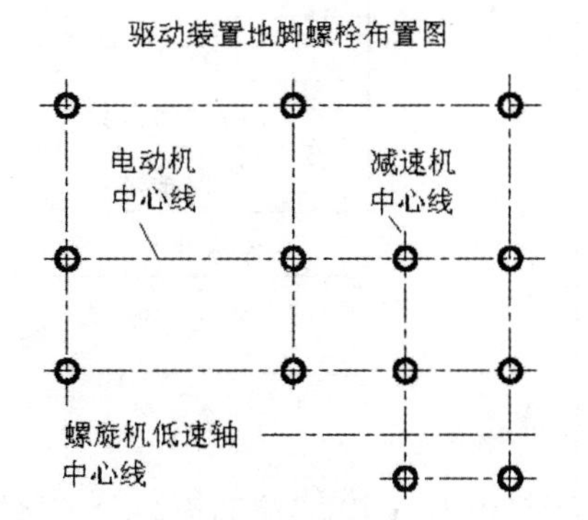


图 10-10

【**练习 11**】打开附盘文件"\dwg\第 10 章\11. dwg",如图 10-11 左图所示。把图中文字的字体改为楷体,并将字高分别改为 5mm 和 3.5mm,结果如图 10-11 右图所示。

技术性能

| 振动频率 | 26 Hz |
|---|---|
| 额定电压 | 380 V |
| 额定电流 | 5 A |
| 功率 | 2 kW |

技术性能

| 振动频率 | 26 Hz |
|---|---|
| 额定电压 | 380 V |
| 额定电流 | 5 A |
| 功率 | 2 kW |

图 10-11

【**练习 12**】打开附盘文件"\dwg 第 10 章\12. dwg",如图 10-12 左图所示。把图中文字的倾斜角度分别改为 30°和-30°,结果如图 10-12 右图所示。

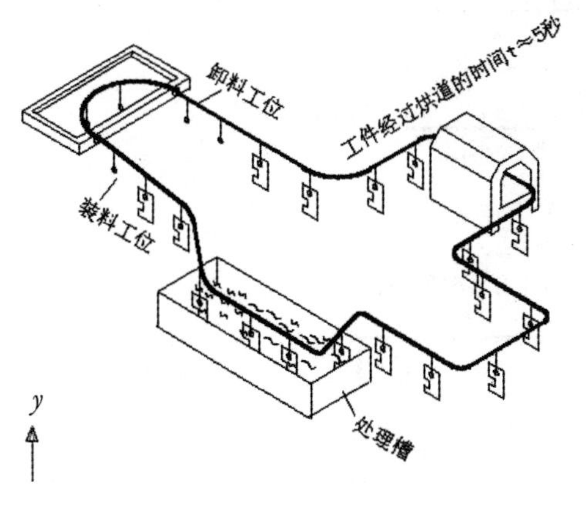


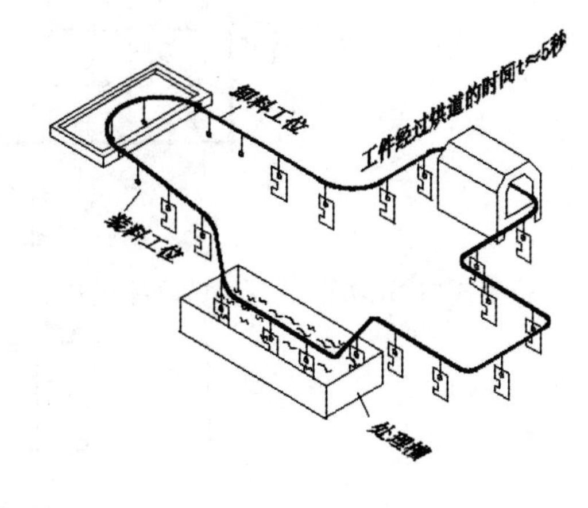


图 10-12

## 六、在表格中填写文字

【**练习 13**】打开附盘文件"\dwg\第 10 章\13. dwg",在表格中填写单行文字。设置字高为 3.5mm,字体为楷体,结果如图 10-13 所示。

| 法向模数 | Mn | 2 |
| --- | --- | --- |
| 齿数 | Z | 80 |
| 径向变位系数 | X | 0.06 |
| 精度等级 |  | 8-Dc |
| 公法线长度 | F | 43.872±0.168 |

图 10-13

操作步骤提示

(1)在表格中书写文字“法向模数”,文字采用“中心”对齐方式,结果如图 10-14 所示。

| 法向模数 |  |  |
| --- | --- | --- |
|  |  |  |
|  |  |  |
|  |  |  |
|  |  |  |

图 10-14

(2)使用“COPY”命令将文字“法向模数”复制到表中的其他位置,复制基点是 A 点,目标点分别是 B,C,D 和 E 点,结果如图 10-15 所示。

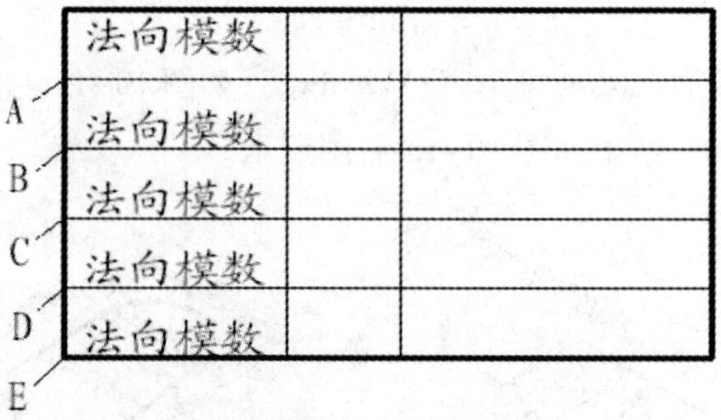

| 法向模数 |  |  |
| --- | --- | --- |
| 法向模数 |  |  |
| 法向模数 |  |  |
| 法向模数 |  |  |
| 法向模数 |  |  |

A B C D E

图 10-15

(3)使用“DDEDIT”命令修改文字的内容,结果如图 10-16 所示。

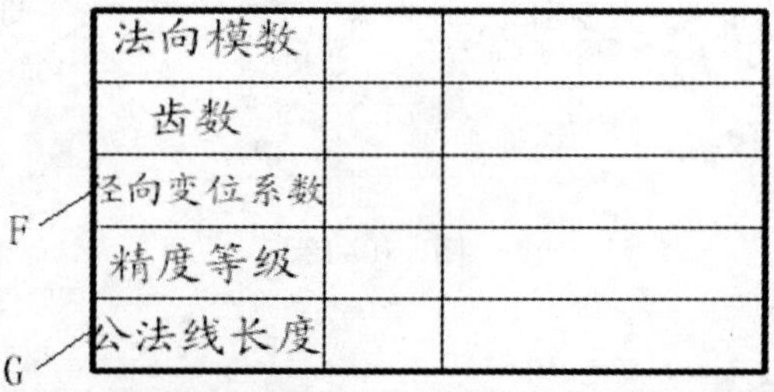

| 法向模数 |  |  |
| --- | --- | --- |
| 齿数 |  |  |
| 径向变位系数 |  |  |
| 精度等级 |  |  |
| 公法线长度 |  |  |

F G

图 10-16

(4)使用“PROPERTIES”命令将文字项 F,G 的对齐方式修改为“调整”,然后改变文字分布的宽度,结果如图 10-17 所示。

| | | |
|---|---|---|
| 法向模数 | | |
| 齿数 | | |
| 径向变位系数 | | |
| 精度等级 | | |
| 公法线长度 | | |

图　10-17

(5)用同样的方法填写表中的其他文字。

**【练习 14】**打开附盘文件“\dwg\第 10 章\14. dwg”,在表格中填写段落文字。设置字体为楷体,字高分别为 4mm 和 3mm,结果如图 10-18 所示。

<table>
<tr><td rowspan="7">技术性能</td><td>物料堆积密度</td><td>$\gamma$</td><td>2 400kg/m$^3$</td></tr>
<tr><td>物料最大块度</td><td>$\alpha$</td><td>580 mm</td></tr>
<tr><td>许可环境温度</td><td></td><td></td></tr>
<tr><td>许可牵引力</td><td>Fx</td><td>-30 ~ +45°</td></tr>
<tr><td>调速范围</td><td>v</td><td>≤120 r/min</td></tr>
<tr><td>生产率</td><td>$\xi$</td><td>110 ~ 180 m$^3$/h</td></tr>
<tr><td colspan="3"></td></tr>
</table>

图　10-18

## 七、创建表格对象

**【练习 15】**使用“TABLE”命令创建图 10-19 所示的表格对象。设置表格中的文字高度分别为 3.5mm 和 5.0mm,中文字体为“gbcbig. shx”,英文和数字字体均为“曲 gbeitc. shx”。

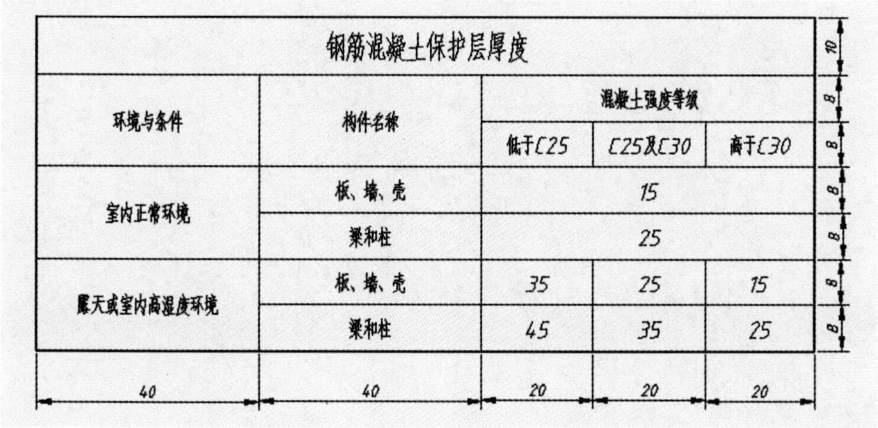

<table>
<tr><td colspan="5">钢筋混凝土保护层厚度</td><td>10</td></tr>
<tr><td rowspan="2">环境与条件</td><td rowspan="2">构件名称</td><td colspan="3">混凝土强度等级</td><td>8</td></tr>
<tr><td>低于C25</td><td>C25及C30</td><td>高于C30</td><td>8</td></tr>
<tr><td rowspan="2">室内正常环境</td><td>板、墙、壳</td><td colspan="3">15</td><td>8</td></tr>
<tr><td>梁和柱</td><td colspan="3">25</td><td>8</td></tr>
<tr><td rowspan="2">露天或室内高湿度环境</td><td>板、墙、壳</td><td>35</td><td>25</td><td>15</td><td>8</td></tr>
<tr><td>梁和柱</td><td>45</td><td>35</td><td>25</td><td>8</td></tr>
<tr><td>40</td><td>40</td><td>20</td><td>20</td><td>20</td><td></td></tr>
</table>

图　10-19

【**练习 16**】使用“TABLE”命令创建如图 10-20 所示的表格对象。设置表格中的文字高度为 3. 5mm，字体为“gbcbig. shx”。

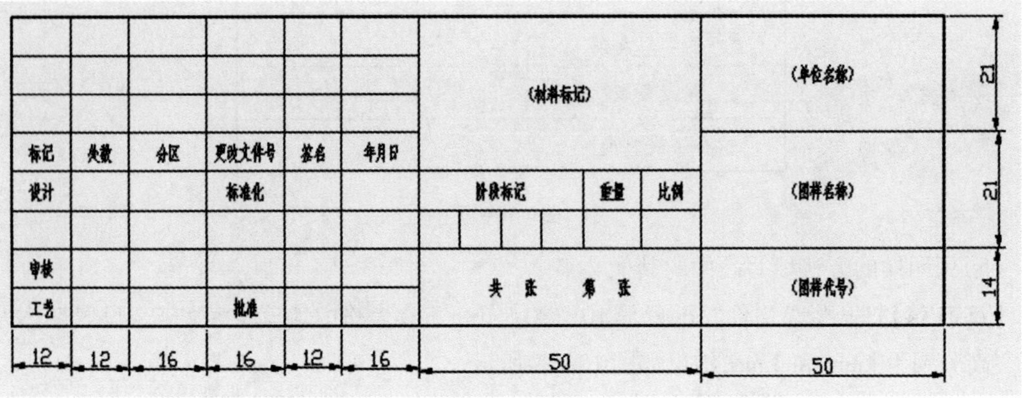

| | | | | | | | |
|---|---|---|---|---|---|---|---|
| | | | | | | （材料标记） | （单位名称） |
| 标记 | 处数 | 分区 | 更改文件号 | 签名 | 年月日 | | |
| 设计 | | | 标准化 | | | 阶段标记 重量 比例 | （图样名称） |
| | | | | | | | |
| 审核 | | | | | | 共 张 第 张 | （图样代号） |
| 工艺 | | | 批准 | | | | |

12 12 16 16 12 16 50 50

21 21 14

图 10-20

# 第11章　标注尺寸

## 一、直线型尺寸标注

【**练习1**】打开附盘文件“\dwg\第11章\1. dwg”，使用“DIMLINEAR”命令标注该图样，结果如图11-1所示。

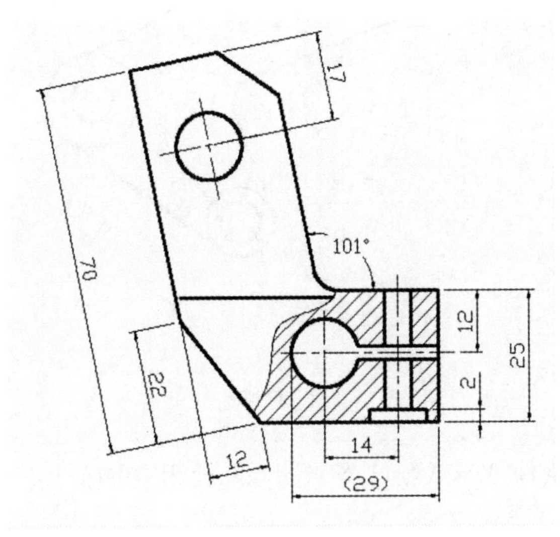


**图　11-1**

【**练习2**】打开附盘文件“\dwg\第11章\2. dwg”，使用“DIMLINEAR”命令标注该图样，结果如图11-2所示。

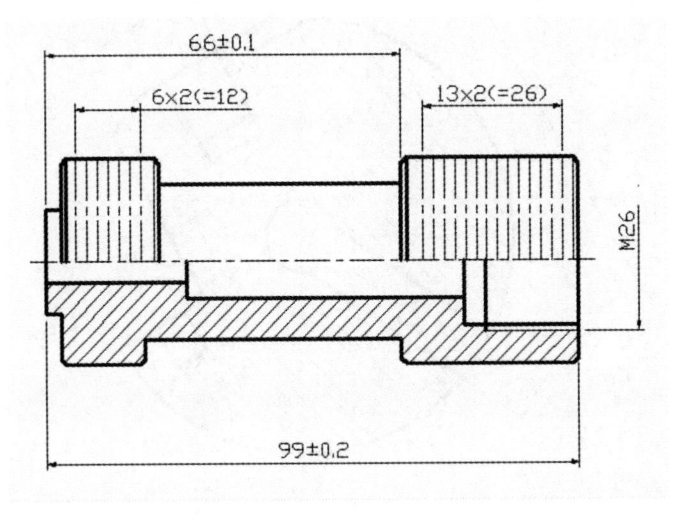


**图　11-2**

## 二、平行型尺寸标注

**【练习 3】**打开附盘文件“\dwg\第 11 章\3. dwg”,使用“DIMALIGNED”命令标注该图样,结果如图 11-3 所示。

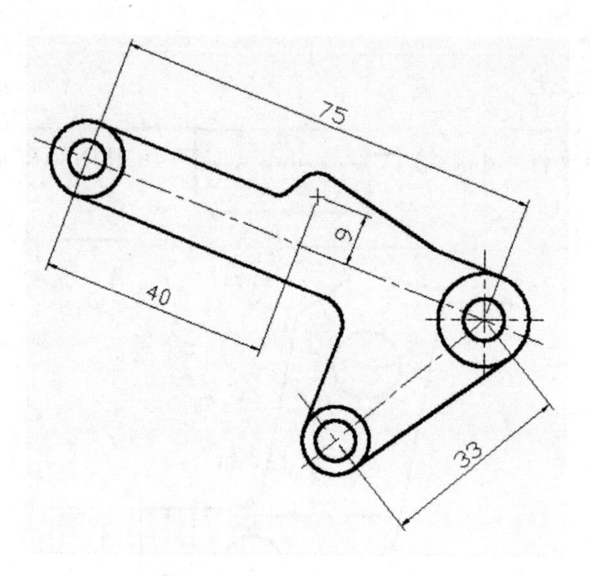


图 11-3

**【练习 4】**打开附盘文件“\dwg\第 11 章\4. dwg”,使用“DIMALIGNED”命令标注该图样,结果如图 11-4 所示。

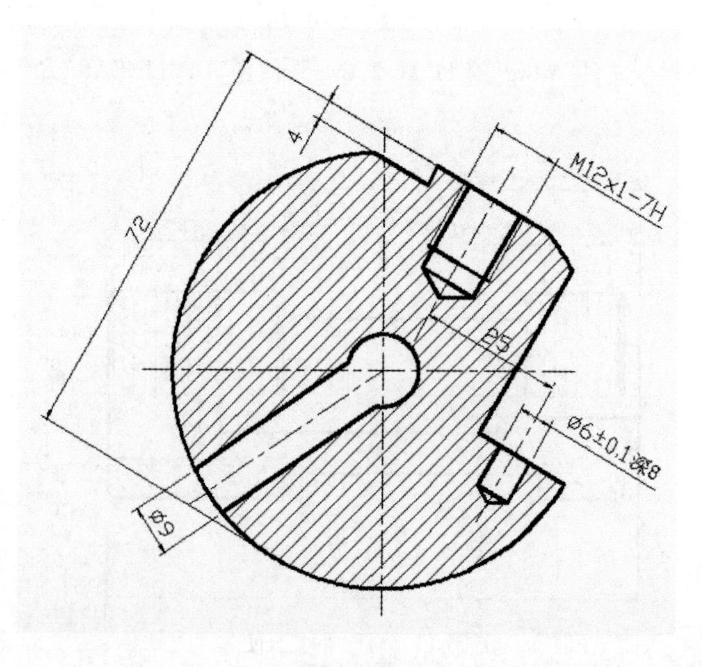


图 11-4

## 三、基线型和连续型尺寸标注

**【练习 5】**打开附盘文件“\dwg\第 11 章\5. dwg”,使用“DIMCONTINUE”和“DIMBASELINE”命令标注该图样,结果如图 11-5 所示。

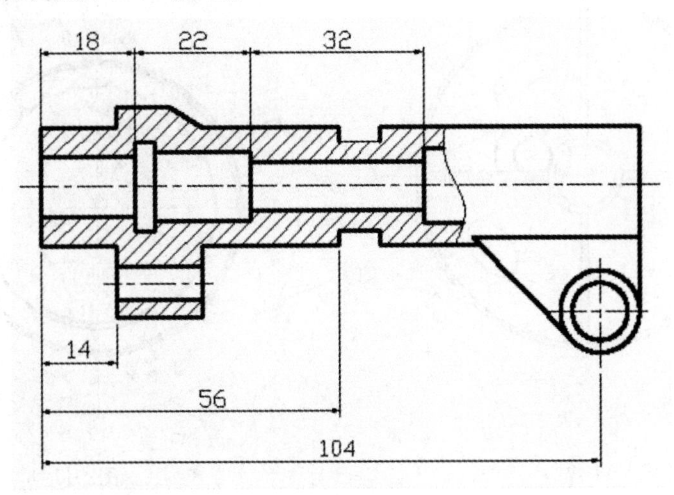


图　11-5

**【练习 6】**打开附盘文件“\dwg\第 11 章\6. dwg”,使用“DIMCONTINUE”和“DIMBASELINE”命令标注该图样,结果如图 11-6 所示。

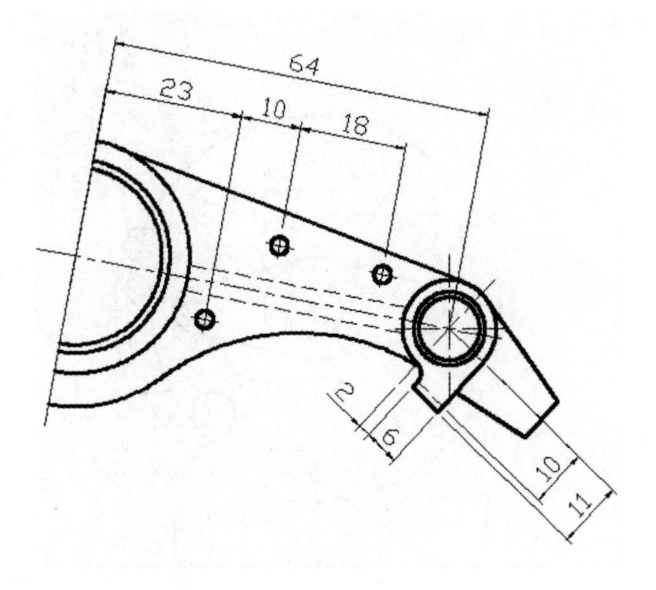


图　11-6

## 四、角度标注

**【练习 7】**打开附盘文件“\dwg\第 11 章\7. dwg”,使用“DIMANGULAR”命令标注该图样,结果如图 11-7 所示。

【**练习 8**】打开附盘文件“\dwg\第 11 章\8. dwg”,使用“DIMANGULAR”命令标注该图样,结果如图 11-8 所示。

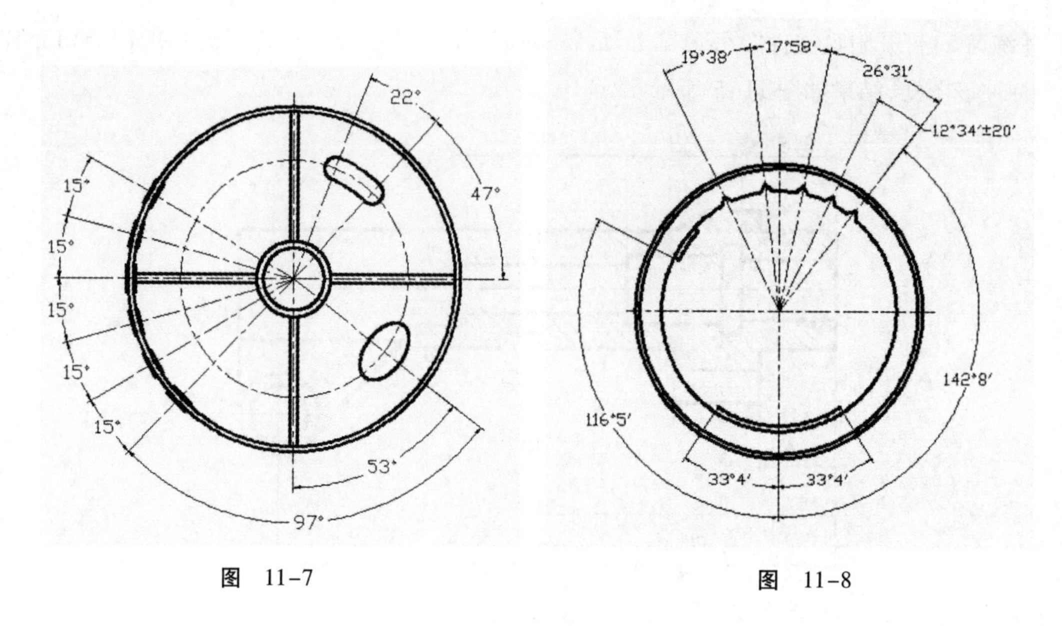


图 11-7　　　　图 11-8

五、圆和圆弧标注

【**练习 9**】打开附盘文件“\dwg\第 11 章\9. dwg”,使用“DIMRADIUS”和“DIMDIAMETER”命令标注该图样,结果如图 11-9 所示。

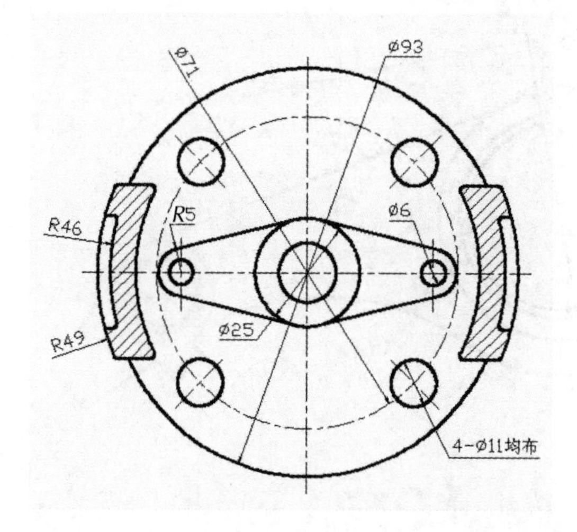


图 11-9

【**练习 10**】打开附盘文件“\dwg\第 11 章\10. dwg”,使用“DIMRADIUS”和“DIMDIAMETER”命令标注该图样,结果如图 11-10 所示。

**要点提示**

用“DIMDIAMETER”命令标注尺寸 $\phi$82、$\phi$72 和 $\phi$67 后,再用“EXPLODE”命令分解它们,然后调整标注外观。

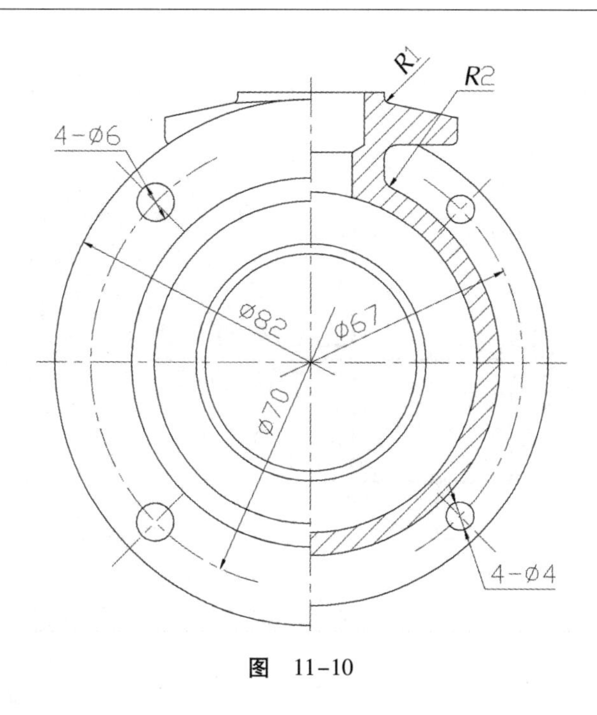


图　11-10

六、引线标注

【练习 11】打开附盘文件“\dwg\第 11 章\11. dwg”,使用“QLEADER”命令标注该图样,结果如图 11-11 所示。

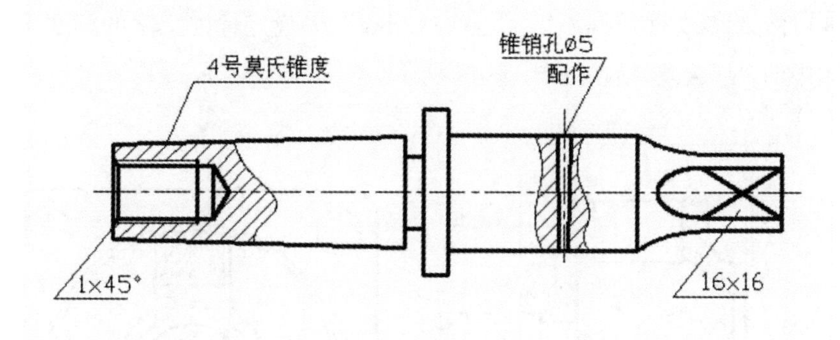


图　11-11

**要点提示**

可以使用关键点编辑方武调整引线与标注文字之间的相对位置。

【练习 12】打开附盘文件“\dwg\第 11 章\12. dwg”,使用“MLEADER”命令标注该图样,结果如图 11-12 所示。

**要点提示**

标注时,可在“引线设置”对话框的“附着”选项卡中选择“最后一行加下画线”复选项。

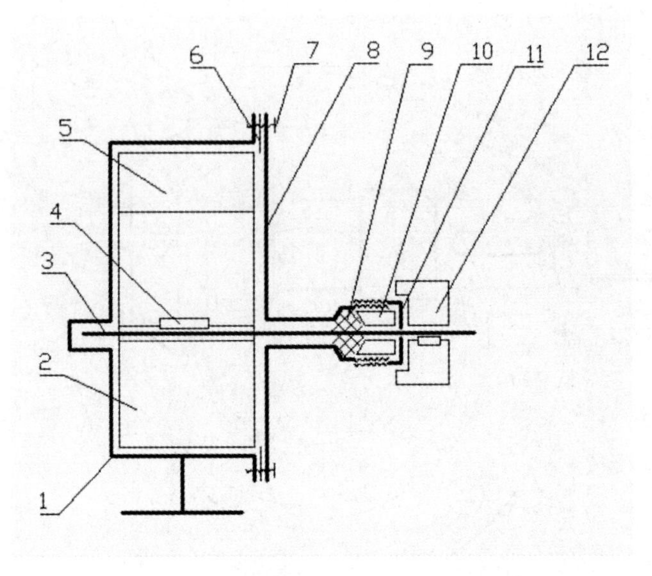


图 11-12

七、尺寸公差标注

【练习 13】打开附盘文件"\dwg\第 11 章\13. dwg”,在图中标注尺寸公差,结果如图 11-13 所示。

【练习 14】打开附盘文件“\dwg\第 11 章\14. dwg”,先设定标注文字的宽度比例因子小于 1,然后标注图中的尺寸公差,结果如图 11-14 所示。

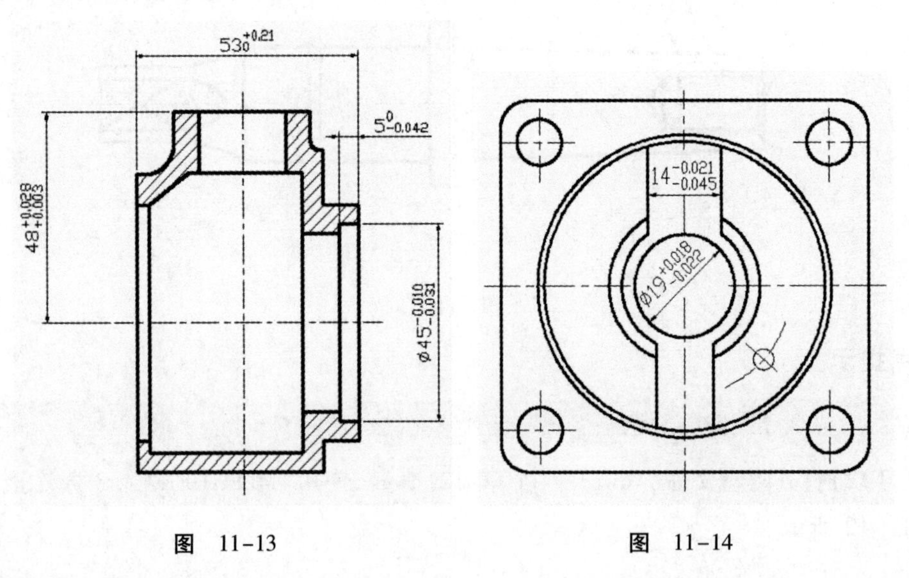


图 11-13　　　　图 11-14

八、形位公差标注

【练习 15】打开附盘文件“\dwg\第 11 章\15. dwg”,在图中标注形位公差,结果如图 11-15

所示。

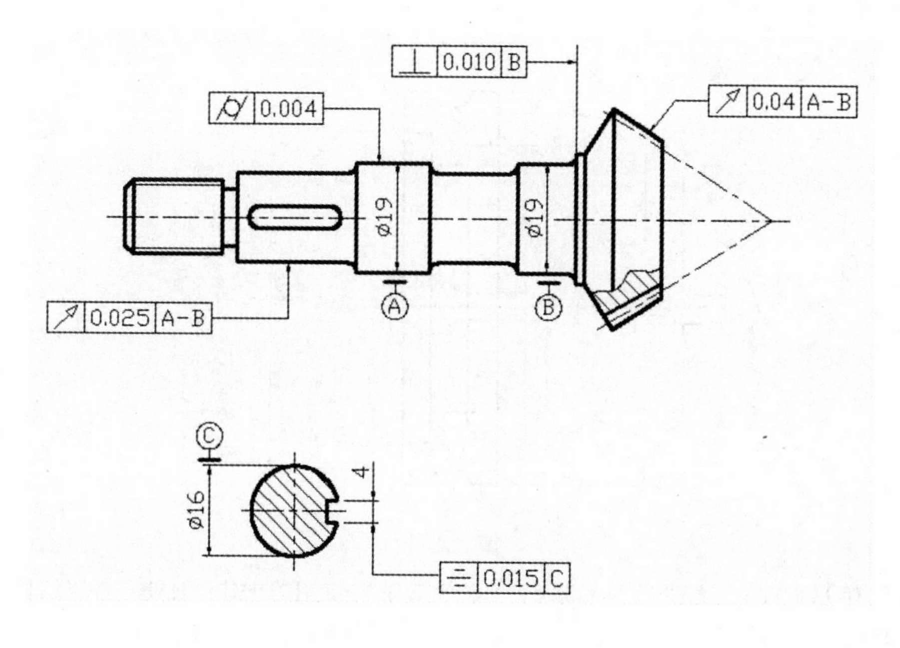


图 11-15

【练习16】打开附盘文件"\dwg\第11章\16.dwg",在图中标注形位公差,结果如图11-16所示。

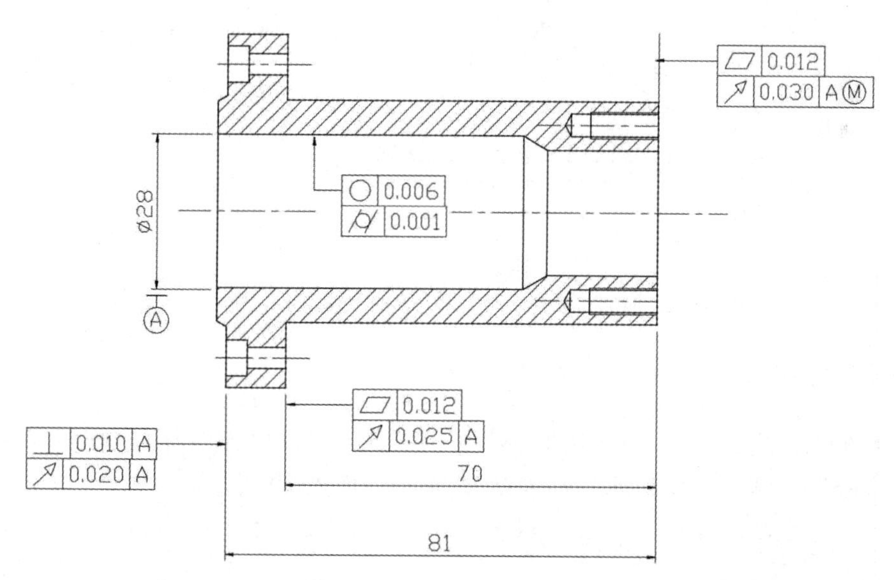


图 11-16

## 九、给标注文字加前缀或后缀

【练习17】打开附盘文件"\dwg\第11章\17.dwg",使用"DIMLINEAR"命令给标注文字加前缀,结果如图 11-17 所示。

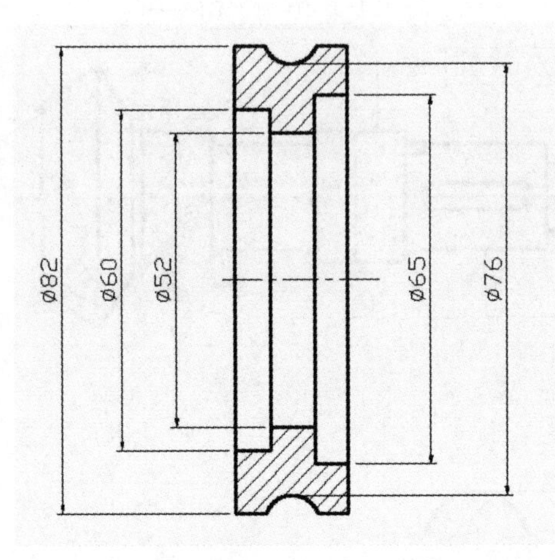


图 11-17

**【练习 18】**打开附盘文件"\dwg\第 11 章\18. dwg",使用"DIMLINEAR"命令给标注文字加后缀,结果如图 11-18 所示。

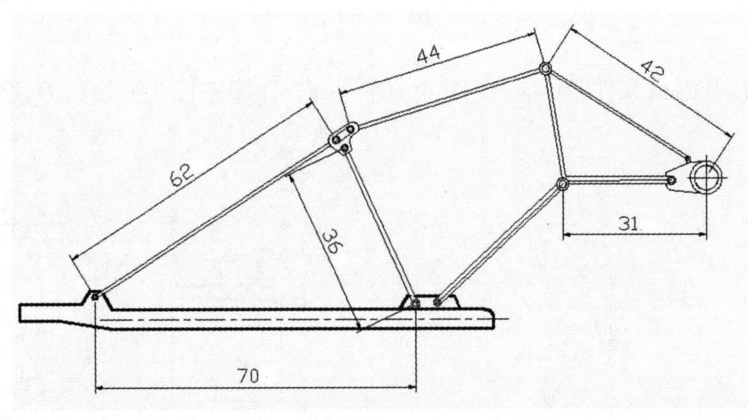


图 11-18

## 十、修改标注文字 I

**【练习 19】**打开附盘文件"\dwg\第 11 章\19. dwg",如图 11-19 左图所示。使用"DDEDITI"和"PROPERTIES"命令修改图中的标注文字,结果如图 11-19 右图所示。

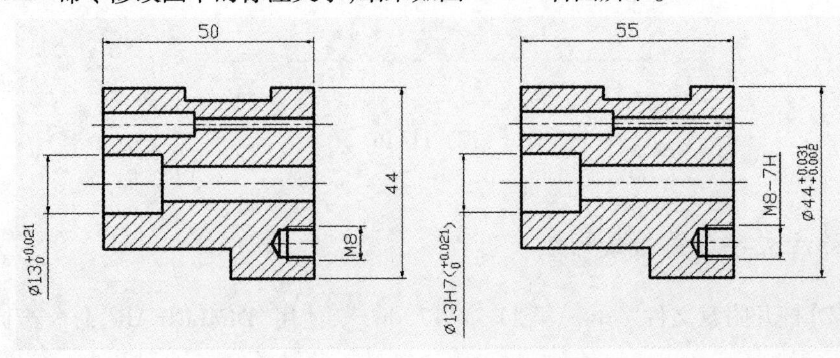


图 11-19

【练习 20】打开附盘文件“\dwg\第 11 章\20. dwg”,如图 11-20 左图所示。使用“DDEDIT”命令修改图中的标注文字,结果如图 11-20 右图所示。

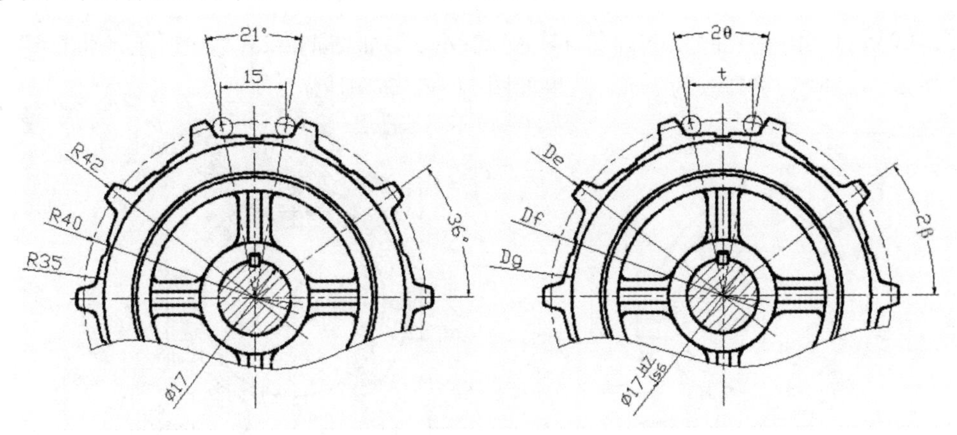


图 11-20

## 十一、调整尺寸线或标注文字的位置

【练习 21】打开附盘文件“\dwg\第 11 章\21. dwg”,如图 11-21 左图所示。使用关键点编辑方式调整图中尺寸线或标注文字的位置,结果如图 11-21 右图所示。

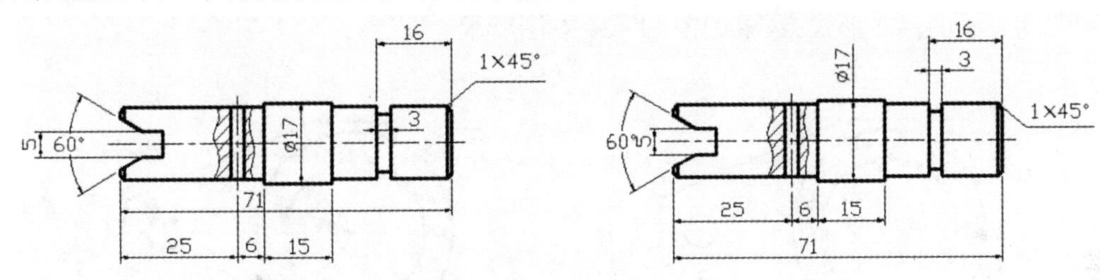


图 11-21

【练习 22】打开附盘文件“\dwg\第 11 章\22. dwg”,如图 11-22 左图所示。使用关键点编辑方式调整图中尺寸线或标注文字的位置,结果如图 11-22 右图所示。

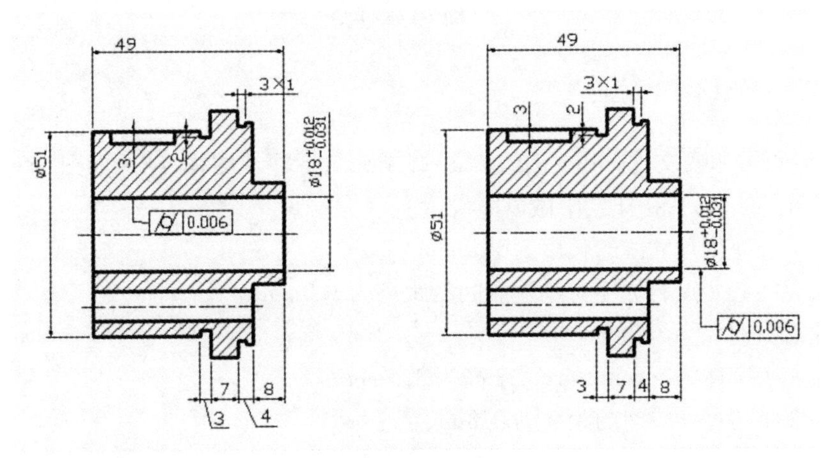


图 11-22

## 十二、改变尺寸标注的外观

**【练习 23】**打开附盘文件“\dwg\第 11 章\23. dwg”，如图 11-23 左图所示。将标注文本的字体改为“italic. shx”，字高改为 3mm，结果如图 11-23 右图所示。

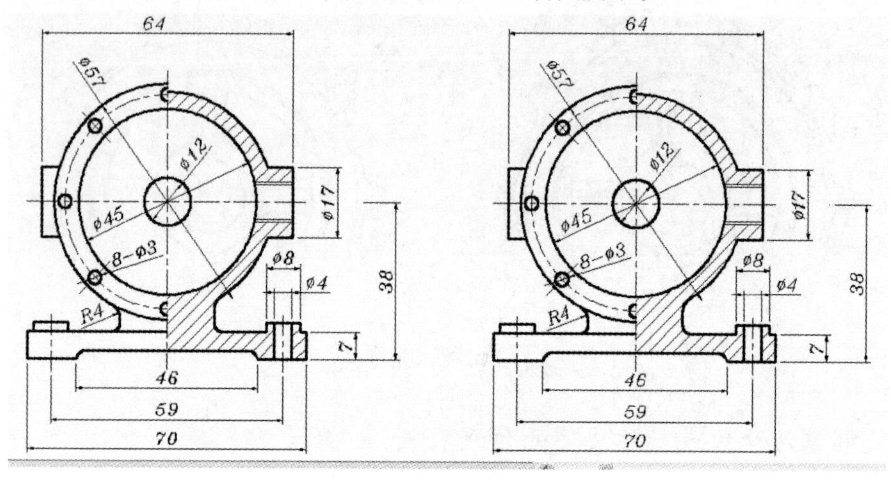


图 11-23

**【练习 24】**打开附盘文件“\dwg\第 11 章\24. dwg”，如图 11-24 左图所示。改变图中直径、半径和角度尺寸的标注形式，结果如图 11-24 右图所示。

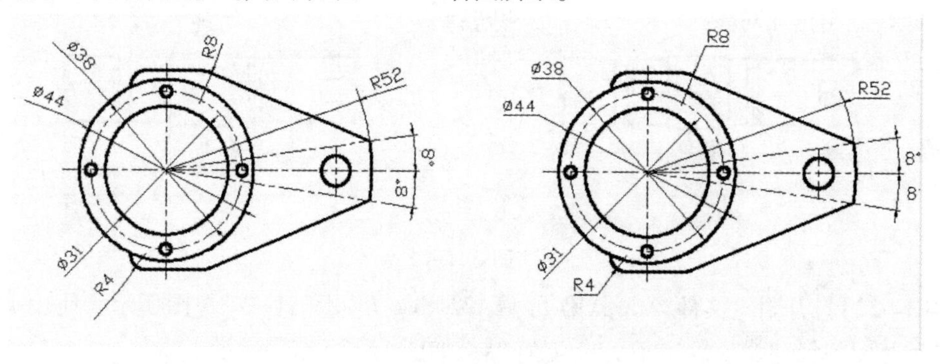


图 11-24

## 十三、尺寸标注综合练习

**【练习 25】**打开附盘文件“\dwg\第 11 章\25. dwg”，标注该图样，结果如图 11-25 所示。标注时，要创建新尺寸样式，在样式中做以下设置。

(1)尺寸界线超出尺寸线的长度为 1.8mm。

(2)尺寸界线起始点与标注对象端点间的距离为 1.0mm。

(3)尺寸箭头的大小为 2mm。

(4)标注文字字体为“gbeitc. shx”，字高为 3.5mm。

(5)标注文字与尺寸线间的距离为 0.8mm。

(6)标注全局比例因子为 5。

(7)单位格式为“小数”，精度为“0.00”。

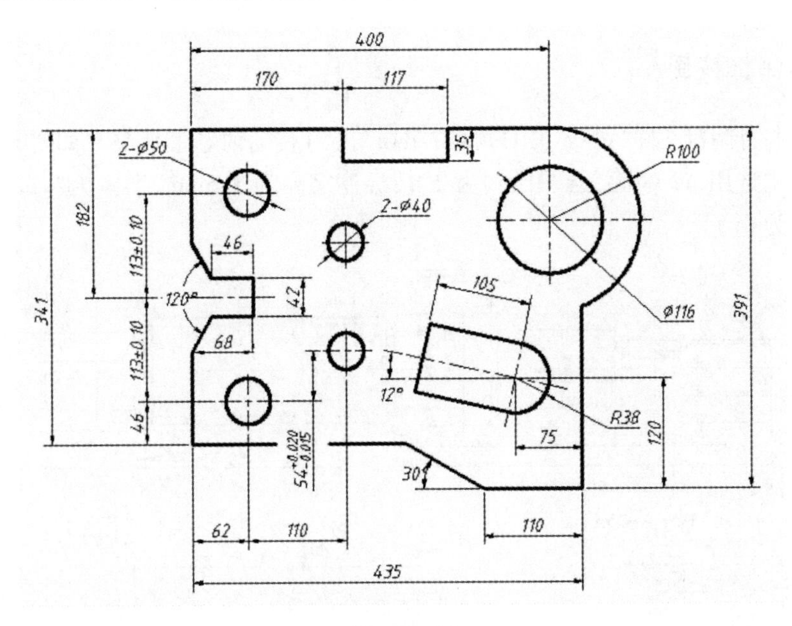


图　11-25

【练习 26】打开附盘文件“\dwg\第 11 章\26. dwg”，标注该图样，结果如图 11-26 所示。标注时，要创建新尺寸样式，在样式中做以下设置。

(1) 尺寸界线超出尺寸线的长度为 1. 8mm。

(2) 起始点与标注对象端点间的距离为 0. 8mm

(3) 尺寸箭头的大小为 2mm。

(4) 标注文字字体为“gbenor”，字高为 3. 5mm。

(5) 标注文字与尺寸线间的距离为 0. 8mm。

(6) 标注全局比例因子为 4。

(7) 单位格式为“小数”，精度为“0. 00”。

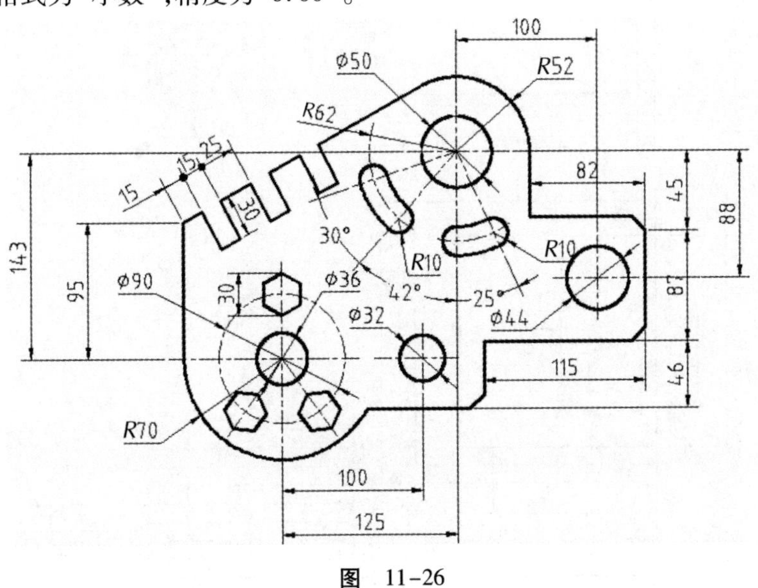


图　11-26

## 十四、标注机械图

**【练习 27】**打开附盘文件“\dwg\第 11 章\27. dwg”,标注传动轴零件图,结果如图 11-27 所示。

零件图图幅选用 A2 幅面,绘图比例为 2 :1,标注字高为 3.5mm,字体为“gbeitc. shx”,标注全局比例因子为 0.5。

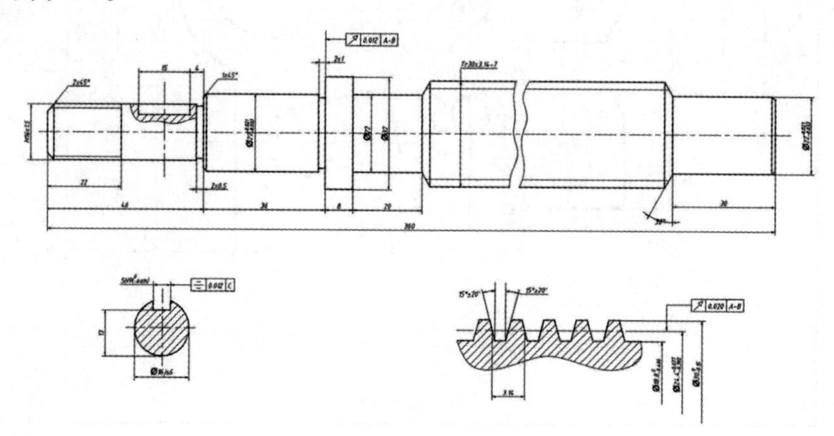

图 11-27

**【练习 28】**打开附盘文件“\dwg\第 11 章\28. dwg”,标注箱体零件图,结果如图 11-28 所示。

零件图图幅选用 A3 幅面,绘图比例为 1 :1.5,标注字高为 3.5mm,字体为“gbeitc. shx”,标注全局比例因子为 1.5。

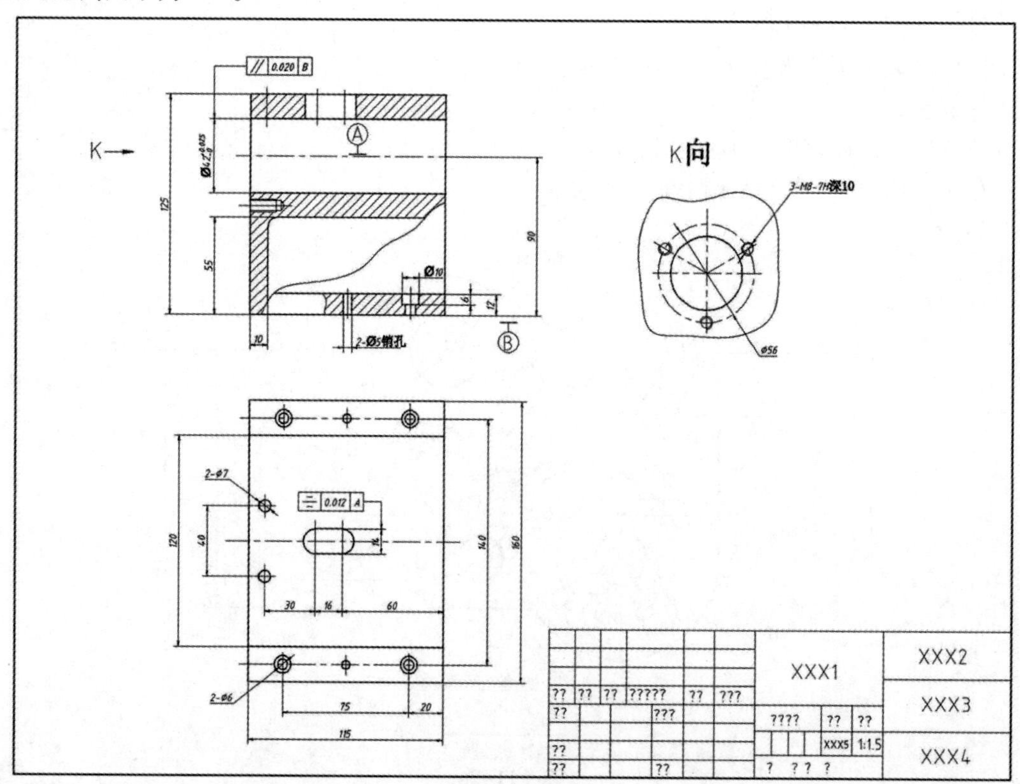


图 11-28

## 十五、标注建筑图

**【练习 29】**打开附盘文件“\dwg\第 11 章\29. dwg”. 该文件包含一张 A3 幅面的建筑平面图,绘图比例为 1 :100,标注此图样,结果如图 11-29 所示。

标注时,要创建新尺寸样式,在样式中做以下设置。

(1)标注文字字体为“曲 enor. shx”,文字高度为 2.5mm,精度为“0.0”,小数点格式是“句点”。

(2)标注文本与尺寸线间的距离是 0.8mm。

(3)尺寸起止符号为建筑标记,其大小为 1.3mm。

(4)尺寸界线超出尺寸线的长度为 1.5mm。

(5)尺寸线起始点与标注对象端点间的距离为 0.6mm。

(6)标注全局比例因子为 100。

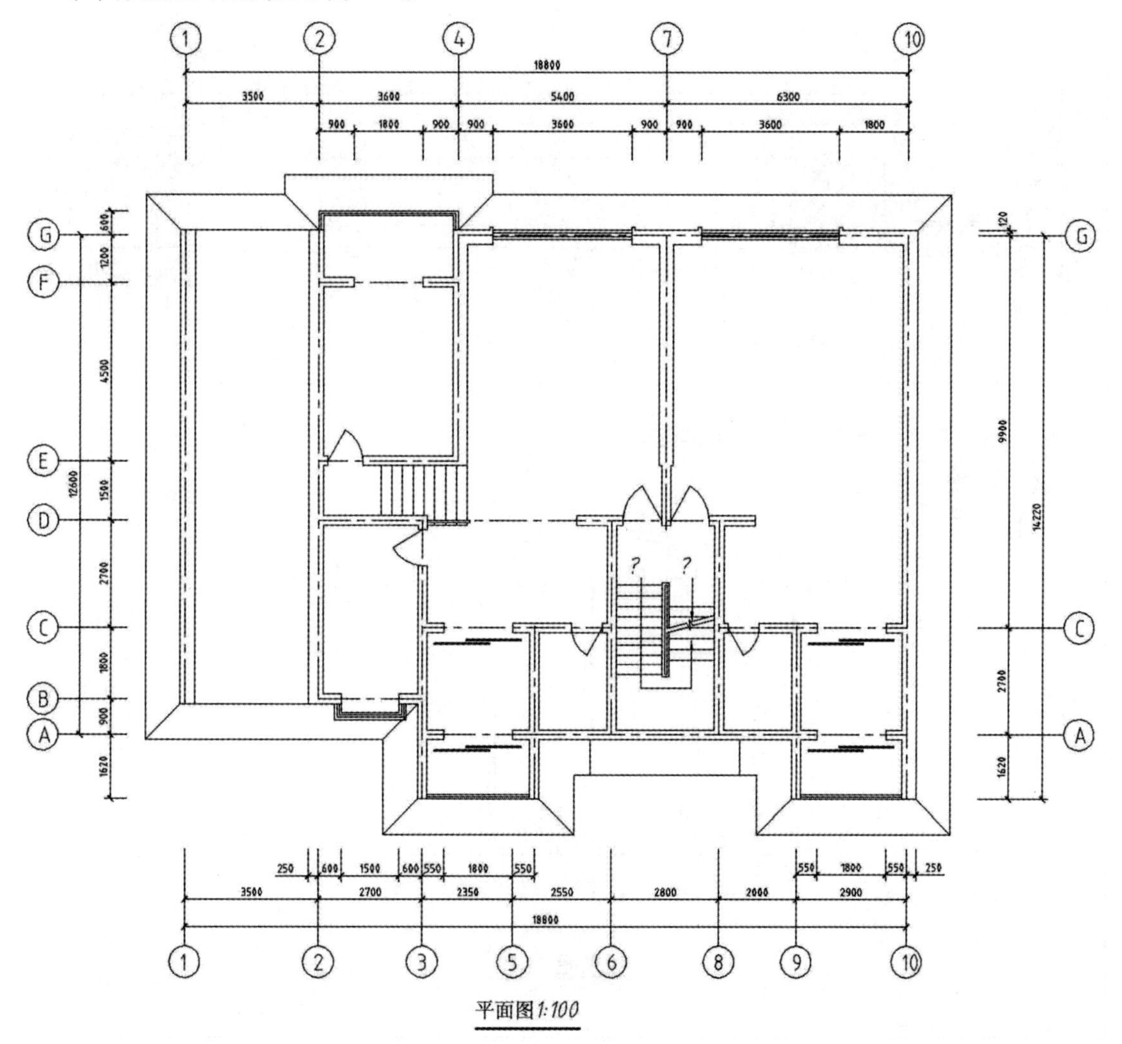


图　11-29

**【练习 30】**打开附盘文件“\dwg\第 11 章\30. dwg”,该文件包含一张 A3 幅面图纸,图纸上有两个图样,绘图比例分别为 1 :20 和 1 :40,标注这两个图样,结果如图 11-30 所示。

标注时,要创建新尺寸样式,在样式中做以下设置。

(1)标注文字字体为"gbenor. shx",文字高度为 2. 5mm,精度为"0. 0",小数点格式是"句点"。

(2)标注文本与尺寸线间的距离是 0. 8mm。

(3)尺寸起止符号为建筑标记,其大小为 1. 3mm。

(4)尺寸界线超出尺寸线的长度为 1. 8mm。

(5)尺寸线起始点与标注对象端点间的距离为 2mm。

(6)标注全局比例因子为 20。

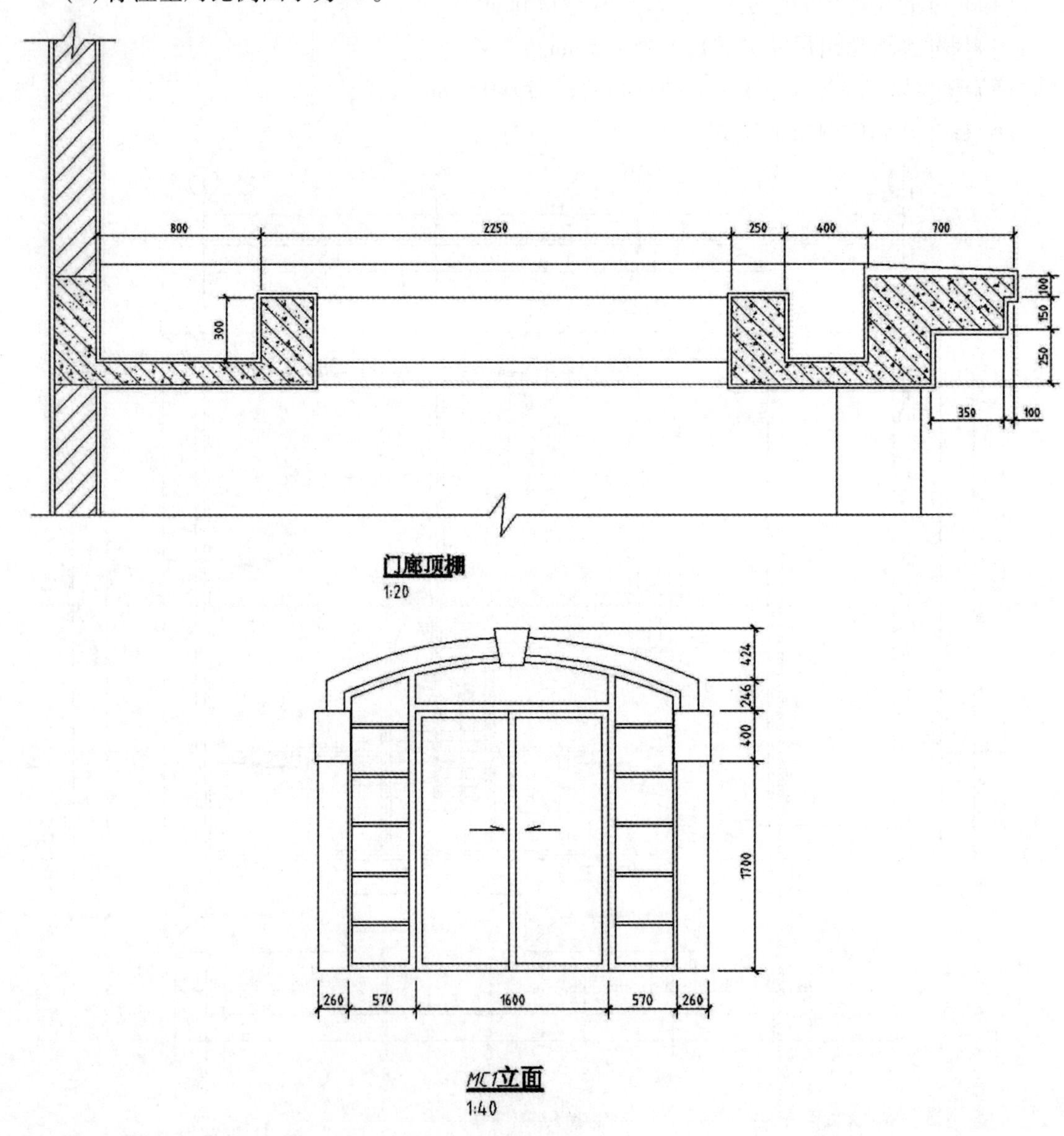


图 11-30

# 第12章　提高作图效率综合练习

## 一、定制图形库

请读者将以下生成的图块保存起来，在后面的练习中将用到它们。

**【练习1】**绘制如图12-1所示的螺栓头、螺杆、螺母及圆垫圈。将它们创建成图块，再定义各图块的插入点分别为A，B，C，D和E点，然后存储图形文件，文件名为“螺栓连接件.dwg”。

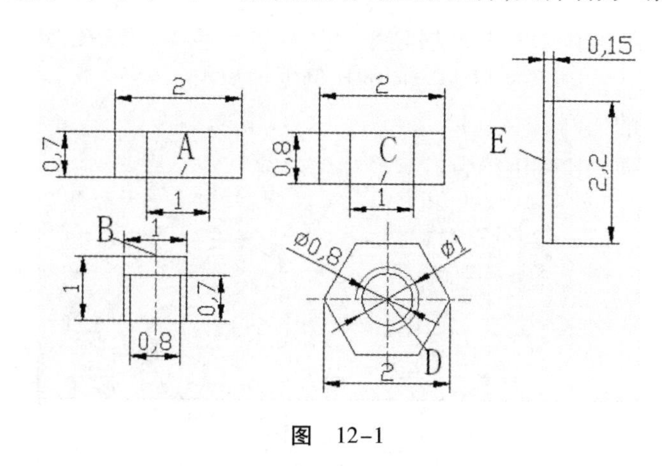


图　12-1

**【练习2】**绘制轴承及轴套，使用“WBLOCK”命令将它们分别存为“轴承.dwg”和“轴套.dwg”文件。两个图形的插入点分别定义在A，B点处，结果如图12-2所示。

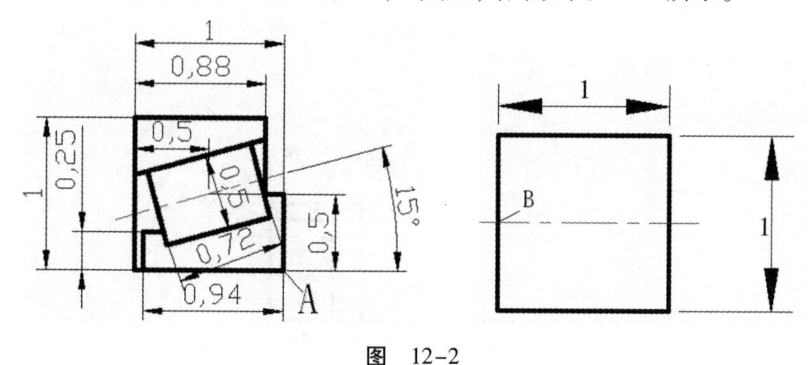


图　12-2

## 二、插入标准件块组合装配图

**【练习3】**插入标准件块。

操作步骤提示

（1）打开附盘文件“\dwg\第12章\3.dwg”，如图12-3所示。

（2）用设计中心显示图形文件“螺栓连接件.dwg”中包含的图块。

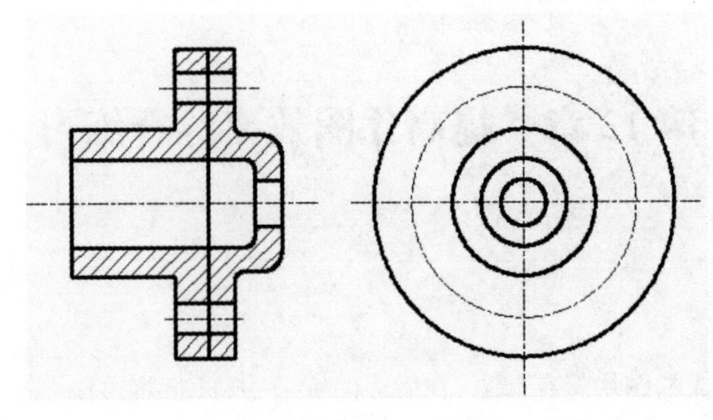

图 12-3

(3)插入所需的图块,并进行必要的编辑,结果如图 12-4 所示。各图块的缩放比例如下。

1)螺栓头:$x$,$y$ 方向的比例因子为 12。

2)螺杆:$x$ 方向的比例因子为 12,$y$ 方向的比例因子为 46。

3)螺母:$x$,$y$ 方向的比例因子为 12。

4)圆垫圈:$x$,$y$ 方向的比例因子为 12。

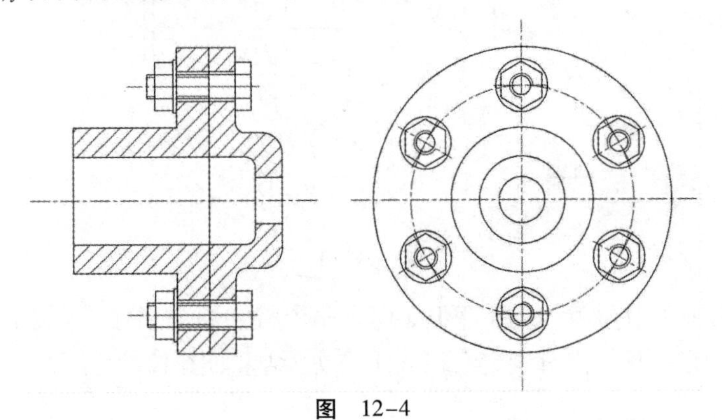

图 12-4

**【练习 4】**插入标准件块。

操作步骤提示

(1)打开附盘文件"\dwg\第 12 章\4. dwg",如图 12-5 所示。

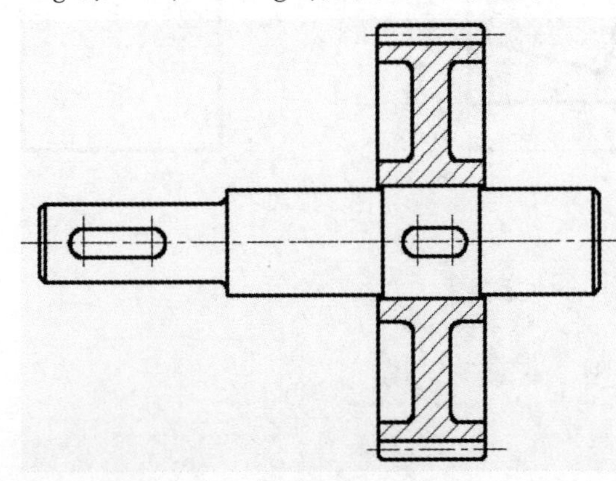

图 12-5

(2) 使用“INSERT”命令插入图形文件“轴承.dwg”和“轴套.dwg”，再进行必要的编辑，结果如图 12-6 所示。各图块的缩放比例如下。

1) 轴承：$x$，$y$ 方向的比例因子为 27。

2) 长轴套：$x$ 方向的比例因子为 40，$y$ 方向的比例因子为 70。

3) 短轴套：$x$ 方向的比例因子为 25，$y$ 方向的比例因子为 70。

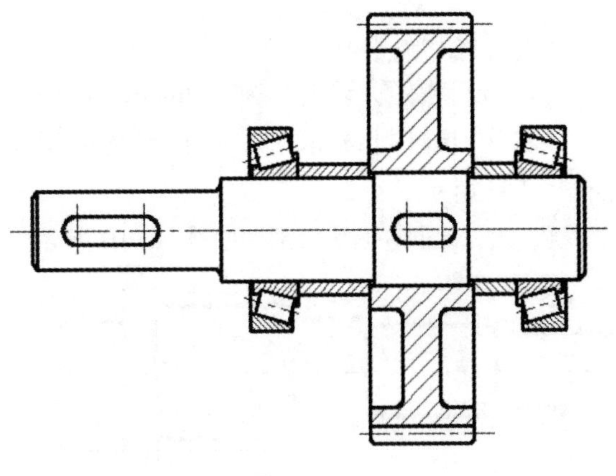

图　12-6

## 三、使用结构要素图块快速生成图形

【练习 5】将图 12-7 所示的结构要素创建成图块，并设定各图块的插入点分别为 A，B，C 和 D 点，然后把图形保存到文件中，文件名为“结构要素.dwg”。

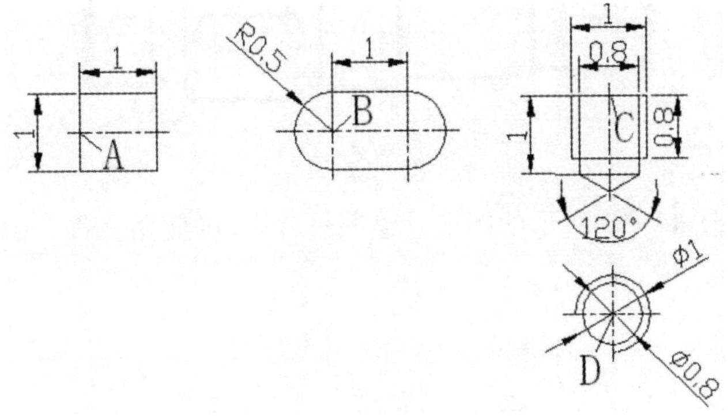


图　12-7

【练习 6】绘制如图 12-8 所示的图形。

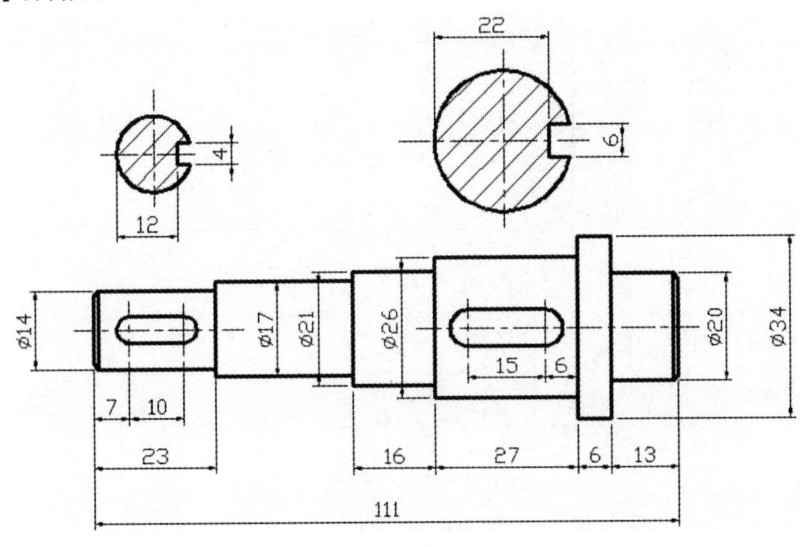


图　12-8

操作步骤提示

(1)设置作图区域大小为160mm×100mm,再设定全局线型比例因子为0.2。

(2)用设计中心显示图形文件“结构要素.dwg”中包含的图块,然后插入图块“轴段”,结果如图12-9所示。

(3)插入图块“槽”,结果如图12-10所示。

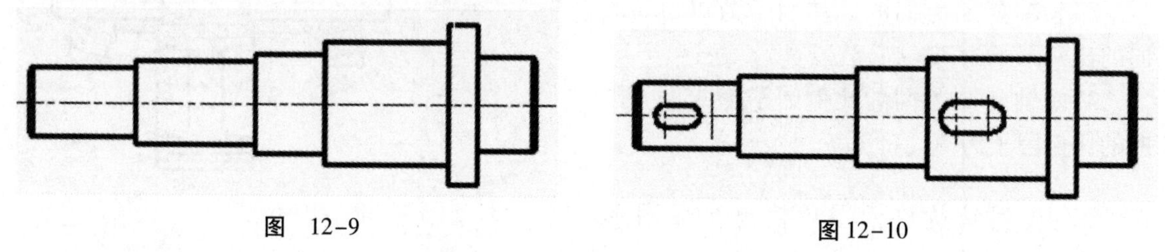

图 12-9　　　图 12-10

(4)使用“EXPLODE”命令分解图块“槽”,再用“STRETCH”命令调整键槽长度方向的尺寸,结果如图12-11所示。

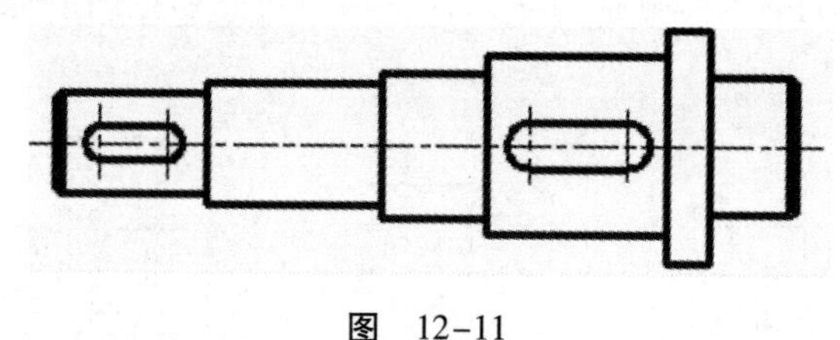

图 12-11

**【练习7】**绘制如图12-12所示的图形。绘图过程中,可使用文件“结构要素.dwg”中已定义的图块来构造图样。

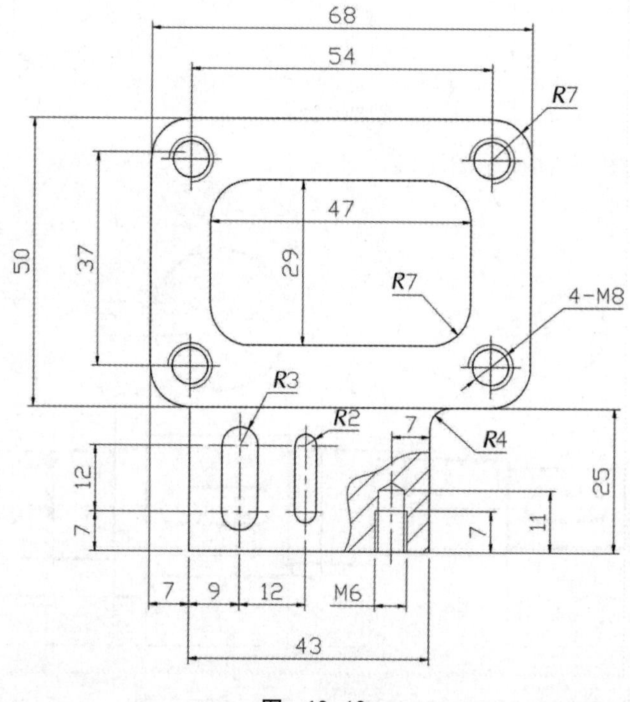


图 12-12

## 四、块的更新与替换

**【练习 8】**打开附盘文件“\dwg\第 12 章\8. dwg”，该文件中已包含了图块“螺钉头”。请重新定义此图块，将图 12-13 中的左图修改为右图。

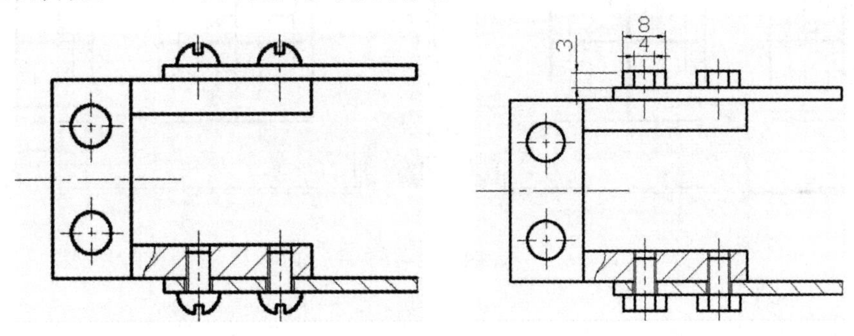


图　12-13

**【练习 9】**打开附盘文件“\dwg\第 12 章\9. dwg”，如图 12-14 所示。该图中已包含图块“桌、椅及计算机”，请用一个简单的图块将其替换。

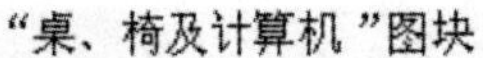


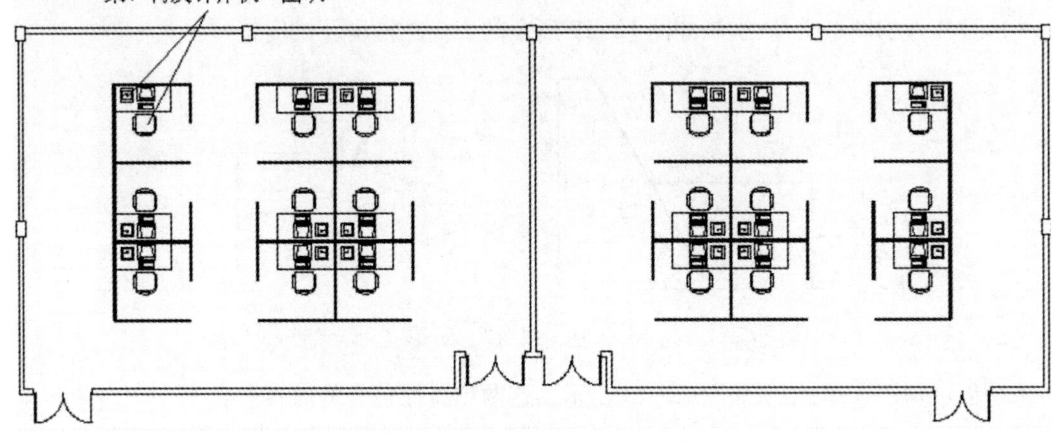

图　12-14

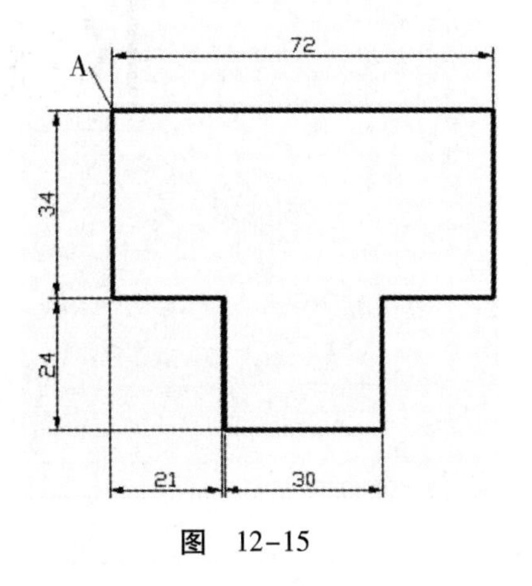


图　12-15

操作步骤提示

(1)在图 12-14 所示的图形中绘制如图 12-15 所示的线框，然后用“WBLOCK”命令将此线框写入文件“Newblock. dwg”中，并定义该文件的插入点为 A。

(2)用文件“Newblock. dwg”替换图块“桌、椅及计算机”，结果如图 12-16 所示。

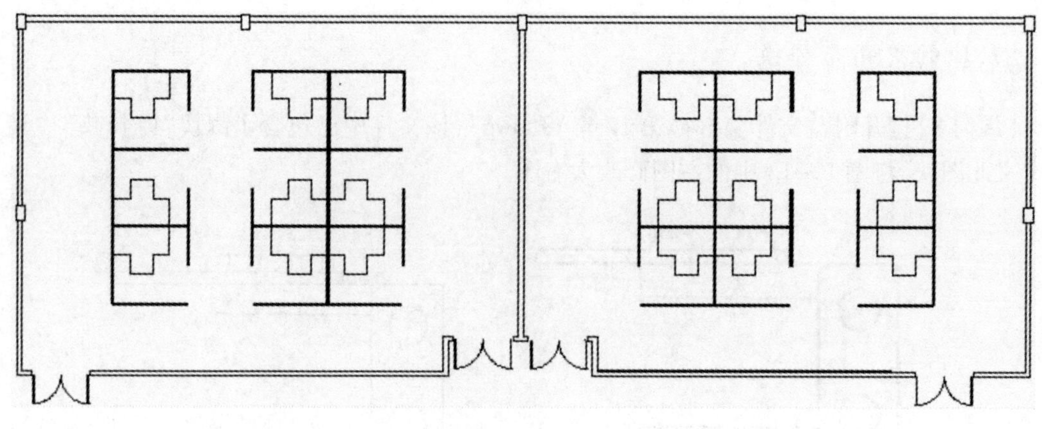

图 12-16

## 五、实体属性的应用

**【练习 10】**应用实体属性。

操作步骤提示

(1)建立新的图形文件,绘制如图 12-17 所示的表面粗糙度及锥度符号。

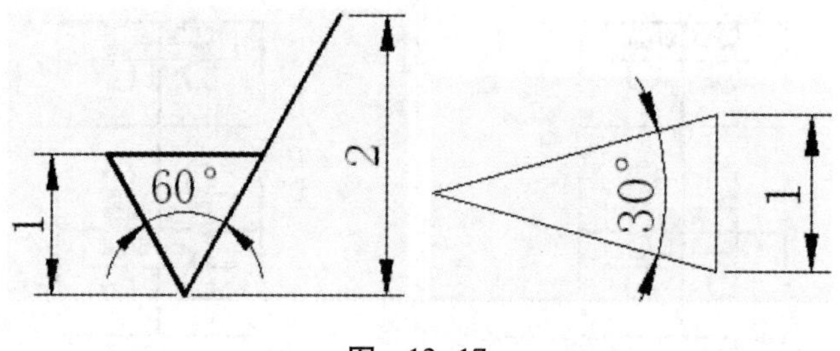


图 12-17

(2)创建属性 A,B,结果如图 12-18 所示。这两项属性包含的内容见表 12-1。

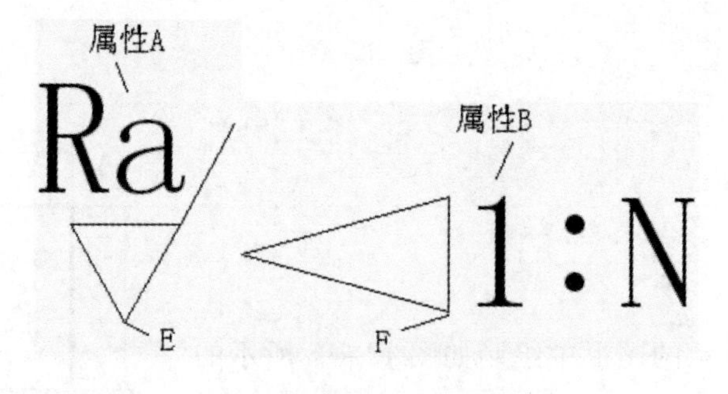


图 12-18

**表 12-1 属性包含的内容**

| 项 目 | 标 记 | 提 示 | 值 |
|---|---|---|---|
| 属性 A | Ra | 粗糙度值 | 12.5 |
| 属性 B | 1:N | 锥度值 | 1:10 |

(3)将表面粗糙符号与属性 A 一起生成图块“粗糙度”,再把锥度符号与属性 B 一起生成图块“锥度”,这两个图块的插入点分别是 E,F 点,然后保存文件。

(4)打开附盘文件“\dwg\第 12 章\10. dwg”,使用已创建的图块标注此图形,结果如图 12-19 所示。

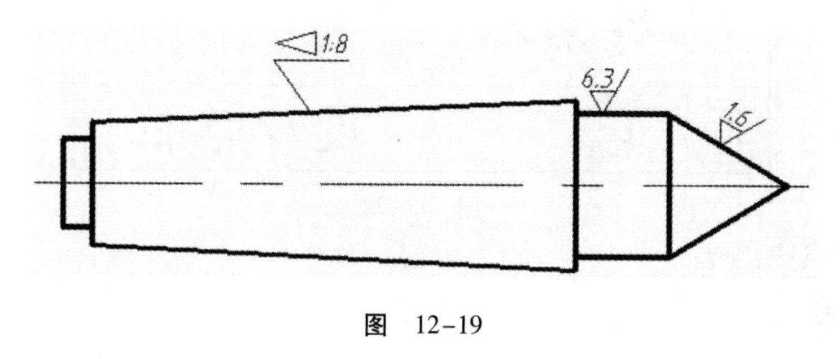


图　12-19

**【练习 11】**设计标题栏。

**操作步骤提示**

(1)打开附盘文件“\dwg\第 12 章\11. dwg”,在标题栏中创建 A,B,C 和 D 这 4 项属性,各属性的位置如图 12-20 所示。

| 零件名称 | | | 属性 A | 属性 C | |
|---|---|---|---|---|---|
| | | | 属性 B | 属性 D | |
| 设计 | 设计 | | 设计单位 | | |
| 校核 | 校核 | | | | |

图　12-20

(2)创建属性的结果如图 12-21 所示。各属性项目包含的内容见表 12-2。

| 零件名称 | | | 设计 | 比例 | |
|---|---|---|---|---|---|
| | | | 校核 | 材料 | |
| 设计 | 设计 | | 设计单位 | | |
| 校核 | 校核 | | | | |

图　12-21

**表 12-2　属性项目包含的内容**

| 项　目 | 标　记 | 提　示 | 值 |
|---|---|---|---|
| 属性 A | 设计 | 设计人姓名 | 请填写姓名 |
| 属性 B | 校核 | 校核人姓名 | 请填写姓名 |
| 属性 C | 比例 | 绘图比例 | 请填写比例 |
| 属性 D | 材料 | 零件材料 | 请填写材料 |

(3)使用“BASE”命令定义图形的插入基点为 A 点,然后保存文件。

(4)建立一个新文件,在此文件中插入已生成的标题栏,并填写属性信息,结果如图 12-22 所示。

<table>
<tr><td colspan="3" rowspan="2">零件名称</td><td>比例</td><td>1:2</td><td rowspan="2"></td></tr>
<tr><td>材料</td><td>45</td></tr>
<tr><td>设计</td><td>张强</td><td></td><td colspan="3" rowspan="2">设计单位</td></tr>
<tr><td>校核</td><td>李君</td><td></td></tr>
</table>

图 12-22

【练习 12】设计明细表。

操作步骤提示

(1)绘制如图 12-23 所示的图形,并创建“序号”“名称”“数量”“材料”和“备注”等属性项目,然后将图形与属性一起定制成图块。

| 序　号 | 名　称 | 数　量 | 材　料 | 备　注 |
|---|---|---|---|---|

图 12-23

(2)插入已创建的图块,生成如图 12-24 所示的明细表。

| 6 | 泵轴 | 1 | 45 | |
|---|---|---|---|---|
| 5 | 垫圈 B12 | 2 | A3 | GB97-76 |
| 4 | 螺母 M12 | 8 | 45 | GB58-76 |
| 3 | 内转子 | 1 | 40Cr | |
| 2 | 外转子 | 1 | 40Cr | |
| 1 | 泵体 | 1 | HT25-47 | |
| 序号 | 名称 | 数量 | 材料 | 备注 |

图 12-24

## 六、动态块

【练习 13】打开附盘文件“\dwg\第 12 章\13. dwg”,如图 12-25 所示。将图中的 M12 螺栓尺寸定制成动态块,螺栓尺寸 $L$ 是可变动的,可通过查询参数的方式确定。尺寸 $L$ 的系列值分别为 45mm,50mm,55mm,60mm 和 65mm。

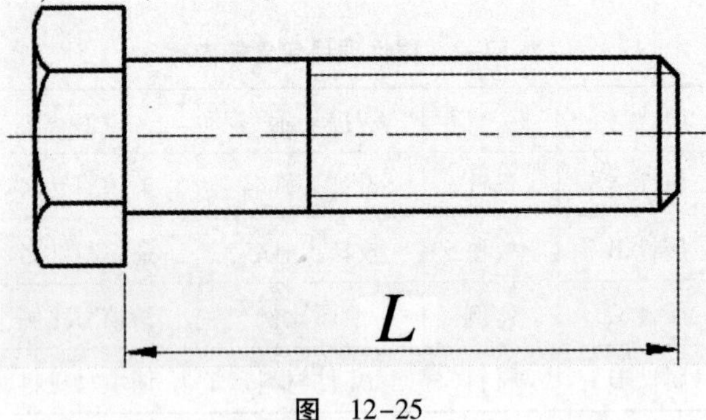


图 12-25

【练习 14】打开附盘文件“\dwg\第 12 章\14. dwg”，如图 12-26 所示。将图中的六角头螺母定制成动态块，螺母尺寸 $e$，$m$ 是可变动的，其取值范围见表 12-3。

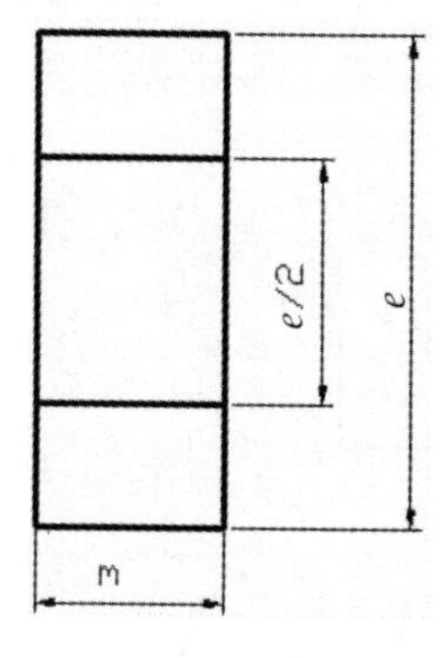


图　12-26

表 12-3　尺寸 $e$，$m$ 的取值范围

| 螺母规格 | $e$ | $m$ |
| --- | --- | --- |
| M3 | 6.01 | 2.4 |
| M6 | 11.05 | 5.2 |
| M12 | 20.03 | 10.8 |

【练习 15】打开附盘文件“\dwg\第 12 章\15. dwg”，如图 12-27 所示。将图中的表面粗糙度代号定制成动态块。当使用该块时，要求粗糙度值可变动，且粗糙度代号能自动与标注对象对齐。

【练习 16】打开附盘文件“\dwg\第 12 章\16. dwg”，如图 12-28 所示。将图中的轴线编号定制成动态块。当使用该块时，要求编号值可变动，且能调整引线的方向。

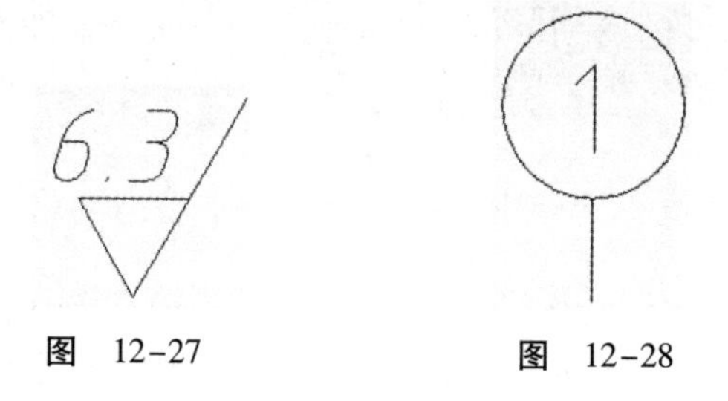


图　12-27　　　　图　12-28

七、组合及拆分装配图

【练习 17】将附盘文件“\dwg\第 12 章”中的“17-1. dwg”“17-2. dwg”“17-3. dwg”“17-4. dwg”“17-5. dwg”组合成装配图，结果如图 12-29 所示。

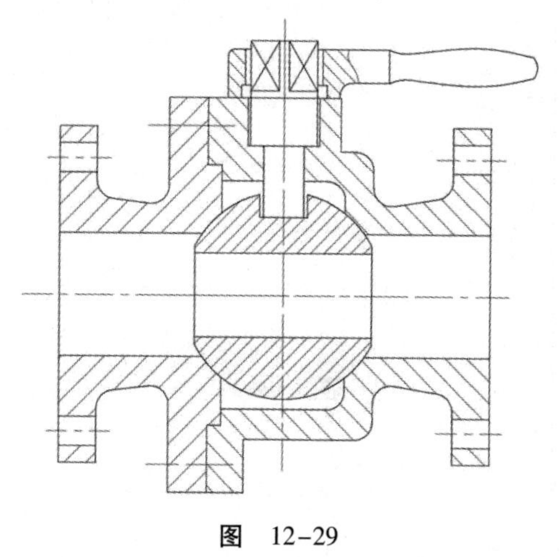

图　12-29

**要点提示**

创建新文件，再打开一个零件图，然后通过剪贴板把零件图复制到新文件中进行“装配”。

**【练习 18】**打开附盘文件“\dwg\第 12 章\18. dwg”，如图 12-30 所示。将此装配图拆绘成零件图。

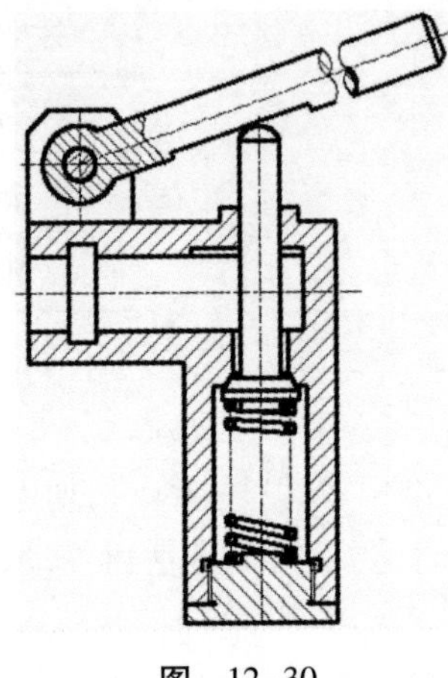

图 12-30

**要点提示**

打开附盘文件“\dwg\第 12 章\18. dwg”，再创建一个新建文件，然后通过剪贴板把装配图中的零件图复制到新文件中。

## 八、通过外部参照构造一个新图样

**【练习 19】**使用“XREF”命令，将附盘文件“\dwg\第 12 章”中的“19-1. dwg”“19-2. dwg”“19-3. dwg”“19-4. dwg”“19-5. dwg”输入到当前图形中，然后将它们组合起来，结果如图 12-31所示。

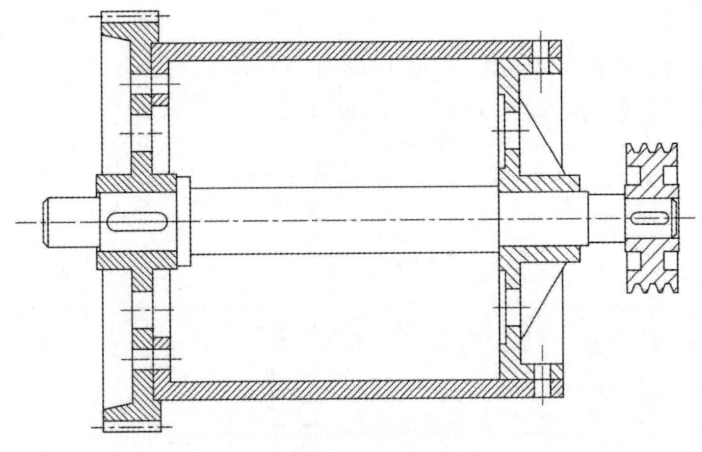

图 12-31

**【练习 20】**引用外部文件。

操作步骤提示

(1)打开附盘文件“\dwg\第 12 章\20-1. dwg”和“\dwg\第 12 章\20-2. dwg”。

(2)创建新文件,然后用“XREF”命令把文件“20-1. dwg”和“20-2. dwg”输入到当前图形中,结果如图 12-32 所示。这两个文件的插入点是(0,0,0),缩放比例为 1 :1。

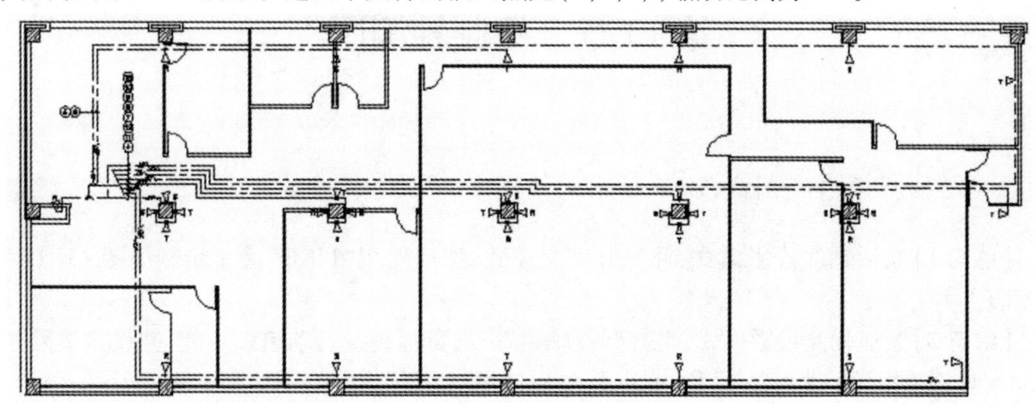

图　12-32

(3)激活图形“20-1. dwg”,并修改此图形,结果如图 12-33 所示,然后保存文件。

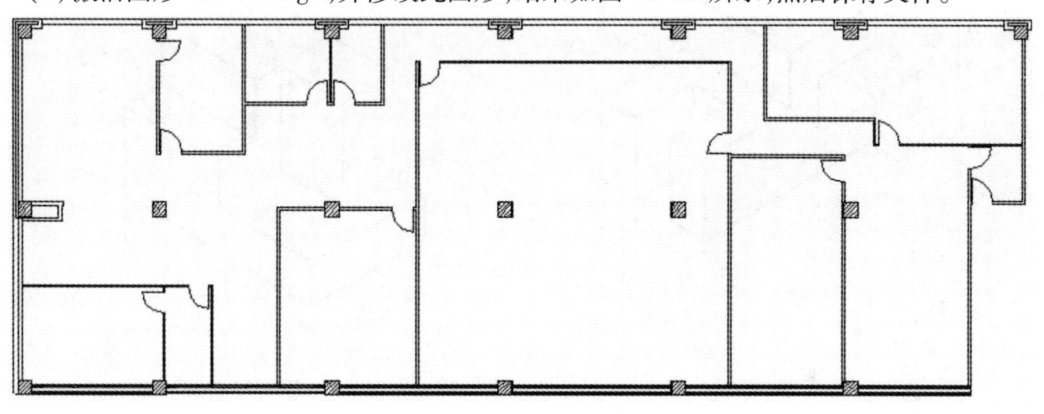

图　12-33

(4)激活新文件,然后更新外部引用文件“20-1. dwg”,结果如图 12-34 所示。

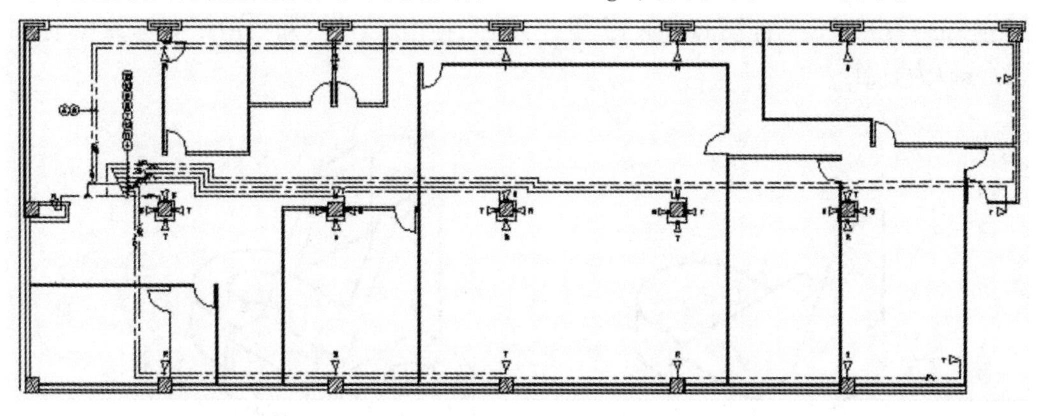

图　12-34

# 第 13 章　绘制轴测图

## 一、在轴测面内绘制线段

【**练习 1**】激活轴测投影模式,并打开正交模式,然后使用“LINE”命令绘制如图 13-1 所示的图形。

【**练习 2**】激活轴测投影模式,再打开极轴追踪、对象捕捉及自动追踪功能,并设定追踪角度为 30°、对象捕捉类型为“端点”和“交点”,然后使用“LINE”命令绘制如图 13-2 所示的图形。

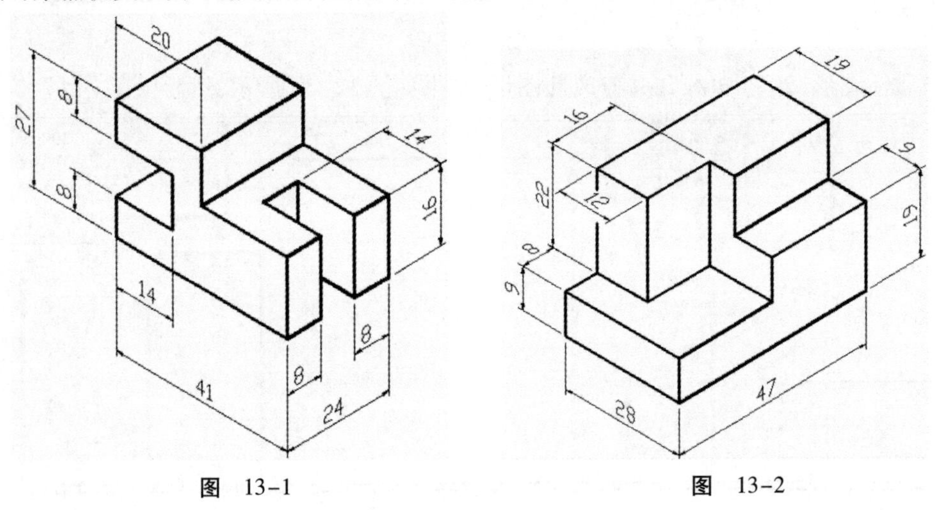


图　13-1　　　　图　13-2

## 二、在轴测面内绘制平行线

【**练习 3**】打开附盘文件“\dwg\第 13 章\3. dwg”,使用“COPY”和“TRIM”命令将图 13-3 中的左图修改为右图。

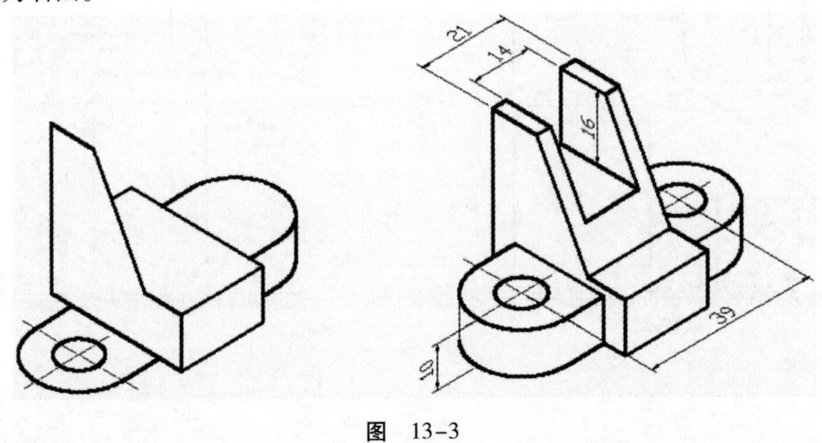


图　13-3

【**练习 4**】使用“LINE”“COPY”和“TRIM”命令绘制如图 13-4 所示的图形。

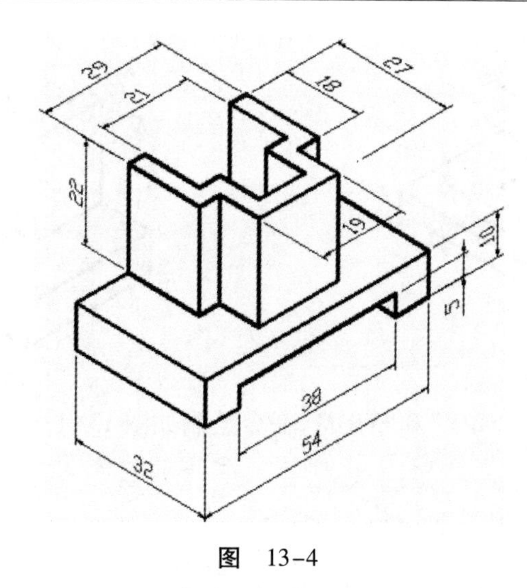


图　13-4

**操作步骤提示**

(1)在左轴测面内绘制矩形的轴测投影 A,结果如图 13-5 所示。

(2)将图形 A 复制到 B 处,结果如图 13-6 所示。

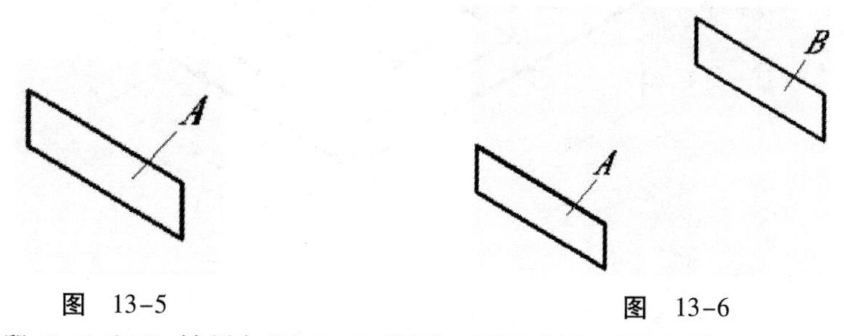


图　13-5　　　　图　13-6

(3)绘制线段 C,D 和 E,结果如图 13-7 所示。再绘制以下平行线。

1)复制线段 E 到 F。

2)复制线段 G 到 H。

3)复制线段 H 到 K。

4)复制线段 M 到 N。

(4)修剪多余线条,结果如图 13-8 所示。

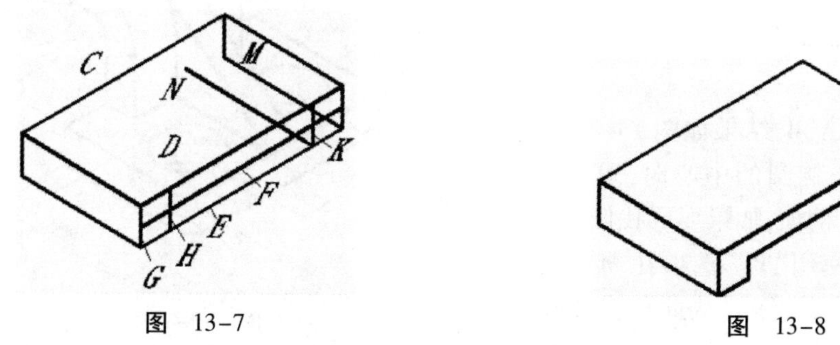


图　13-7　　　　图　13-8

(5)绘制线框 A,并把线框 A 复制到 B 处,结果如图 13-9 所示。

(6)绘制线框 C,再绘制线段 D,E 等,然后修剪多余线条,结果如图 13-10 所示。

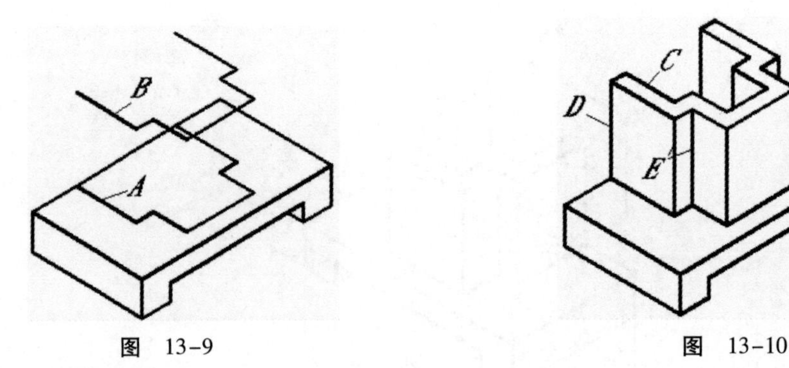


图 13-9　　　　图 13-10

【**练习 5**】使用“LINE”“COPY”和“TRIM”命令绘制如图 13-11 所示的图形。

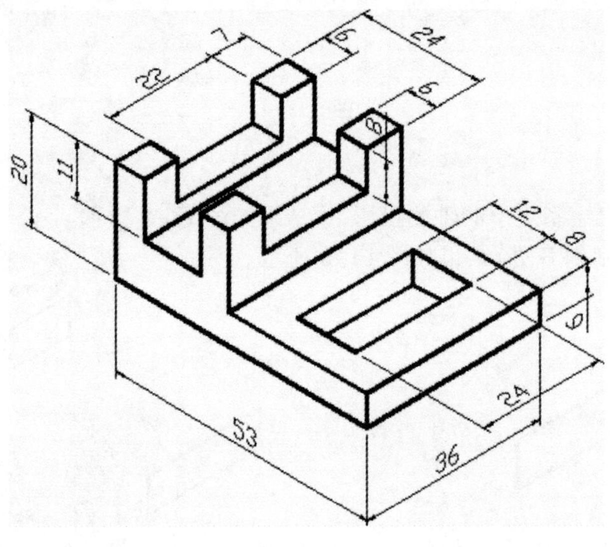


图 13-11

三、绘制圆和圆弧的轴测投影

【**练习 6**】绘制如图 13-12 所示的轴测图。

操作步骤提示

(1)绘制长方形底板的轴测投影,结果如图 13-13 所示。

(2)绘制椭圆 A,B,结果如图 13-14 所示。在确定这两个椭圆的中心时,可采取自动追踪的方法。例如,如果要寻找椭圆 A 的中心点 N,可先使用“TT”选项在 M 点处建立一个临时参考点,然后从此点沿 150°方向追踪找到 N 点。

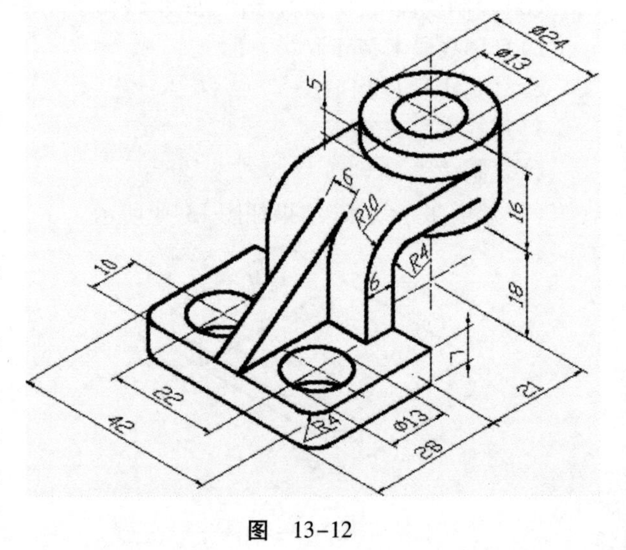


图 13-12

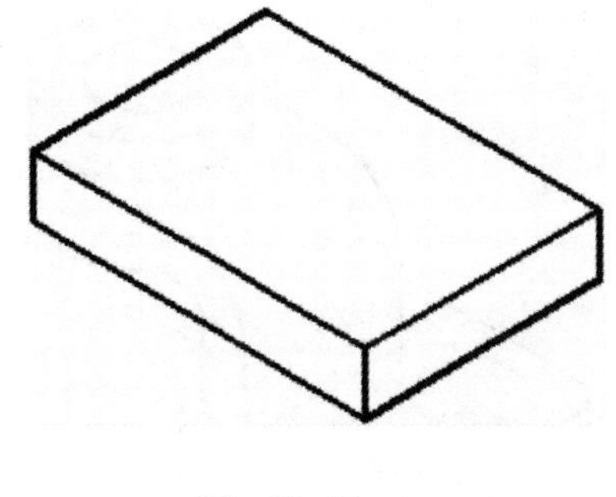

图　13-13

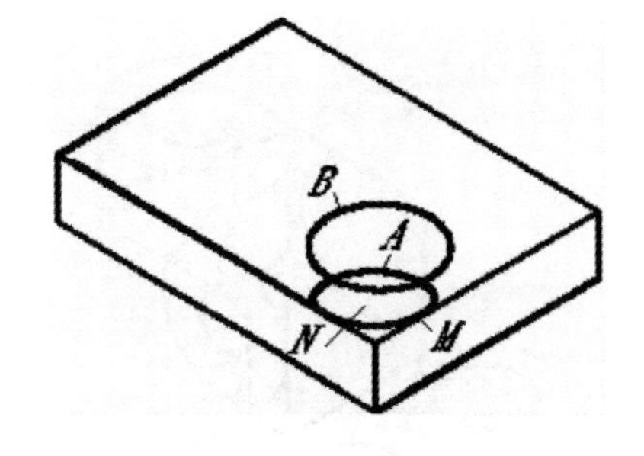


图　13-14

(3)将椭圆 A,B 复制到所需要的位置,结果如图 13-15 所示。

(4)绘制公切线 C,然后修剪多余线条,结果如图 13-16 所示。

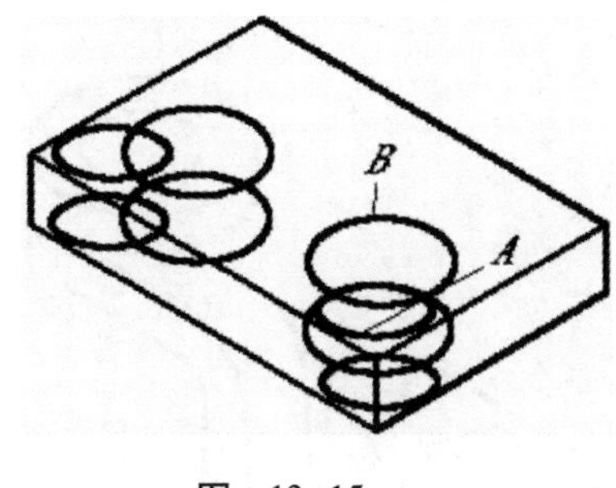


图　13-15

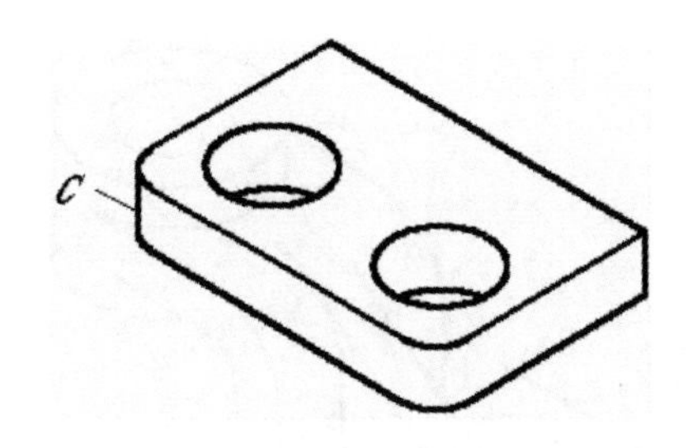


图　13-16

(5)绘制“L”形弯曲板的轴测投影 D,结果如图 13-17 所示。

(6)绘制椭圆 E,F 和 G,结果如图 13-18 所示。

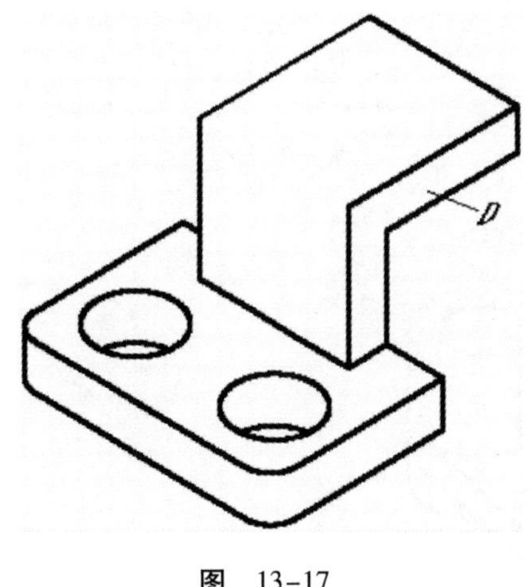


图　13-17

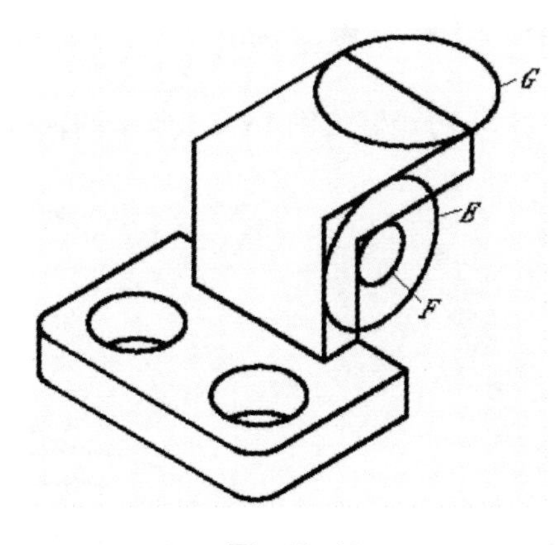


图　13-18

(7)将椭圆 E,F 和 G 复制到所需的位置,再绘制公切线 A,B 和椭圆 C,结果如图 13-19 所示。

(8)修剪及删除多余线条,结果如图 13-20 所示。

(9)把椭圆弧 D、线段 E 复制到 F 处,然后绘制切线 G、平行线 H,结果如图 13-21 所示。

(10)修剪多余线条,结果如图 13-22 所示。

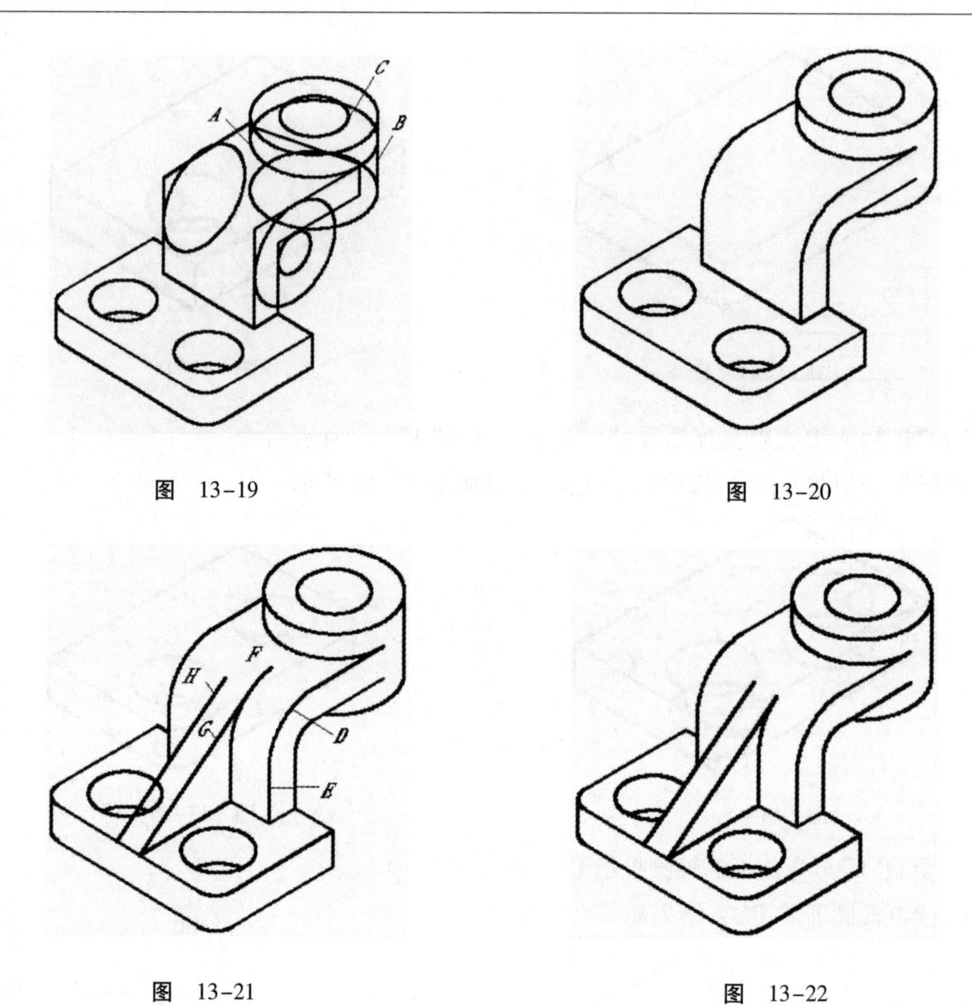


图 13-19　　图 13-20

图 13-21　　图 13-22

【练习 7】绘制如图 13-23 所示的轴测图。

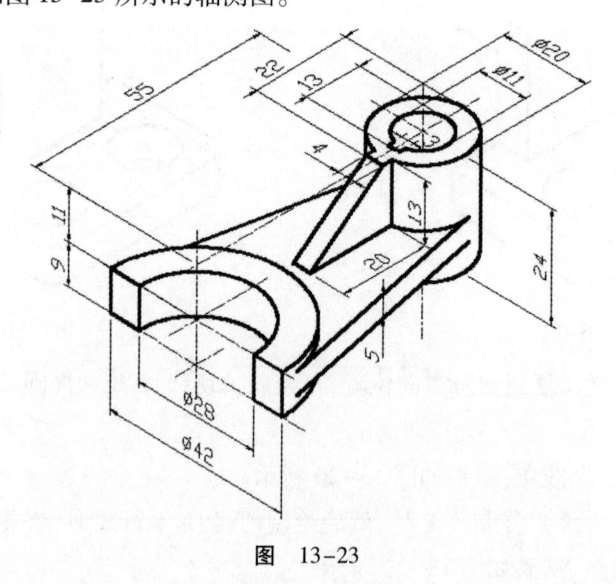


图 13-23

## 四、根据二维视图绘制轴测图

**【练习 8】**根据图 13-24 所示的二维视图绘制零件的正等轴测图。

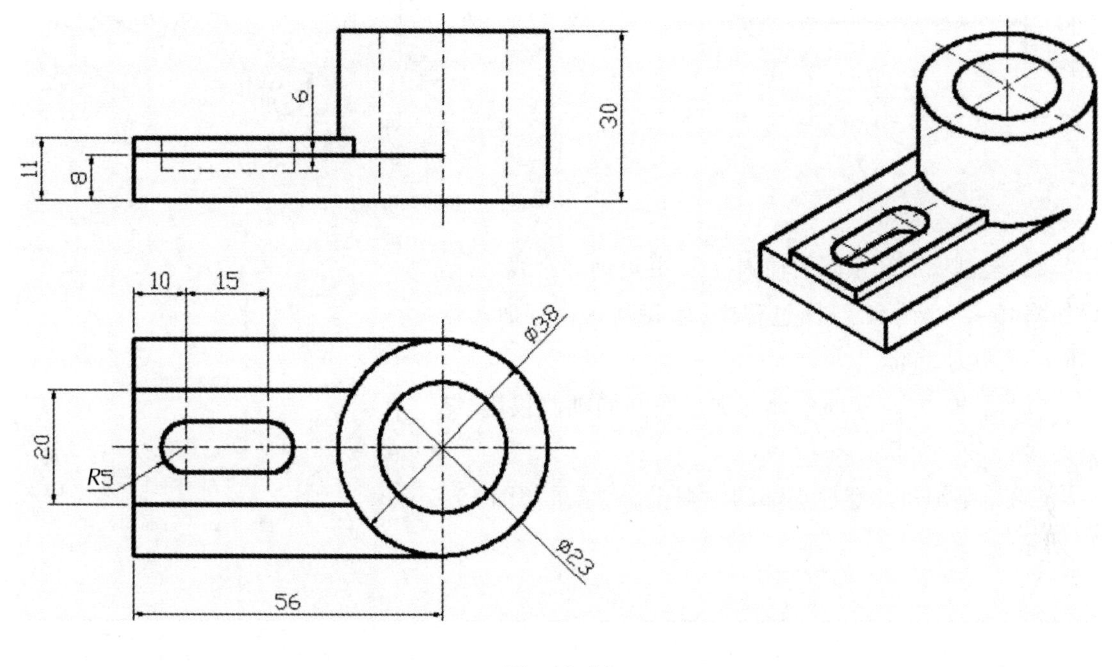


图　13-24

**【练习 9】**根据图 13-25 所示的二维视图绘制零件的正等轴测图。

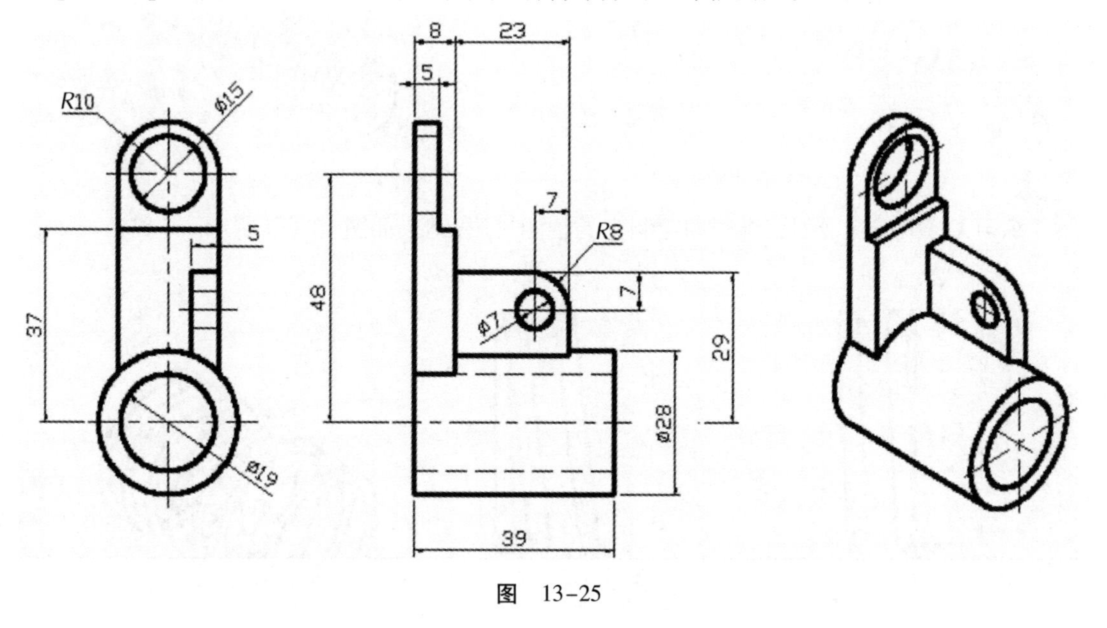


图　13-25

## 五、绘制螺纹及弹簧的轴测投影

**【练习 10】**根据螺栓的二维视图绘制它的轴测投影，结果如图 13-26 所示。

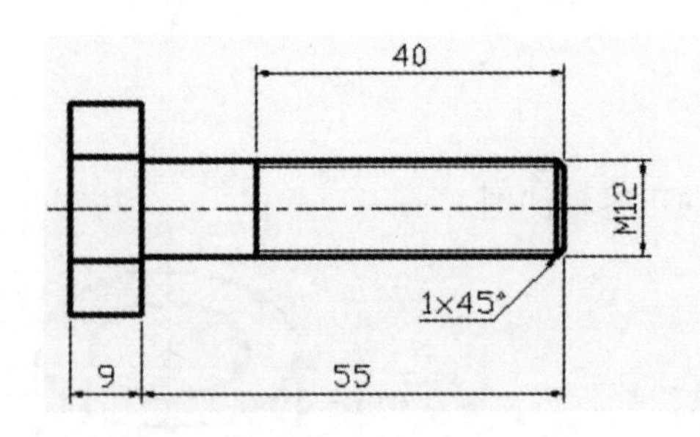

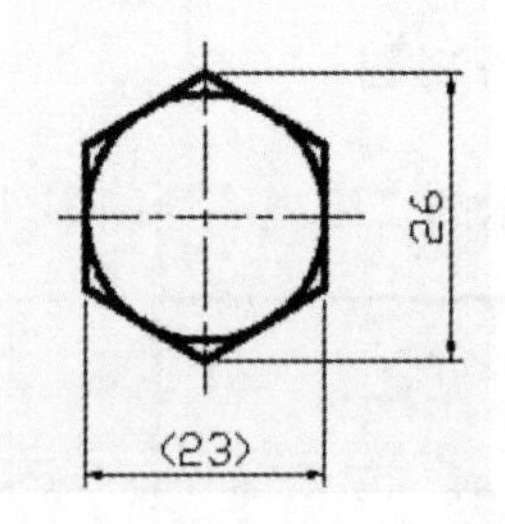

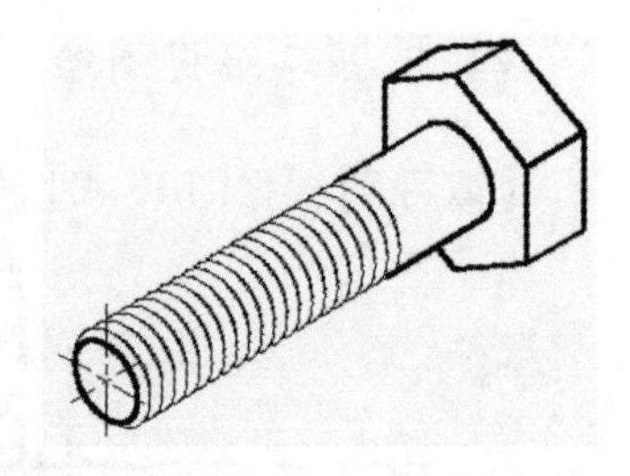

图 13-26

操作步骤提示

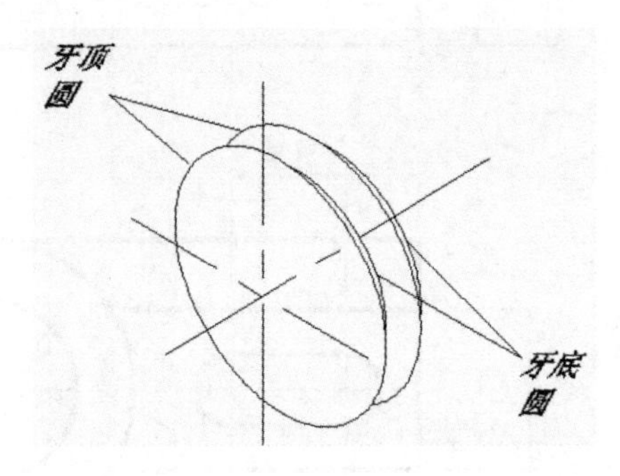


图 13-27

(1)绘制螺纹牙顶圆的轴测投影,并修剪多余线条,结果如图 13-27 所示。绘图过程中,牙底圆直径近似等于10mm,螺距为 2mm。

(2)沿 30°方向阵列牙顶圆和牙底圆的轴测投影,结果如图 13-28 所示。

(3)绘制倒角及螺栓头部的轴测投影,结果如图 13-29 所示。

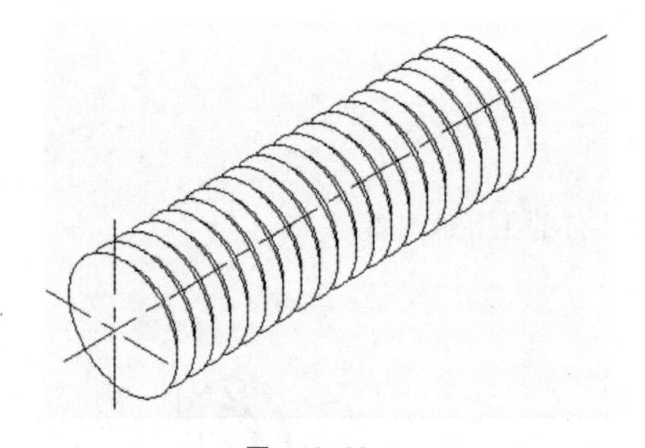

图 13-28

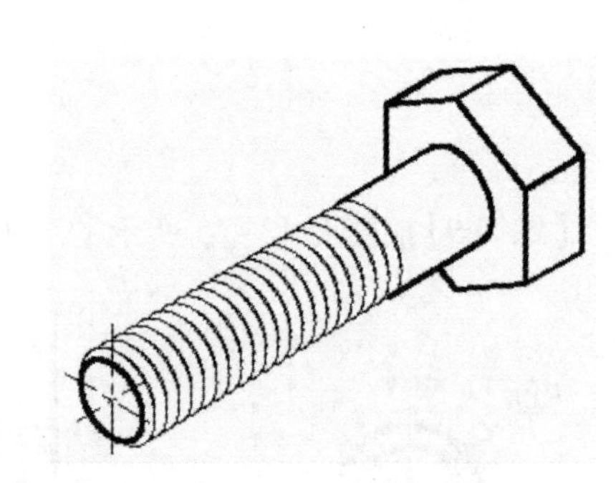

图 13-29

【练习 11】根据弹簧的二维视图绘制它的轴测投影,结果如图 13-30 所示。

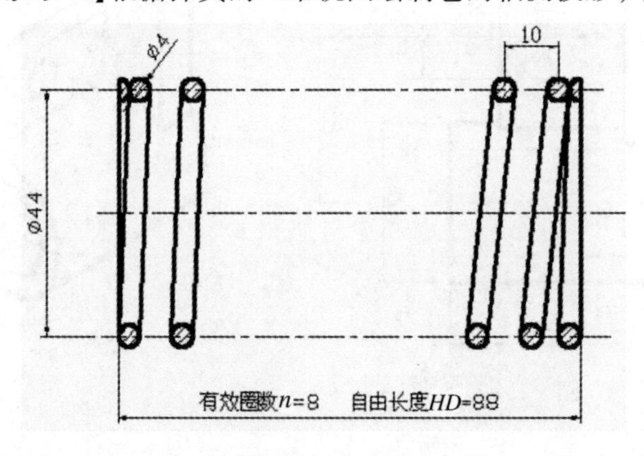

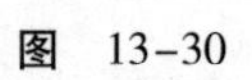

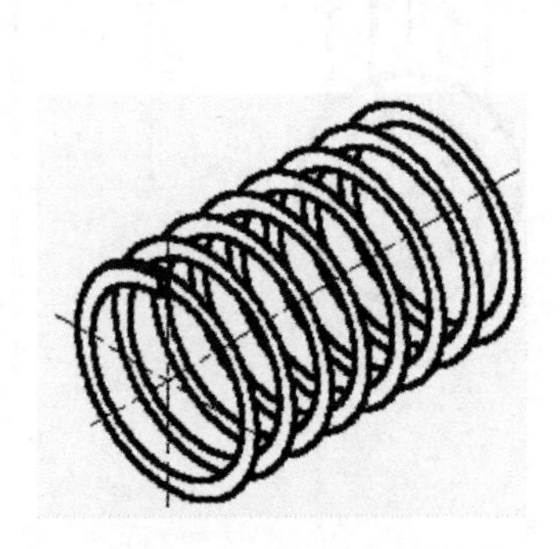

图 13-30

操作步骤提示

(1)绘制弹簧外径圆及内径圆的轴测投影,结果如图 13-31 所示。

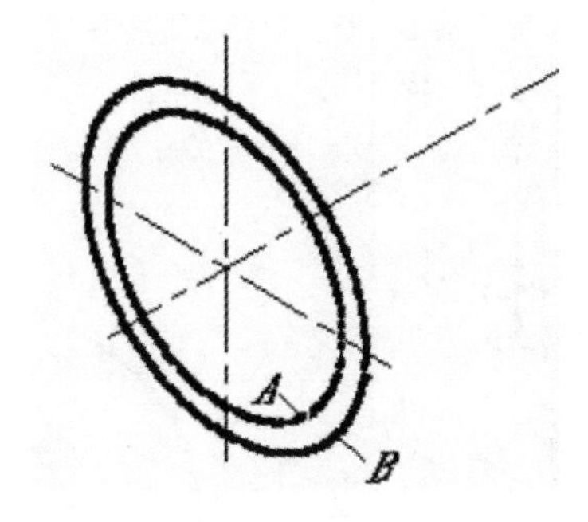


图　13-31

(2)将椭圆 A,B 沿 30°方向阵列,然后修剪多余线条,结果如图 13-32 所示。

(3)绘制弹簧端部的细节,结果如图 13-33 所示。

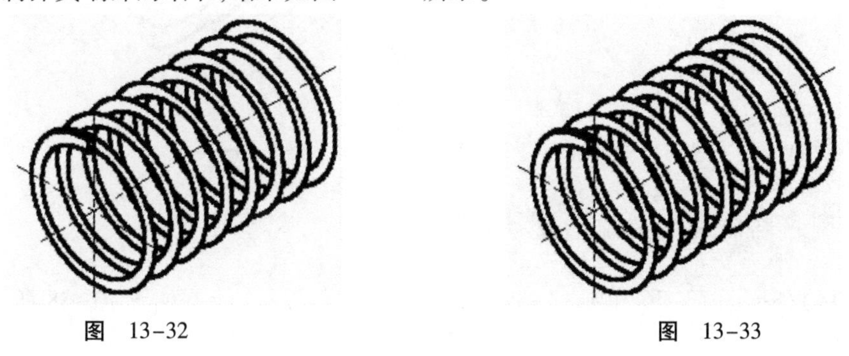

图　13-32　　　　图　13-33

## 六、绘制轴测剖视图

【练习 12】绘制如图 13-34 所示的轴测剖视图。

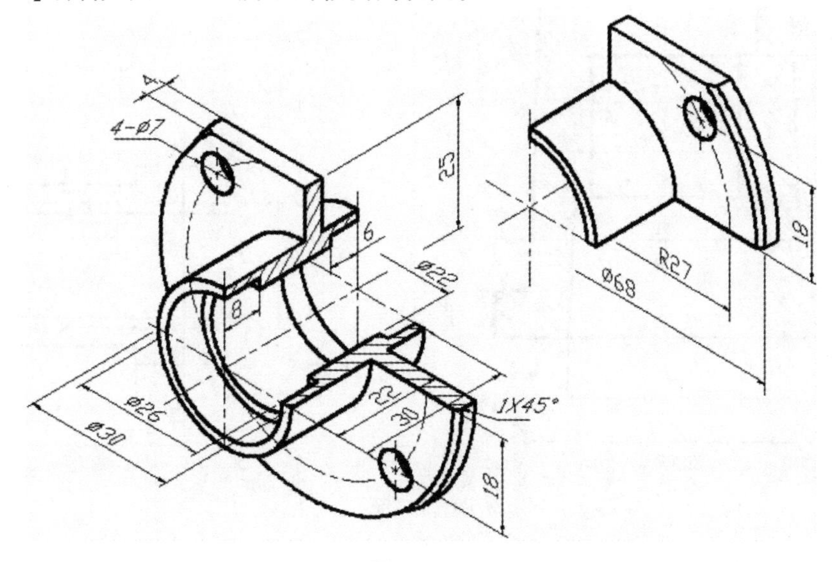


图　13-34

【练习 13】绘制如图 13-35 所示的轴测剖视图。

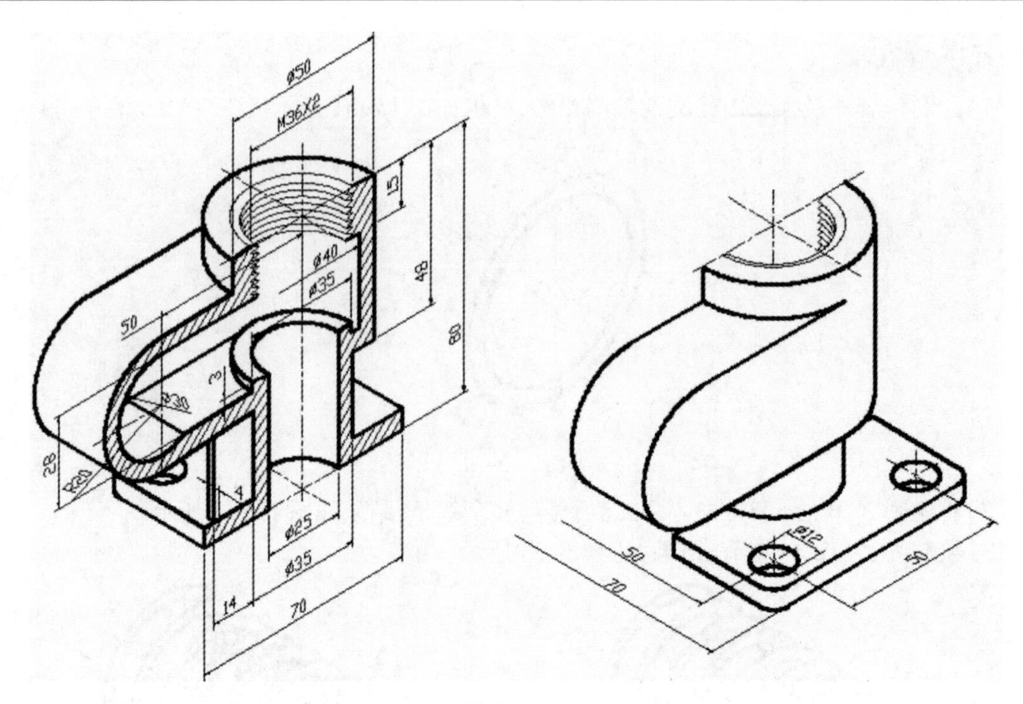


图 13-35

## 七、绘制产品的轴测装配图及分解图

**【练习 14】**根据图 13-36 和图 13-37 所示零件的二维视图,绘制如图 13-38 所示的轴测装配图。

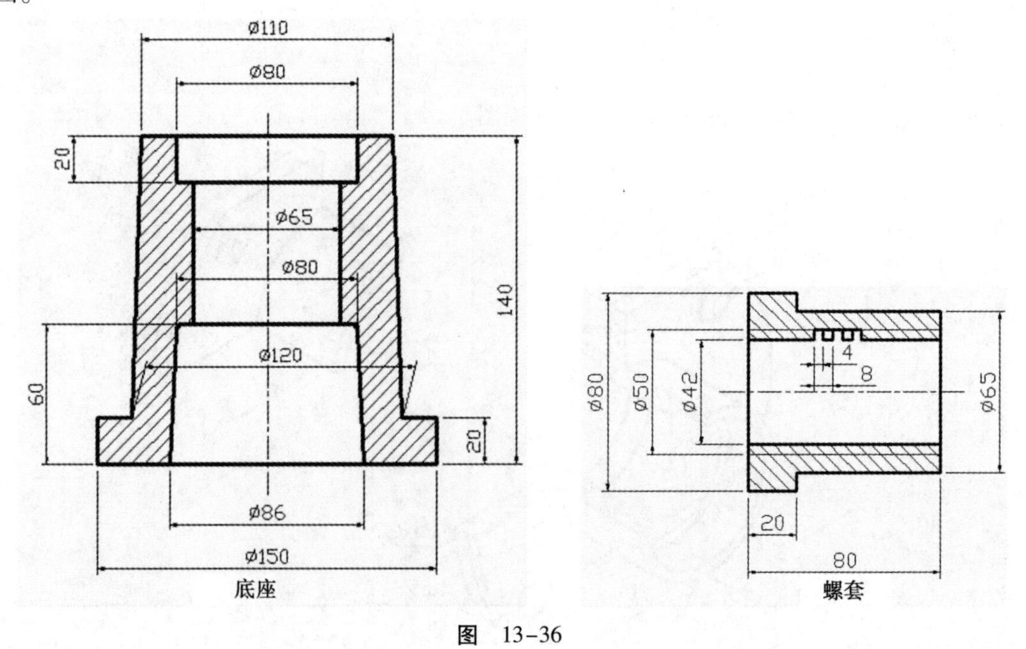


图 13-36

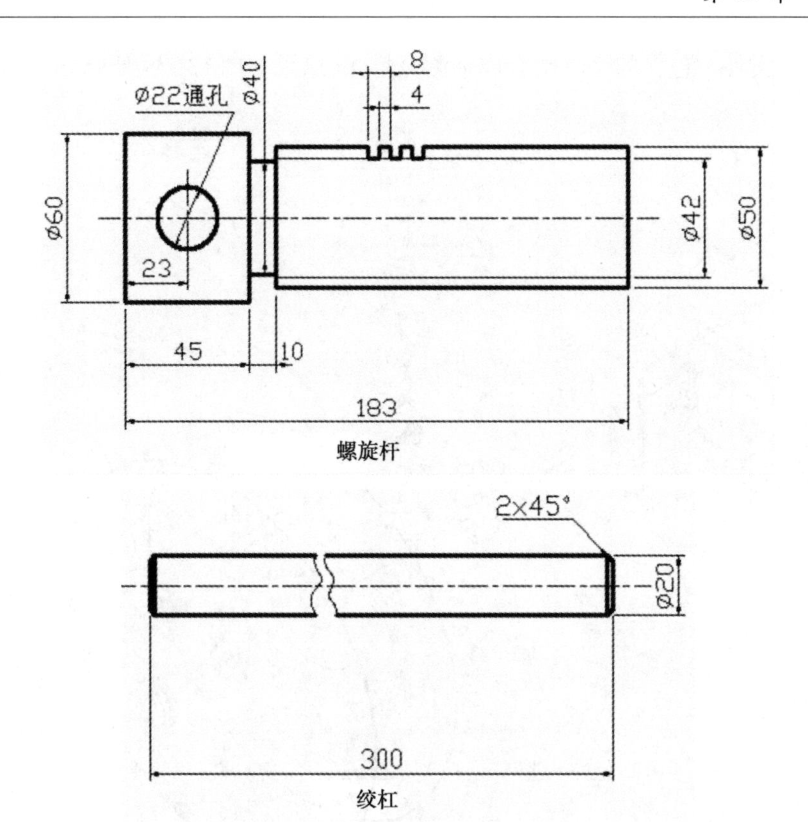


图　13-37

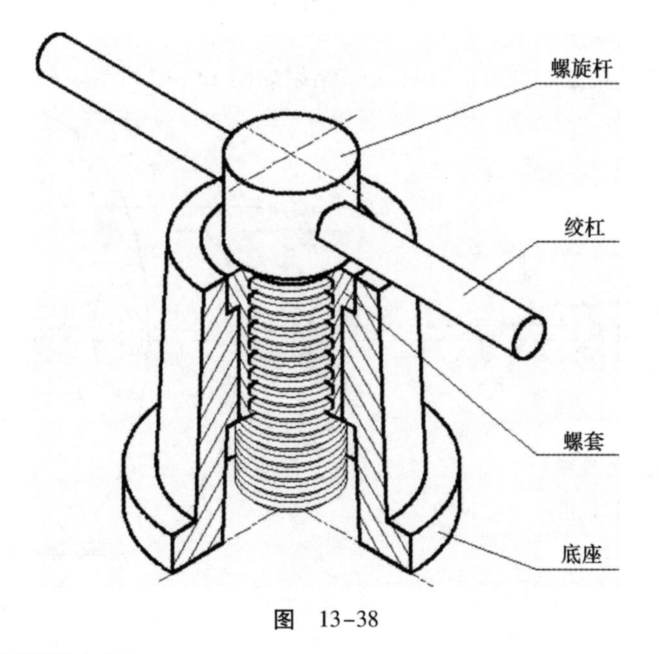


图　13-38

【**练习 15**】绘制轴测分解图。

操作步骤提示

(1)打开附盘文件"\dwg\第 13 章\15. dwg"。

(2)将图形文件中包含的零件组合成轴测分解图,结果如图 13-39 所示。

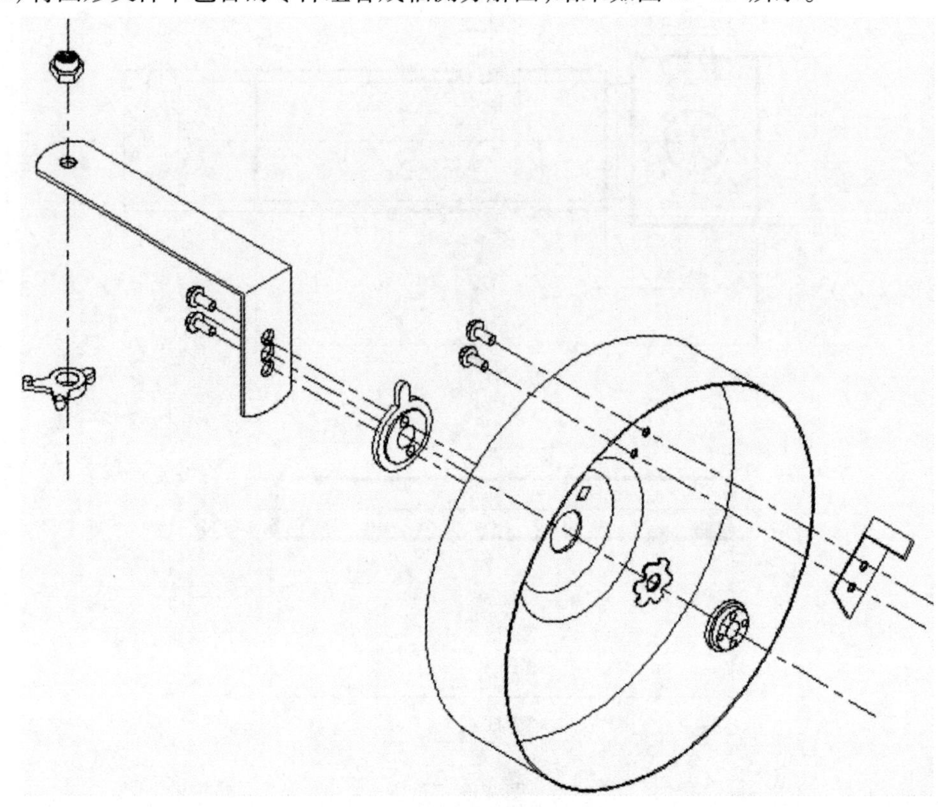

图 13-39

(3)把轴测分解图按逆时针方向旋转 30°,结果如图 13-40 所示。

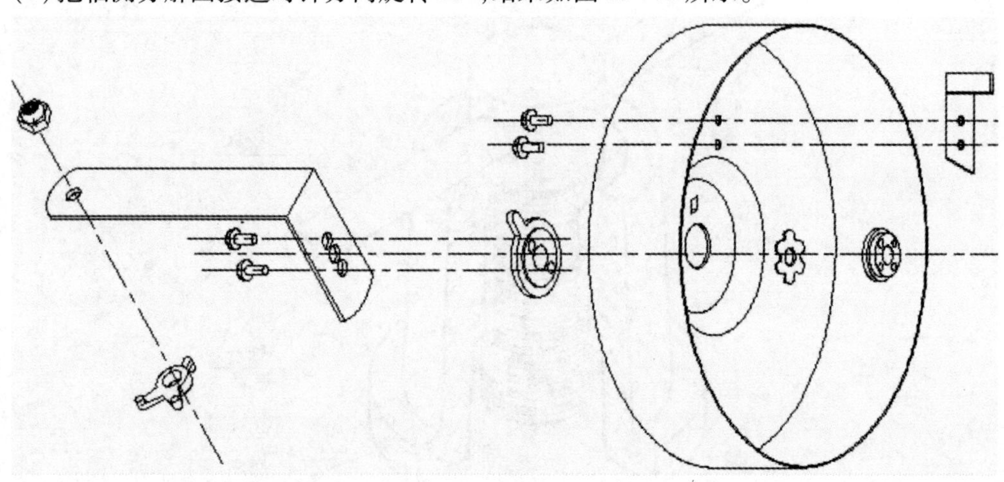

图 13-40

## 八、轴测图尺寸标注

**【练习 16】**打开附盘文件"\dwg\第 13 章\16. dwg",标注该图样,结果如图 13-41 所示。

**【练习 17】**打开附盘文件"\dwg\第 13 章\17. dwg",标注该图样,结果如图 13-42 所示。

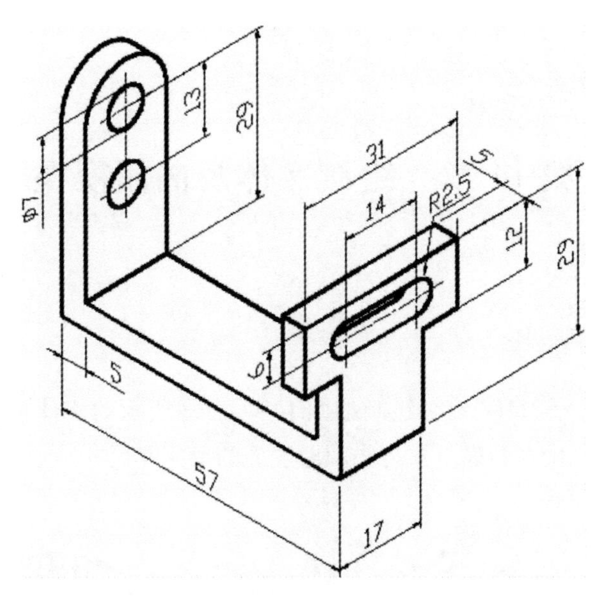
13
29
31
5
Φ7
14
R2.5
12
29
6
5
57
17

图　13-41

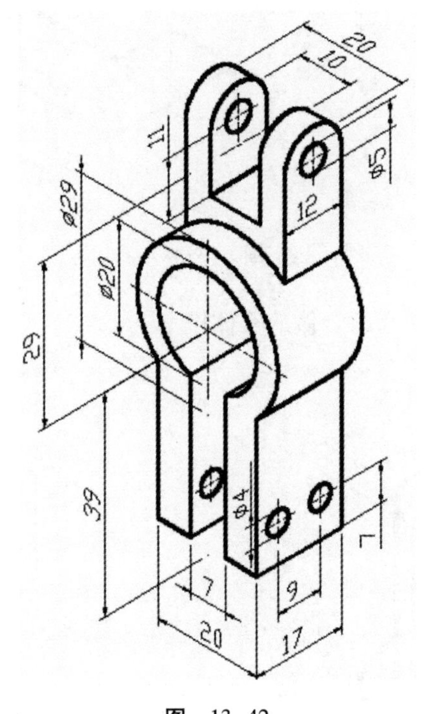
20
10
11
Φ5
Ø29
12
Ø20
29
39
Φ4
7
7
9
20
17

图　13-42

# 第14章　绘制实体及曲面模型

## 一、绘制基本三维实体

**【练习1】**使用“POLYSOLID”命令绘制如图14-1右图所示的实体模型。设置模型高度为500mm,厚度为30mm,其中左图表示模型中间厚度处的形状和尺寸。

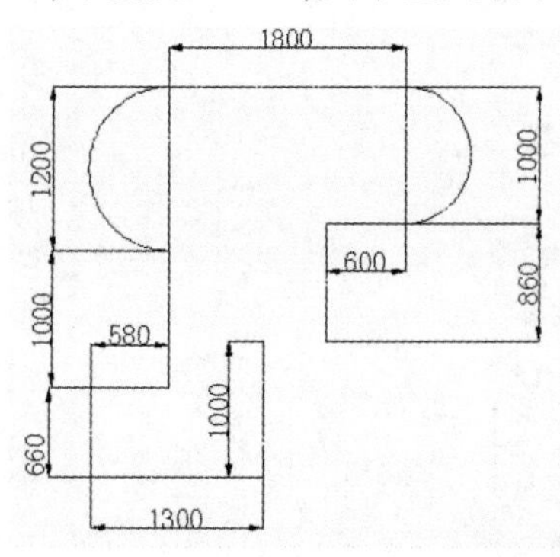

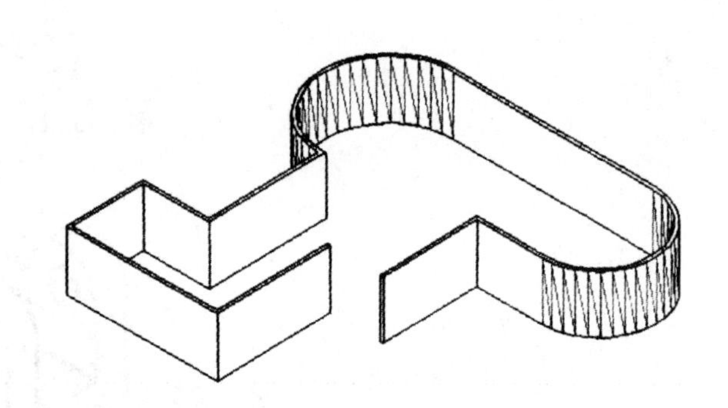

图　14-1

**【练习2】**绘制如图14-2所示组合体的实体模型。

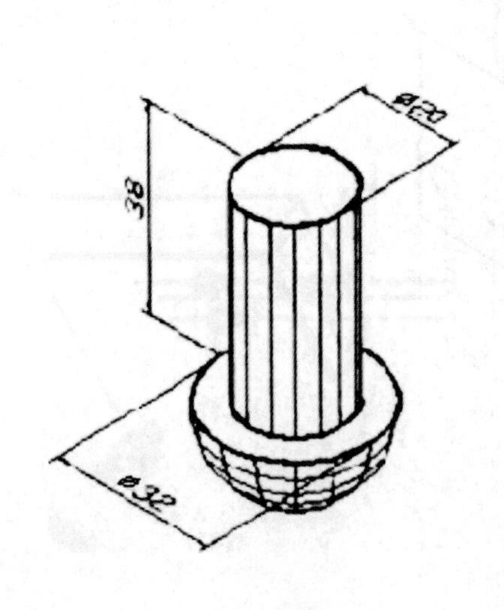

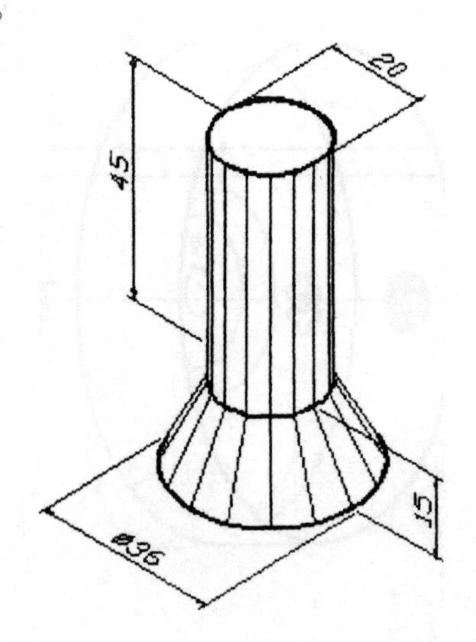


图　14-2

**【练习3】**绘制如图14-3所示组合体的实体模型。

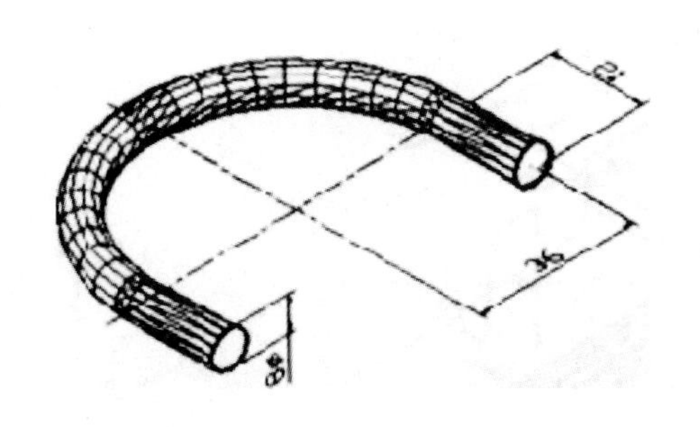

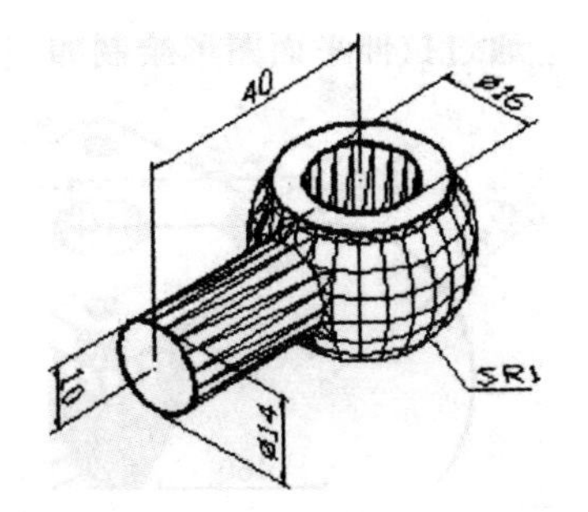


图　14-3

**【练习 4】**绘制如图 14-4 所示组合体的实体模型。

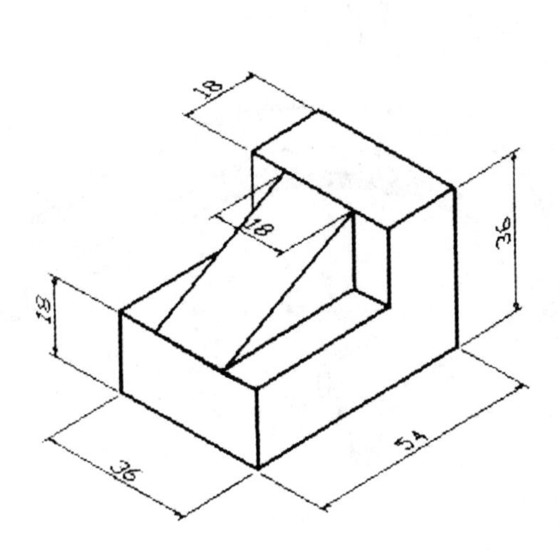

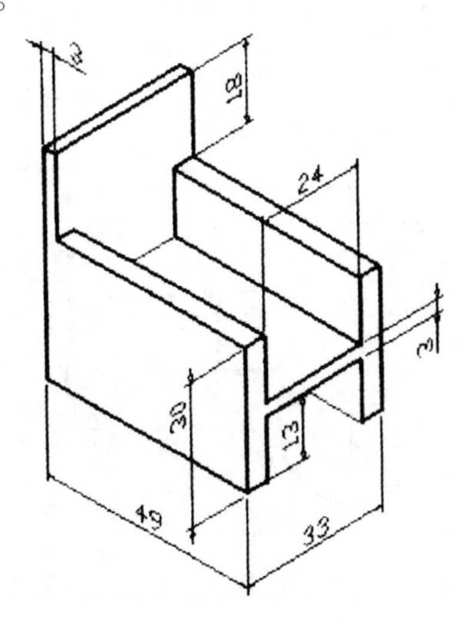


图　14-4

## 二、拉伸二维对象形成实体或曲面

**【练习 5】**通过拉伸平面图形绘制如图 14-5 所示的实体模型。

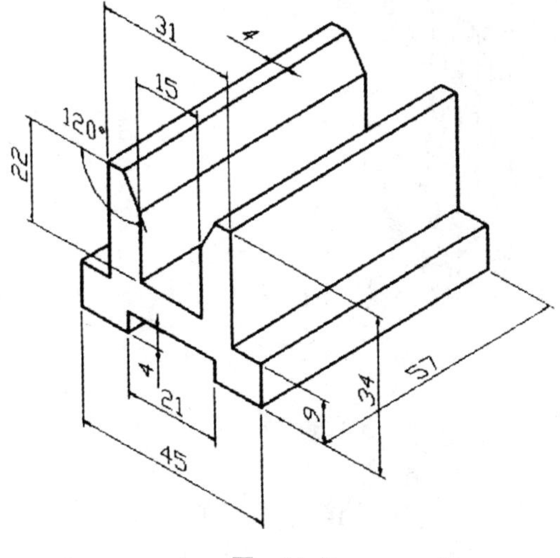


图　14-5

【**练习 6**】通过拉伸平面图形绘制如图 14-6 所示的实体模型。

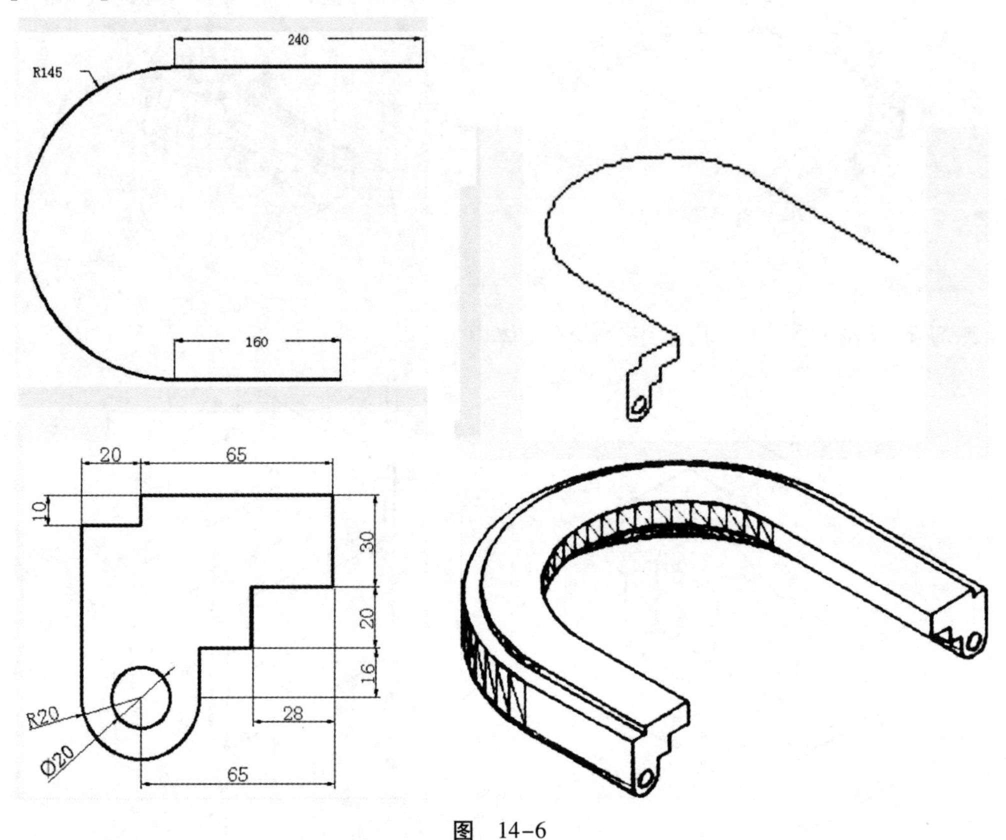


图 14-6

【**练习 7**】通过拉伸平面图形绘制如图 14-7 所示的实体模型。

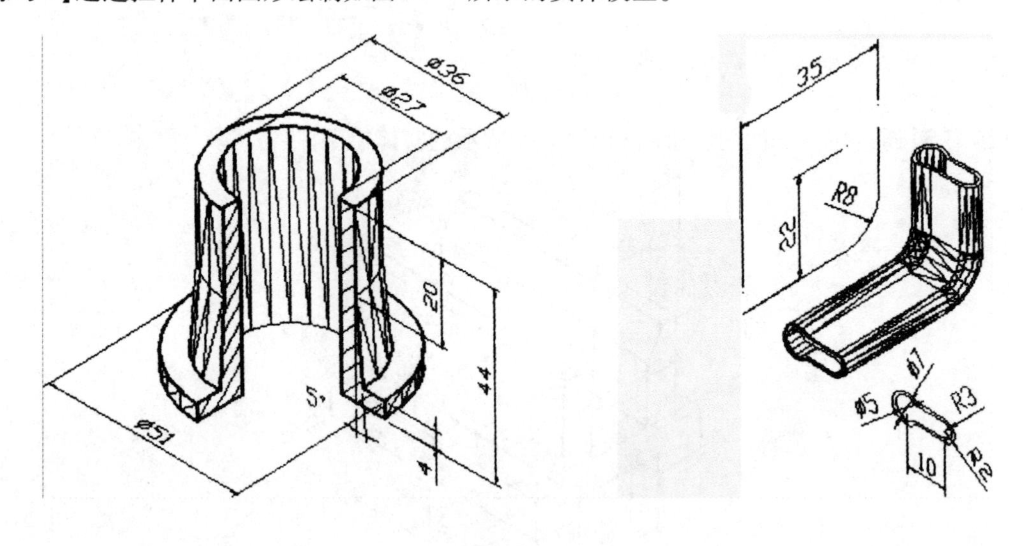


图 14-7

【**练习 8**】通过拉伸平面图形绘制如图 14-8 所示的实体模型。

【**练习 9**】打开附盘文件“\dwg\第 14 章\9. dwg”，使用“EXTRUDE”命令创建如图 14-9 所示的曲面模型。

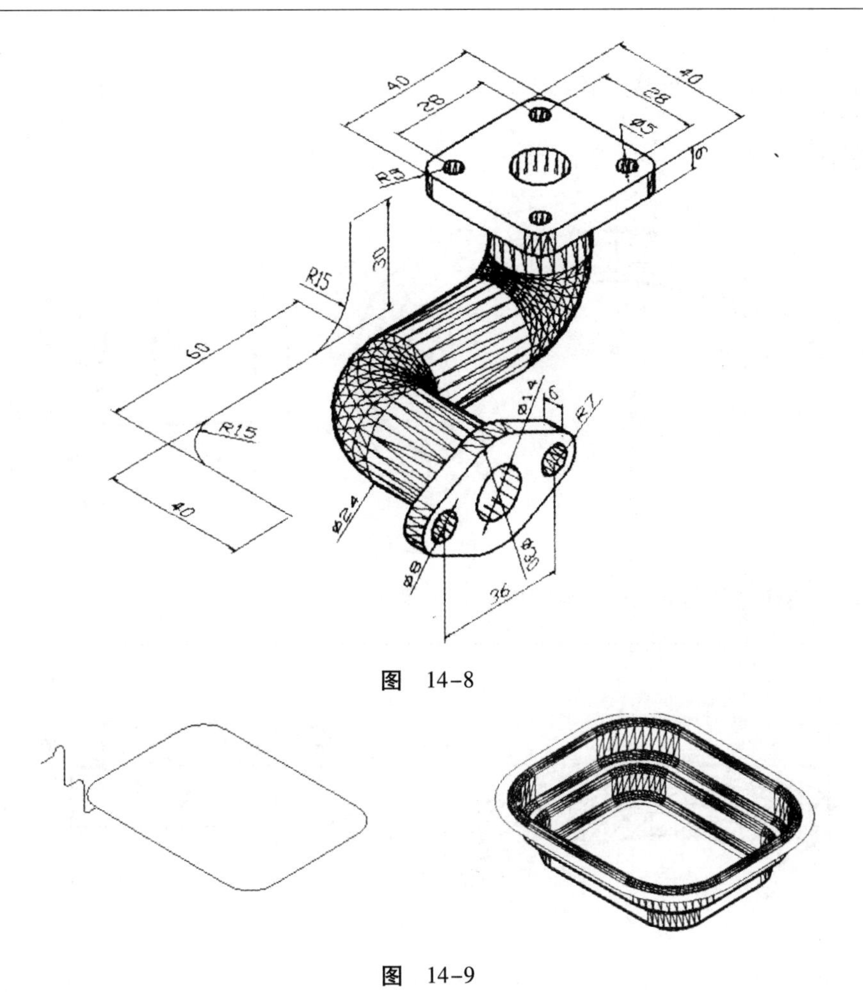


图　14-8

图　14-9

【**练习 10**】绘制如图 14-10 所示组合体的实体模型。

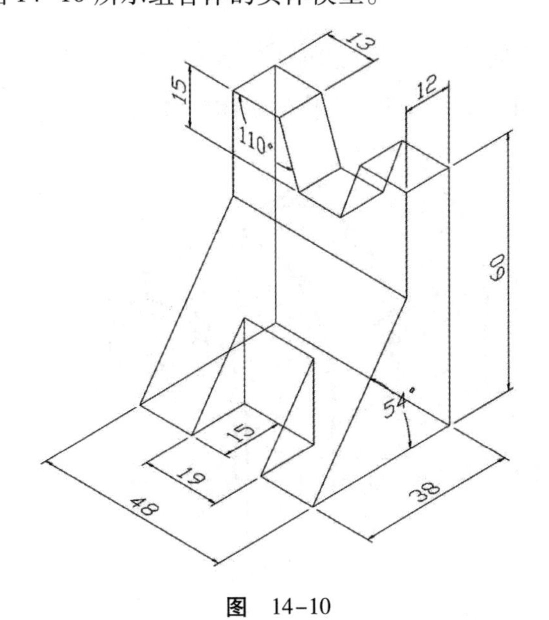


图　14-10

## 三、旋转二维对象形成实体

**【练习 11】**绘制如图 14-11 所示曲面立体的实体模型。

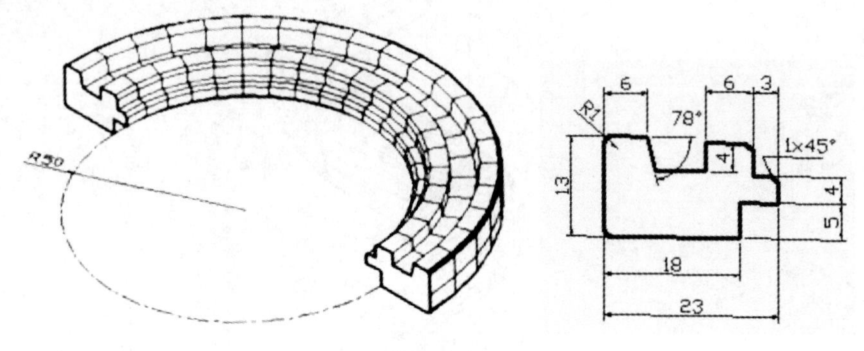


图 14-11

**【练习 12】**绘制如图 14-12 所示曲面立体的实体模型。

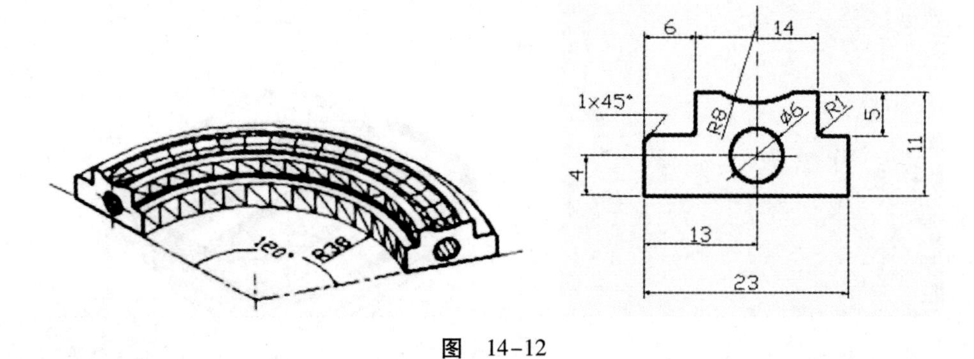


图 14-12

### 要点提示

将回转体的截面创建成面域后,可用“REVOLVE”命令一次形成立体的外轮廓及内部的孔。

**【练习 13】**绘制如图 14-13 所示曲面立体的实体模型。

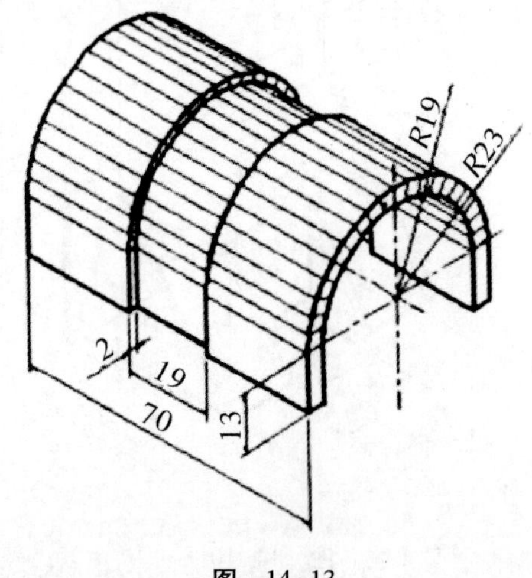


图 14-13

【**练习 14**】根据二维视图绘制如图 14-14 所示的实体模型。

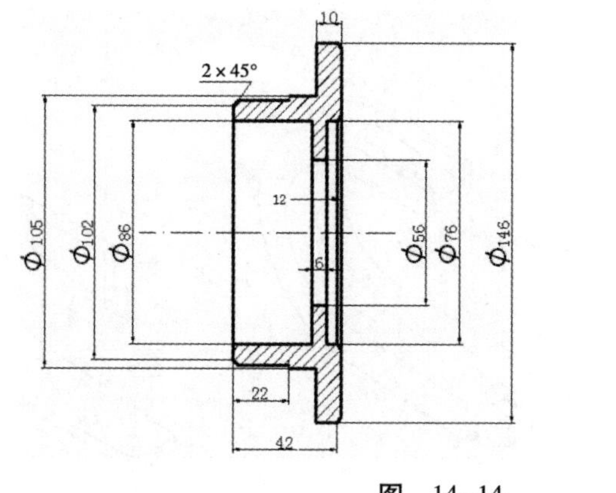


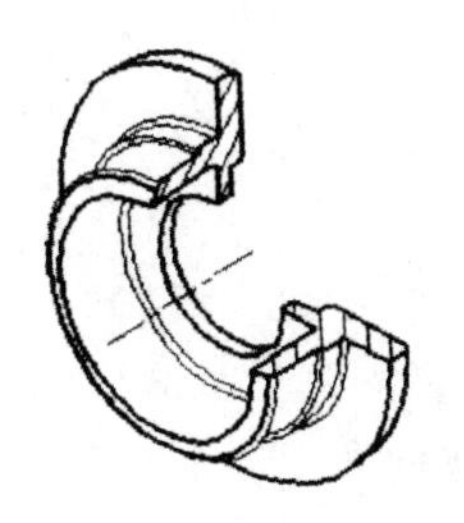

图　14-14

## 四、通过扫掠创建实体或曲面

【练习 15】使用扫掠命令“SWEEP”绘制如图 14-15 所示的实体模型。

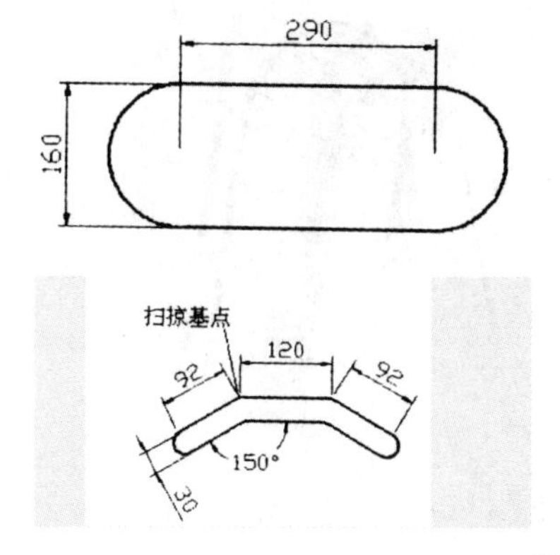


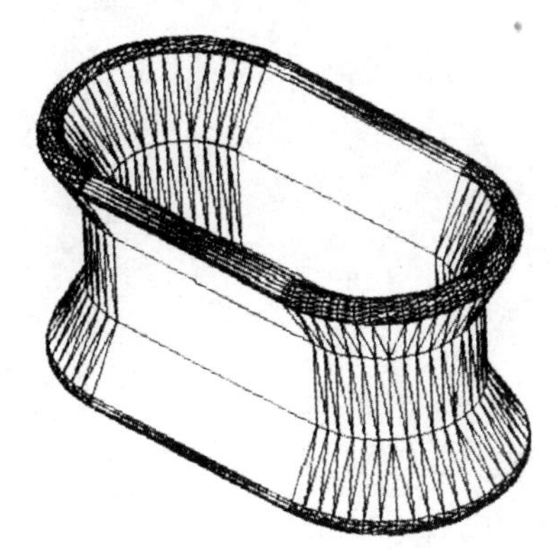

图　14-15

【练习 16】使用扫掠命令“SWEEP”绘制如图 14-16 所示的实体模型。

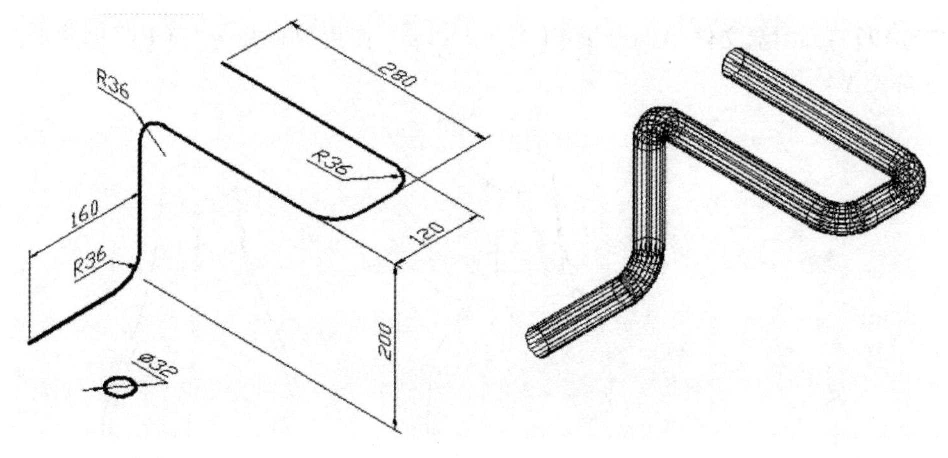


图　14-16

**【练习 17】**打开附盘文件“\dwg\第 14 章\17. dwg”，使用扫掠命令“SWEEP”创建如图14-17所示的实体模型。

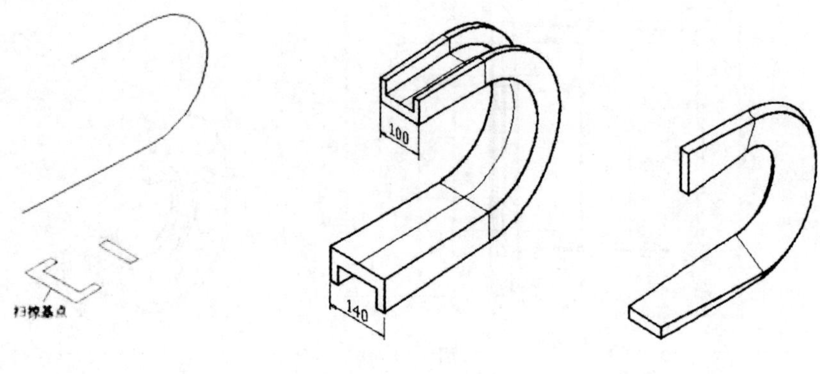


图 14-17

**【练习 18】**打开附盘文件“\dwg\第 14 章\18. dwg”，使用扫掠命令“SWEEP”创建如图10-18所示的曲面模型。

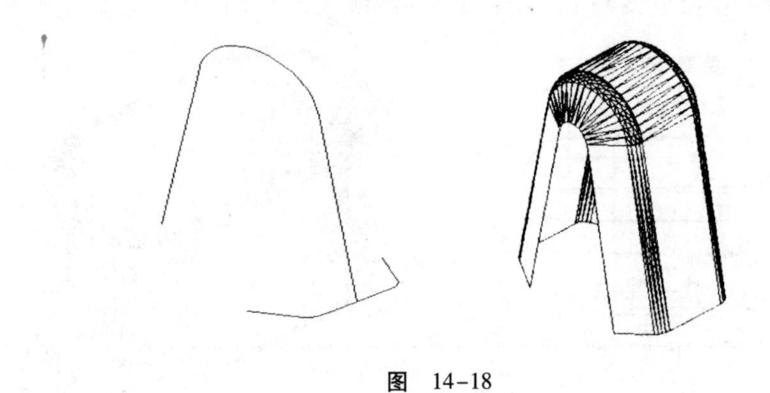

图 14-18

## 五、通过放样创建实体或曲面

**【练习 19】**打开附盘文件“\dwg\第 14 章\19. dwg”，使用放样命令“LOFT”创建如图14-19所示的实体模型。

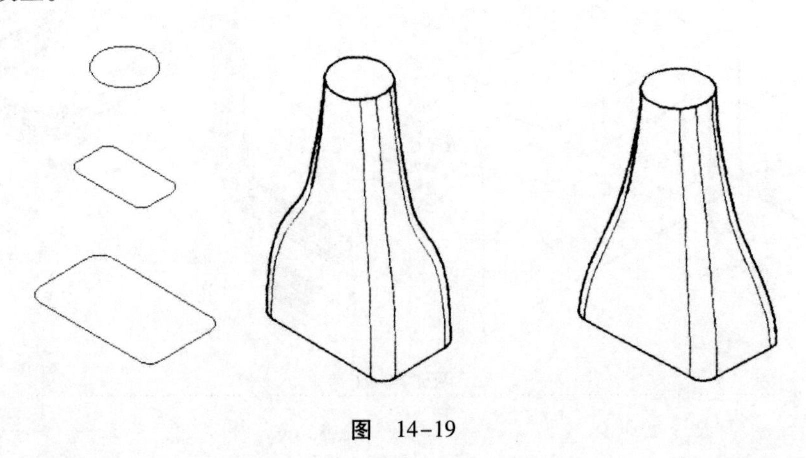

图 14-19

**【练习 20】**打开附盘文件“\dwg\第 14 章\20. dwg”，使用放样命令“LOFT”创建如图 14-20 所示的实体模型。

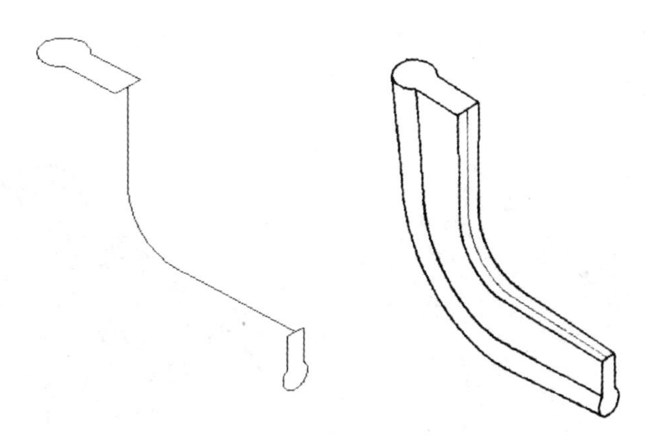

图　14-20

**【练习 21】**打开附盘文件“\dwg\第 14 章\21. dwg”，使用放样命令“LOFT”创建如图 14-21 所示的实体模型。

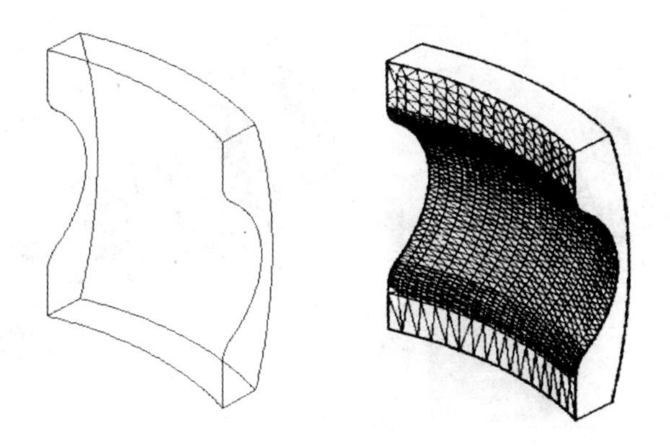

图　14-21

**【练习 22】**打开附盘文件“\dwg\第 14 章\22. dwg”，使用放样命令“LOFT”创建如图 14-22 所示的曲面模型。

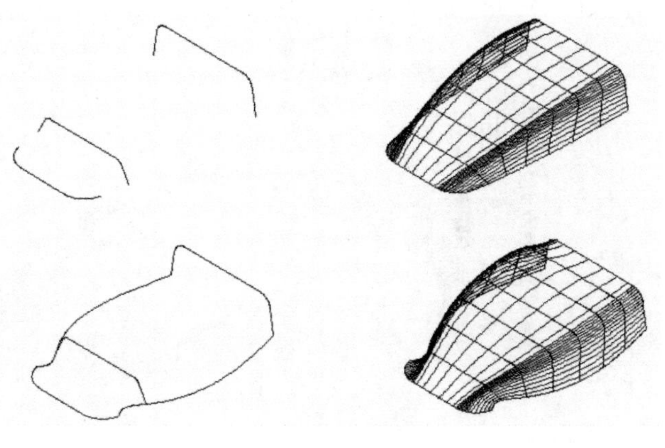

图　14-22

## 六、加厚曲面形成实体

【**练习 23**】打开附盘文件"\dwg\第 14 章\23. dwg",将曲面向内加厚 20mm,创建如图14-23所示的实体模型。

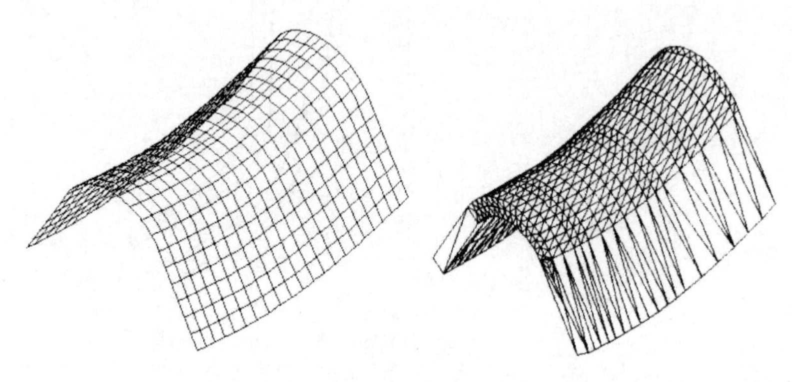

图 14-23

【**练习 24**】打开附盘文件"\dwg\第 14 章\24. dwg",将曲面加厚 10mm,创建如图 14-24 所示的实体模型。

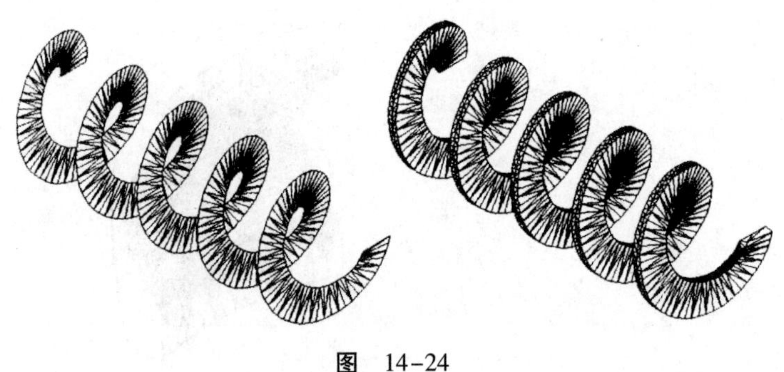

图 14-24

## 七、使用曲面切割功能创建实体模型

【**练习 25**】打开附盘文件"\dwg\第 14 章\25. dwg",使用曲面切割实体,创建如图 14-25 所示的实体模型。

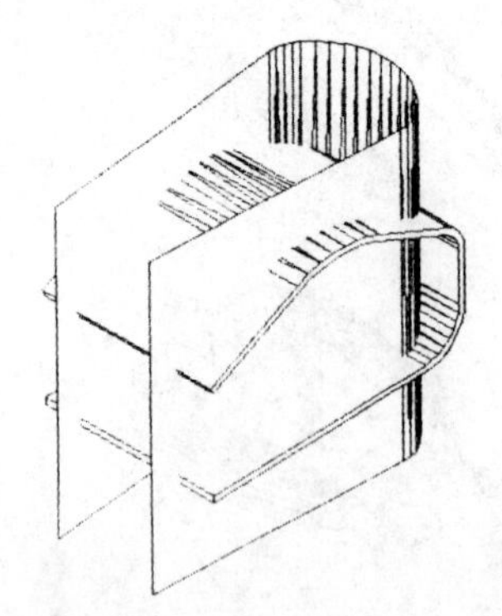

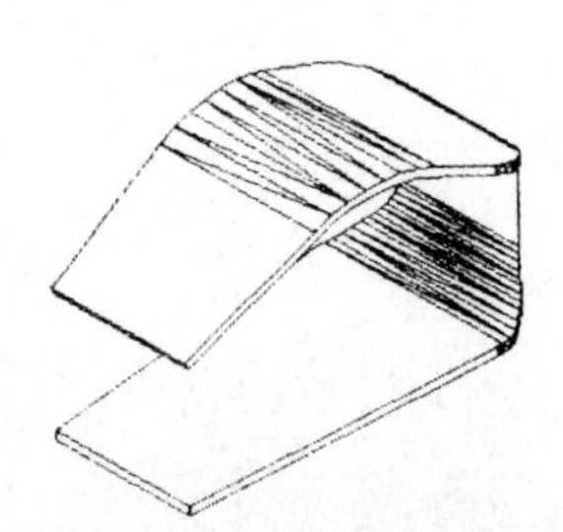

图 14-25

**【练习 26】**打开附盘文件“\dwg\第 14 章\26. dwg”,使用 3 个曲面切割实体,创建如图 14-26所示的实体模型。

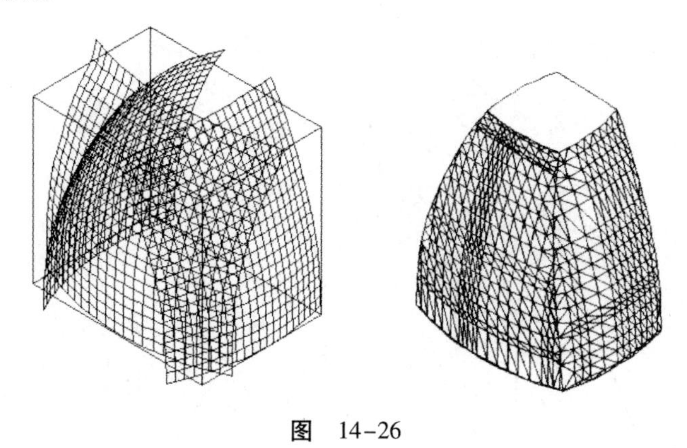

图　14-26

八、绘制各类弹簧

**【练习 27】**打开附盘文件“\dwg\第 14 章\27. dwg”,该文件包含了弹簧的三维线框图,该线框由螺旋线、三维样条线及多线段构成。设置簧丝直径为 6mm,创建如图 14-27 所示的弹簧。

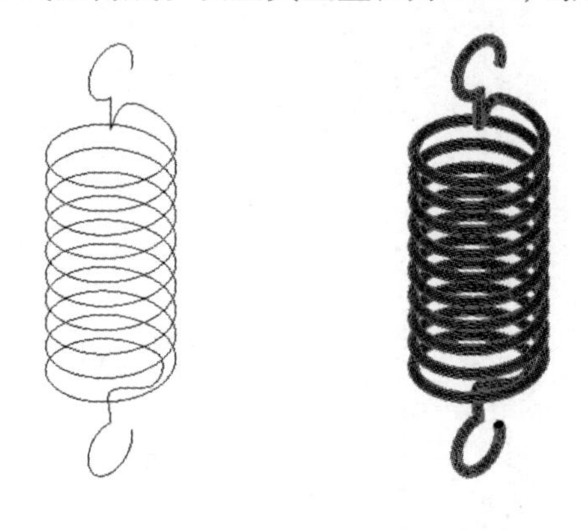

图　14-27

**要点提示**

三维样条曲线的一种绘制方法是先用“LINE”命令创建三维线框,然后用“SPLINE”命令连接线段的端点来形成三维样条线。

**【练习 28】**绘制如图 14-28 所示的扭簧。其圈数为 8,伸出部分长度为 80mm,扭簧及簧丝直径分别为 40mm 和 5mm。

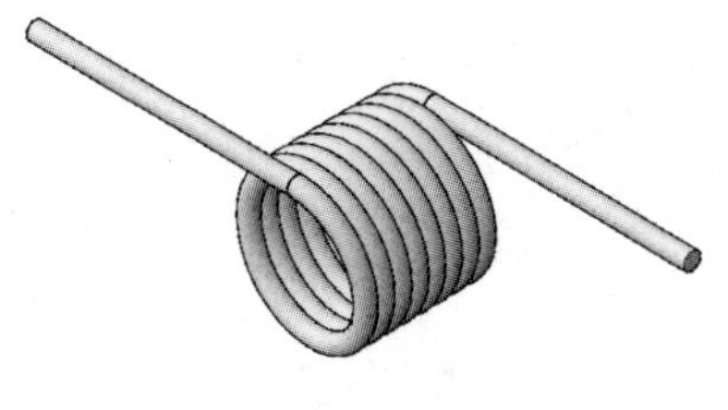

图　14-28

## 九、使用布尔运算构建实体模型

**【练习 29】**使用布尔运算绘制如图 14-29 所示立体的实体模型。

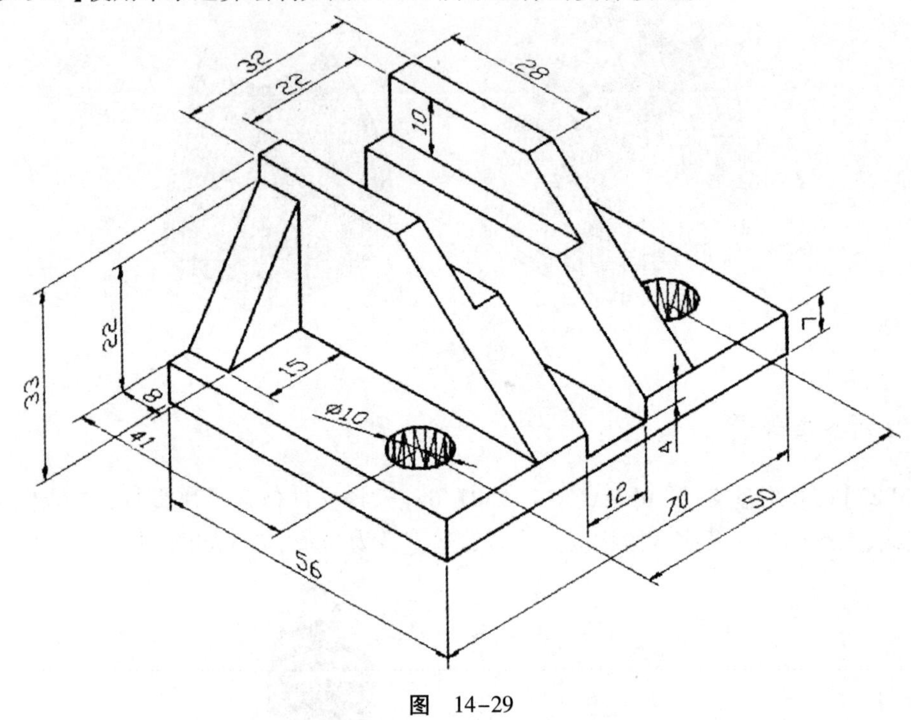


图 14-29

**【练习 30】**使用布尔运算绘制如图 14-30 所示立体的实体模型。

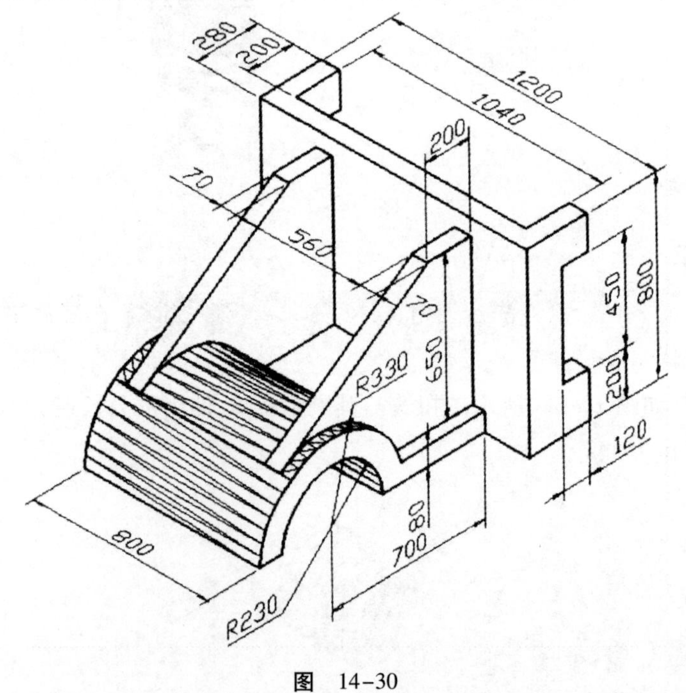


图 14-30

【**练习 31**】使用布尔运算绘制如图 14-31 所示立体的实体模型。

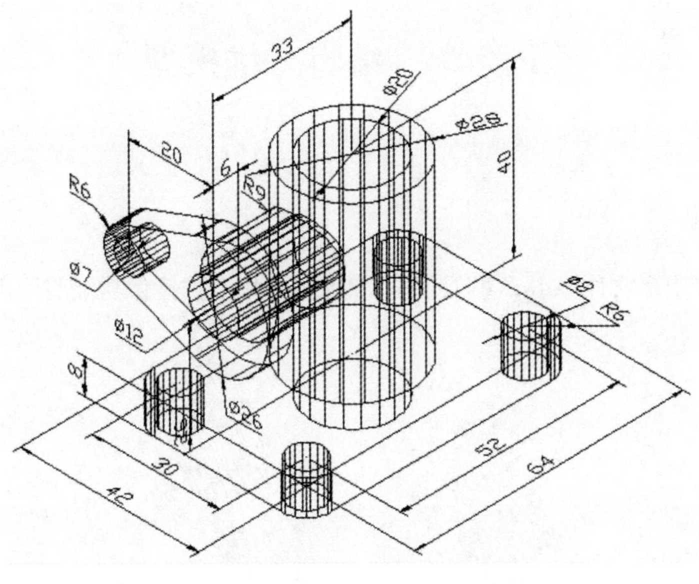


图　14-31

# 第 15 章　编辑三维模型

## 一、三维镜像

**【练习 1】**打开附盘文件“\dwg\第 15 章\1. dwg”，使用三维镜像功能将图 15-1 中的左图修改为右图。

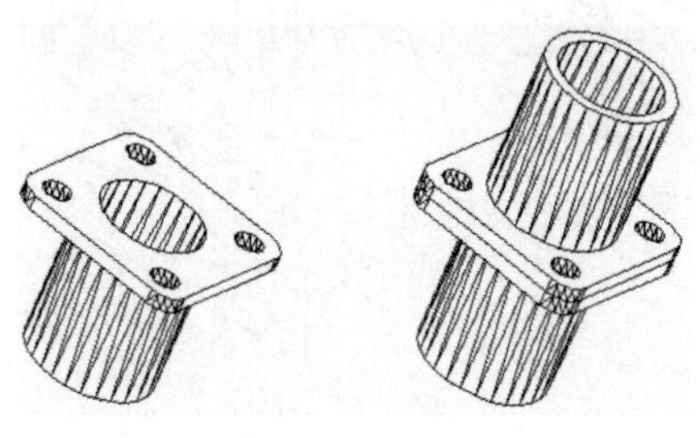

图　15-1

**【练习 2】**绘制如图 15-2 所示立体的实体模型。

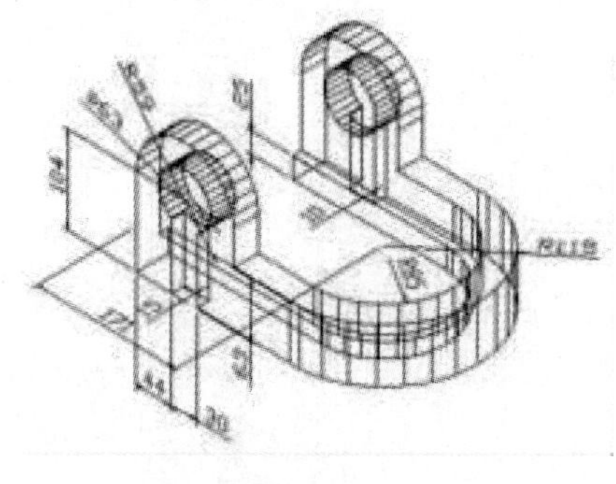

图　15-2

## 二、三维阵列

**【练习 3】**打开附盘文件“\dwg\第 15 章\3. dwg”，使用三维环形阵列功能将图 15-3 中的左图修改为右图。

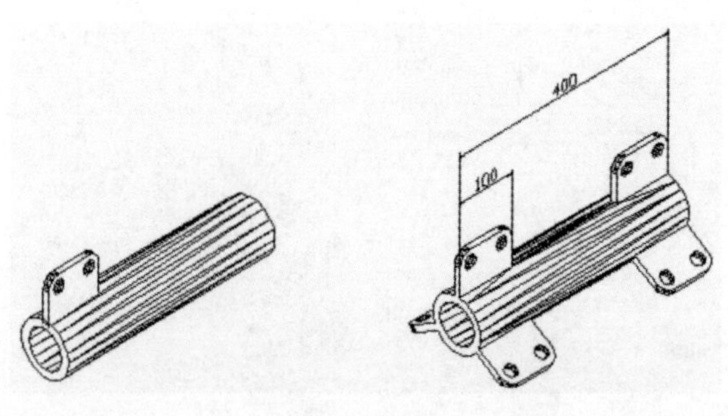


图　15-3

**【练习 4】**打开附盘文件“\dwg\第 15 章\4. dwg”,使用三维矩形阵列功能将图 15-4 中的左图修改为右图。

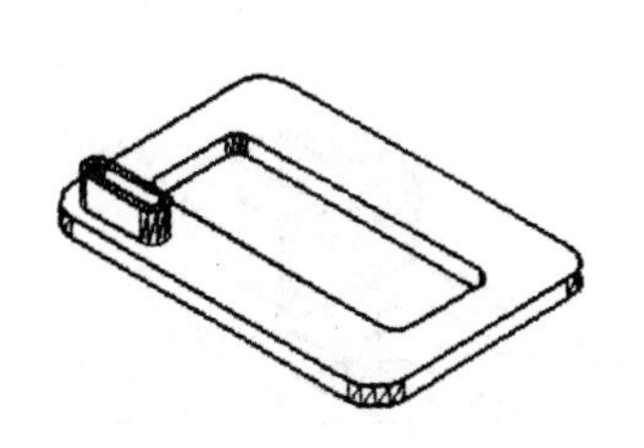

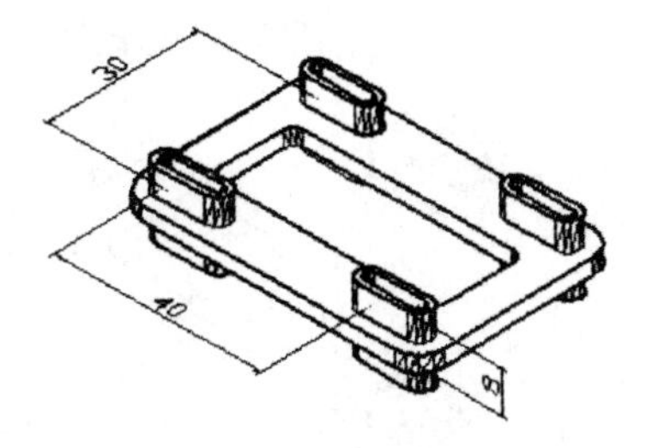


图　15-4

**【练习 5】**根据二维视图绘制如图 15-5 所示立体的实体模型。

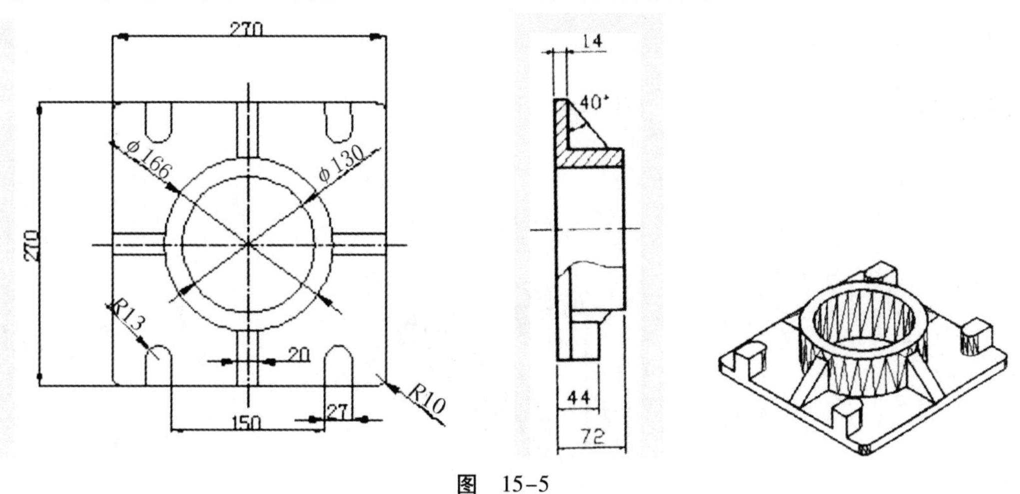


图　15-5

## 三、三维旋转及对齐

**【练习 6】**根据二维视图绘制如图 15-6 所示立体的实体模型。

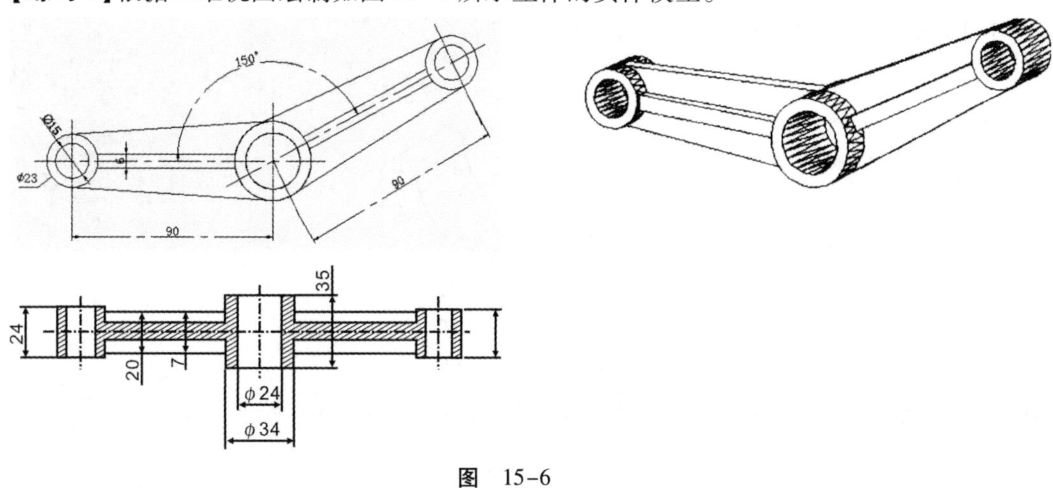


图　15-6

**要点提示**

在水平位置绘制模型的倾斜部分,然后将它旋转到正确的位置。

【**练习 7**】打开附盘文件“\dwg\第 15 章\7. dwg”，使用“3DALIGN”命令将图 15-7 中的左图修改为右图。

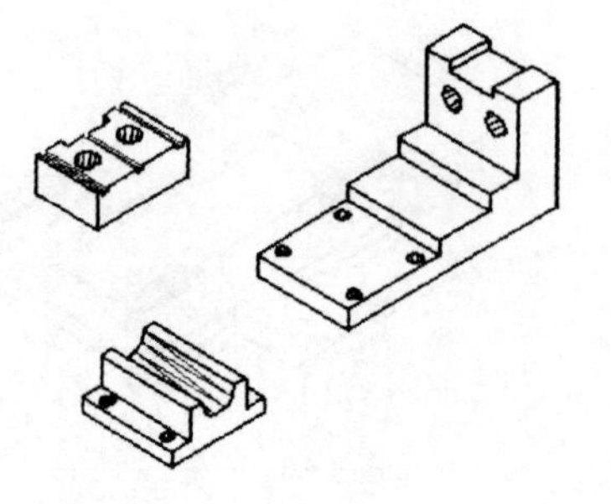

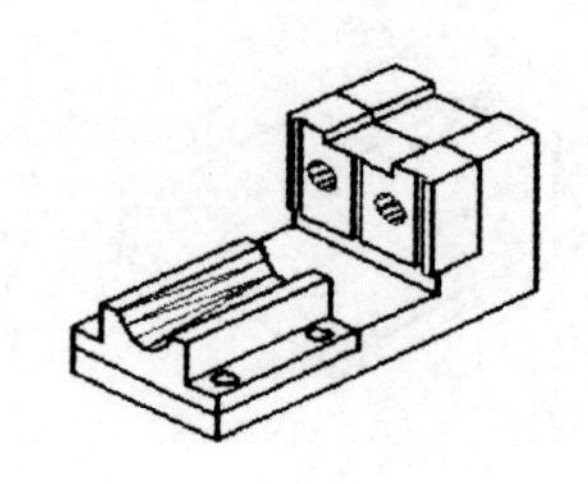

图 15-7

四、倒圆角和倾斜角

【**练习 8**】绘制如图 15-8 所示立体的实体模型。

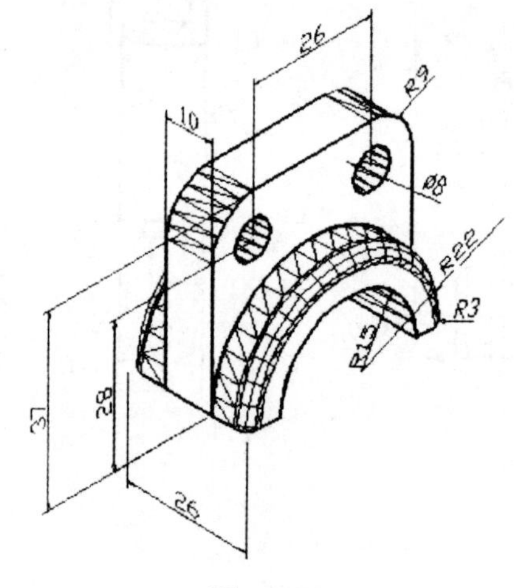


图 15-8

【**练习 9**】绘制如图 15-9 所示立体的实体模型。

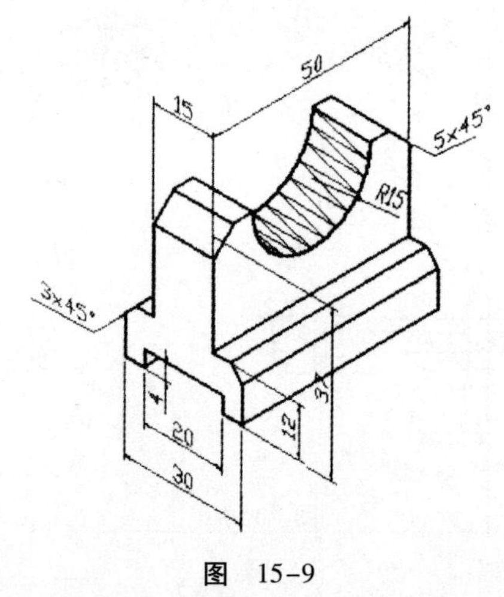


图 15-9

## 五、拉伸实体表面

【**练习 10**】打开附盘文件“\dwg\第 15 章\10. dwg”,使用拉伸功能将图 15-10 中的左图修改为右图。

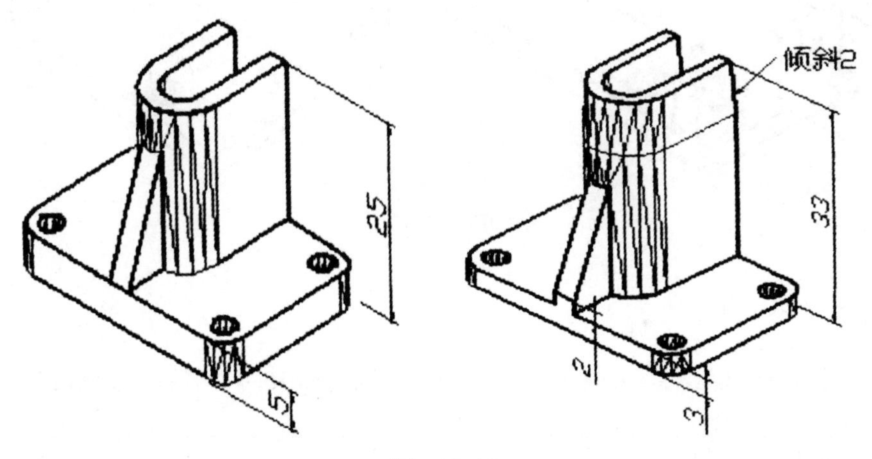


图　15-10

【**练习 11**】打开附盘文件“\dwg\第 15 章\11. dwg”,使用拉伸功能将图 15-11 中的左图修改为右图。

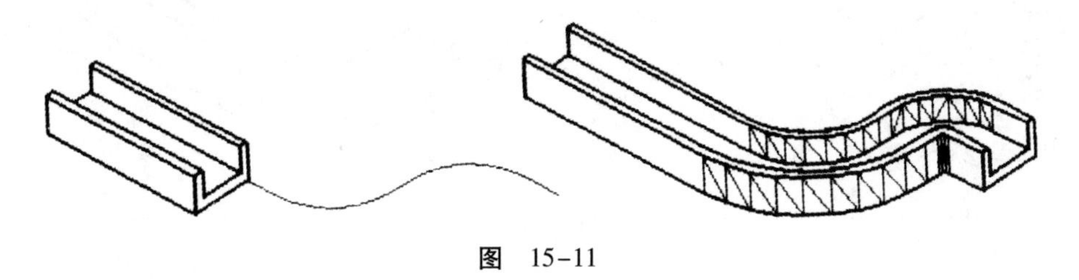

图　15-11

## 六、移动实体表面

【**练习 12**】打开附盘文件“\dwg\第 15 章\12. dwg”,将图 15-12 中的左图修改为右图。

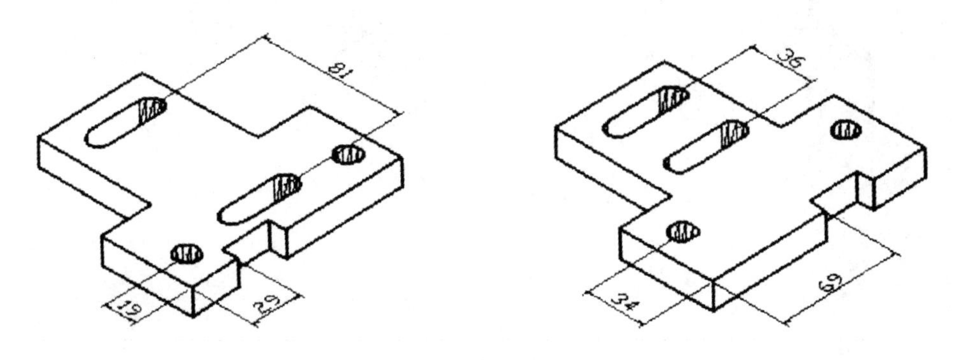


图　15-12

【**练习 13**】打开附盘文件“\dwg\第 15 章\13. dwg”,将图 15-13 中的左图修改为右图。

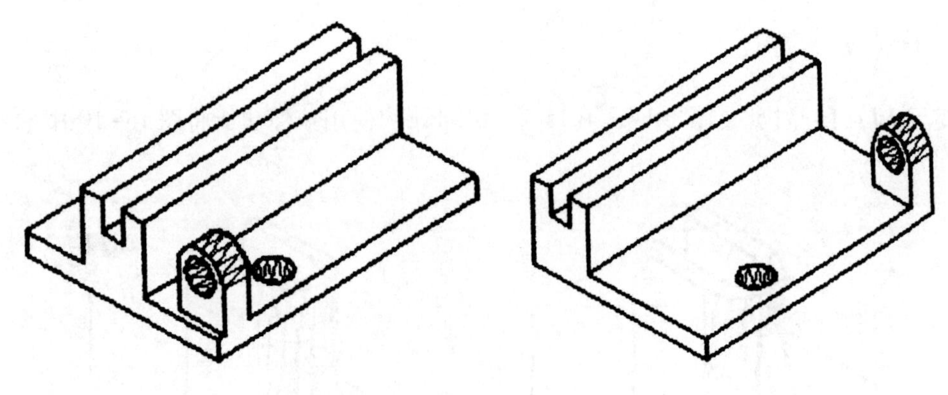

图 15-13

## 七、偏置实体表面

【**练习 14**】打开附盘文件“\dwg\第 15 章\14. dwg”,将图 15-14 中的左图修改为右图。

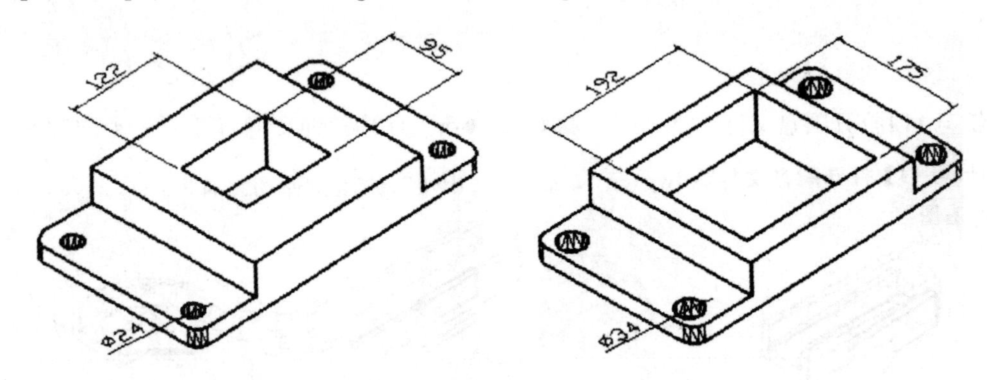


图 15-14

【**练习 15**】打开附盘文件“\dwg\第 15 章\15. dwg”,将图 15-15 中的左图修改为右图。

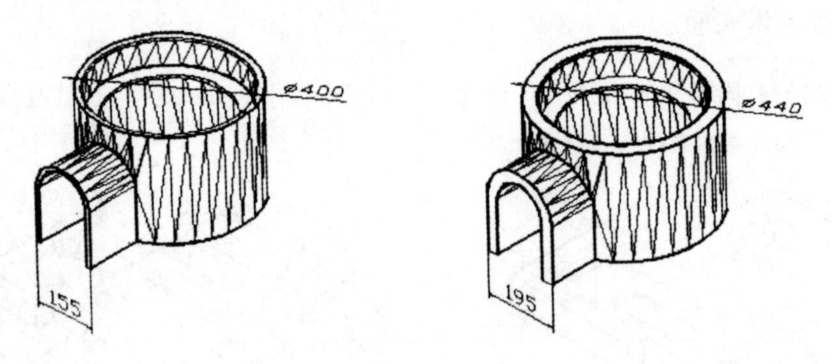


图 15-15

## 八、旋转实体表面

【**练习 16**】打开附盘文件“\dwg\第 15 章\16. dwg”,将图 15-16 中的左图修改为右图。

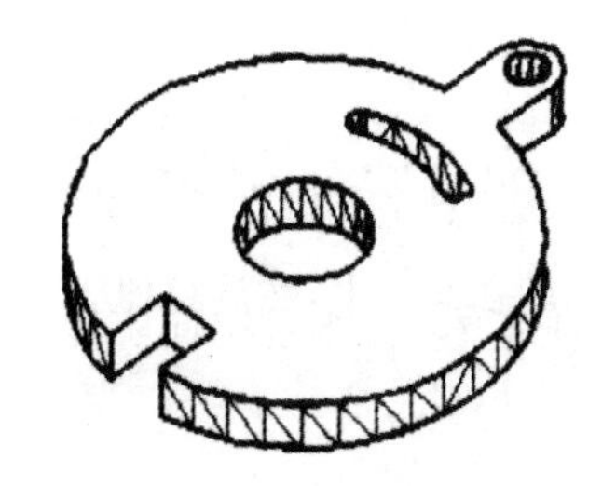
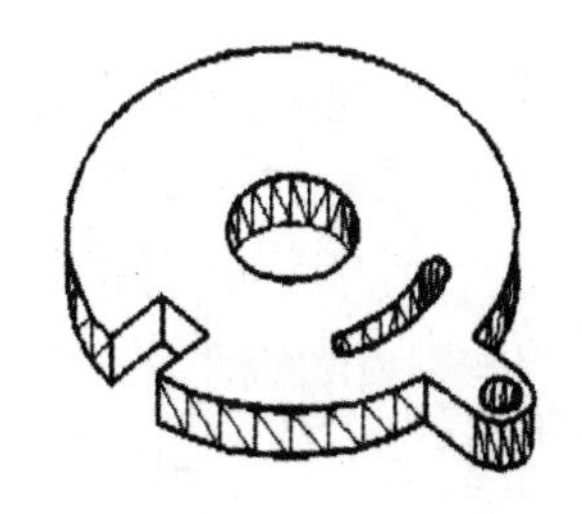

图　15-16

【练习 17】打开附盘文件"\dwg\第 15 章\17. dwg"，将图 15-17 中的左图修改为右图。

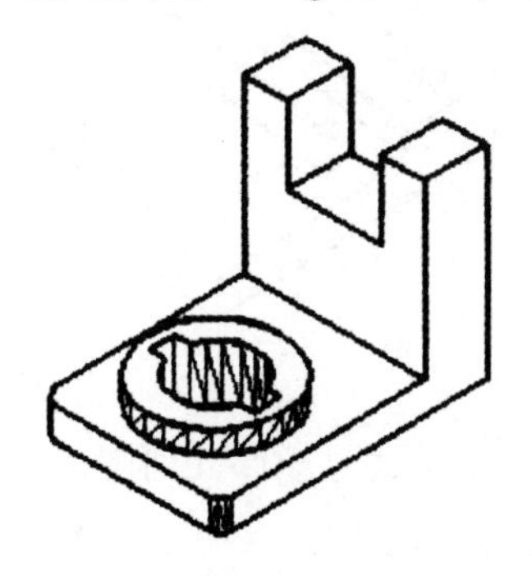
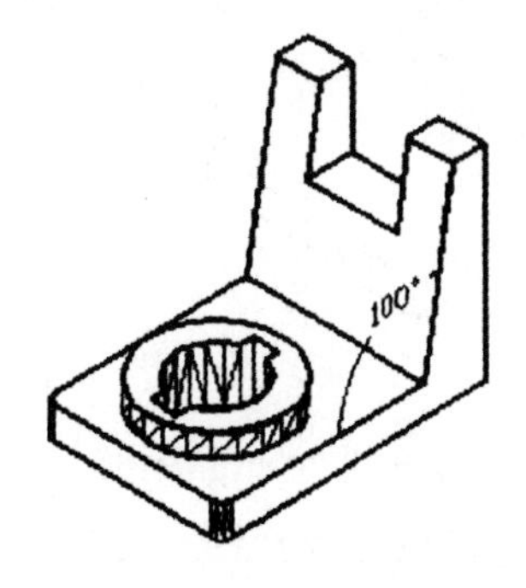


图　15-17

## 九、使实体表面产生锥度或斜度

【练习 18】打开附盘文件"\dwg\第 15 章\18. dwg"，将图 15-18 中的左图修改为右图。

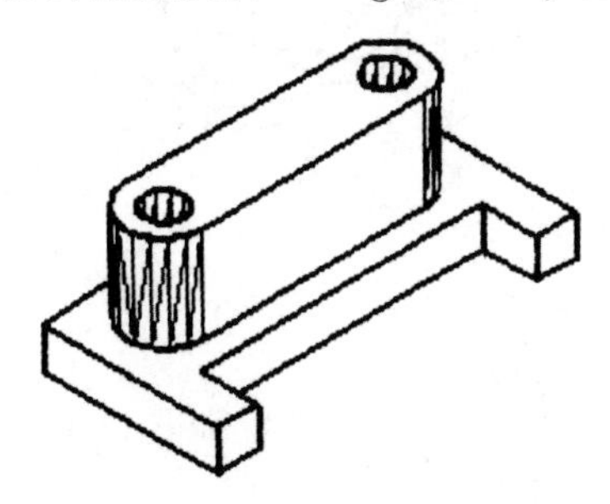
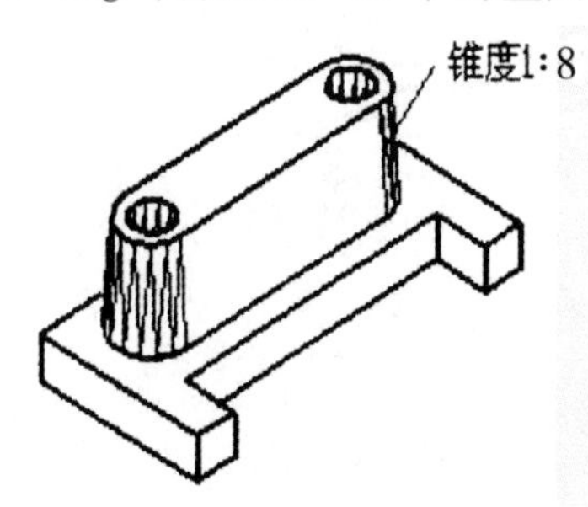


图　15-18

【练习 19】打开附盘文件"\dwg\第 15 章\19. dwg"，将图 15-19 中的左图修改为右图。

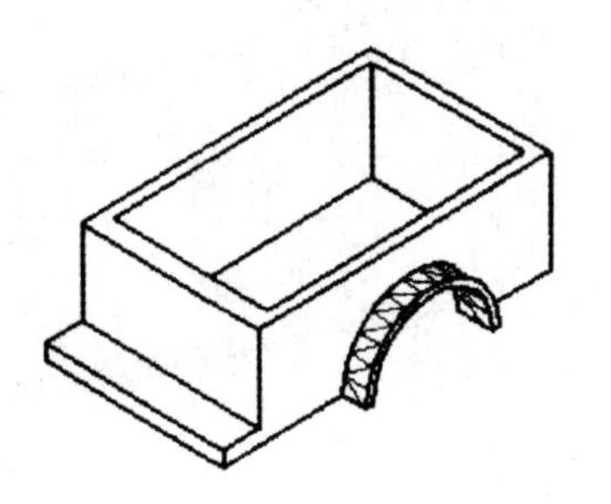
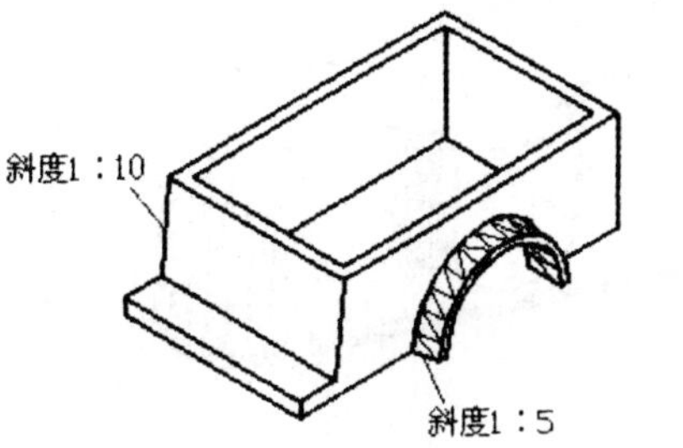


图　15-19

## 十、在实体的表面压印几何对象

**【练习 20】**打开附盘文件“\dwg\第 15 章\20. dwg”，该文件包含一个 3D 实体模型及两个几何图形，如图 15-20 左图所示。请将几何图形压印在实体上，然后拉伸实体表面以形成新特征，结果如图 15-20 右图所示。

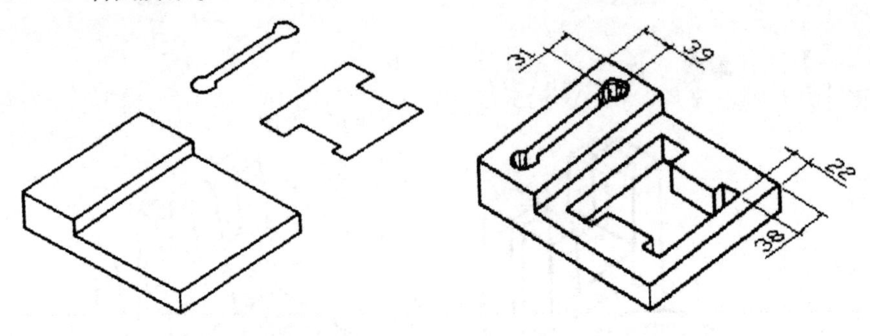


图 15-20

**【练习 21】**打开附盘文件“\dwg\第 15 章\21. dwg”，通过压印几何图形并拉伸实体表面的方法将图 15-21 中的左图修改为右图。

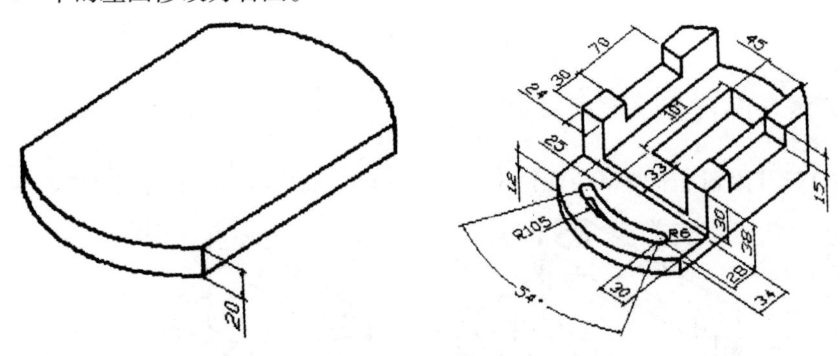


图 15-21

## 十一、抽壳

**【练习 22】**打开附盘文件“\dwg\第 15 章\22. dwg”，将图 15-22 中的左图修改为右图。

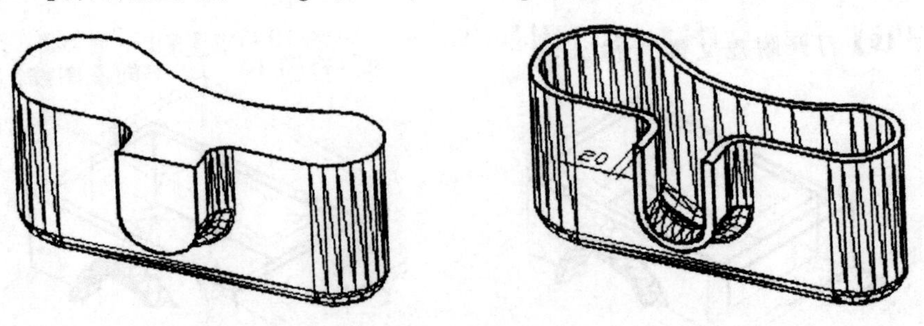


图 15-22

**【练习 23】**根据二维视图绘制如图 15-23 所示的实体模型。

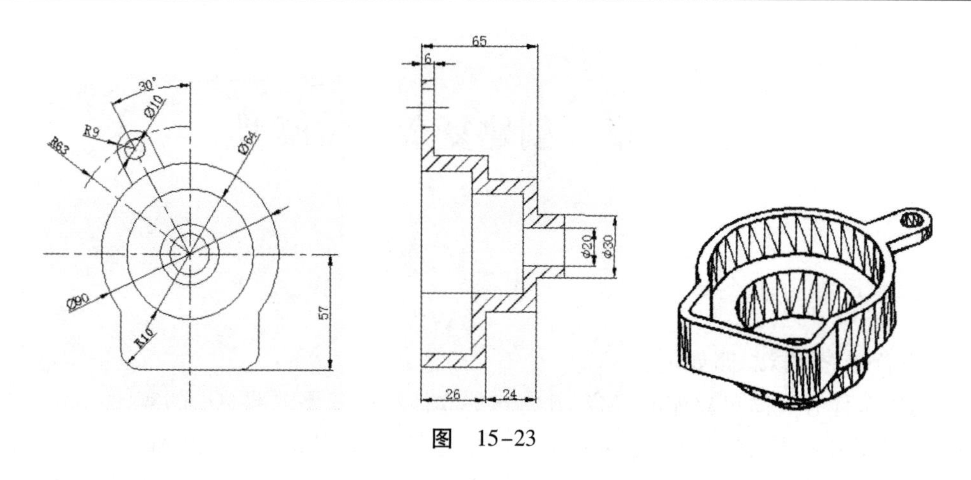


图　15-23

## 十二、使用“选择并拖动”的方式创建及修改实体

【**练习 24**】打开附盘文件“\dwg\第 15 章\24. dwg”，使用“选择并拖动”的方式（“PRESSPULL”命令）创建如图 15-24 所示的实体模型。模型高为 300mm。

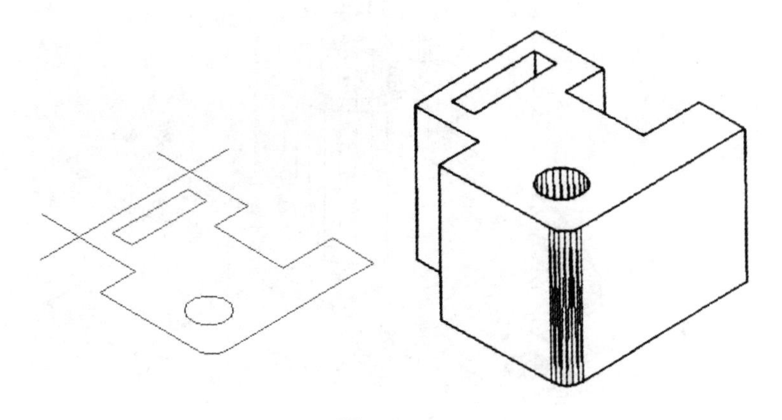

图　15-24

【**练习 25**】打开附盘文件“\dwg\第 15 章\25. dwg”，使用“选择并拖动”的方式（“PRESSPULL”命令）将图 15-25 中的左图修改为右图。

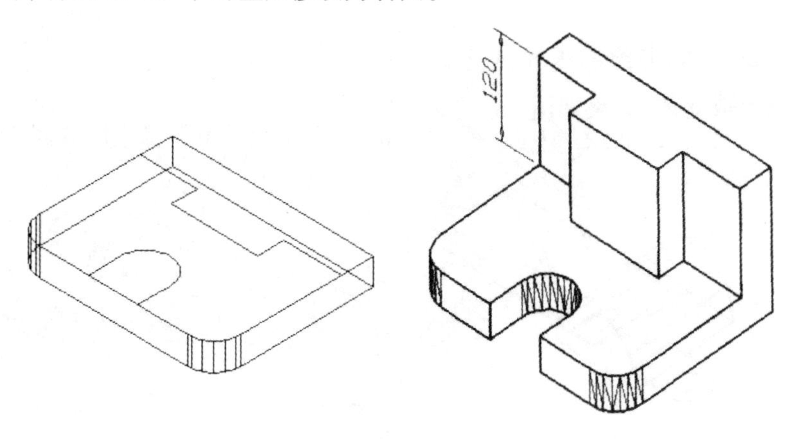


图　15-25

# 第16章　创建复杂实体模型

## 一、创建复杂的组合体

复杂组合体的建模思路如下。

(1)将组合体分成简单立体的组合,并将这些立体看成是无内部结构的实体。

(2)创建简单立体,将它们组合起来执行“并”运算,这样就形成了无内部窄腔结构的模型。

(3)形成模型的内部结构。创建用于“差”运算的立体,将这些立体从模型中去除以形成模型的孔、槽等结构。

**【练习1】**绘制如图16-1所示立体的实体模型。

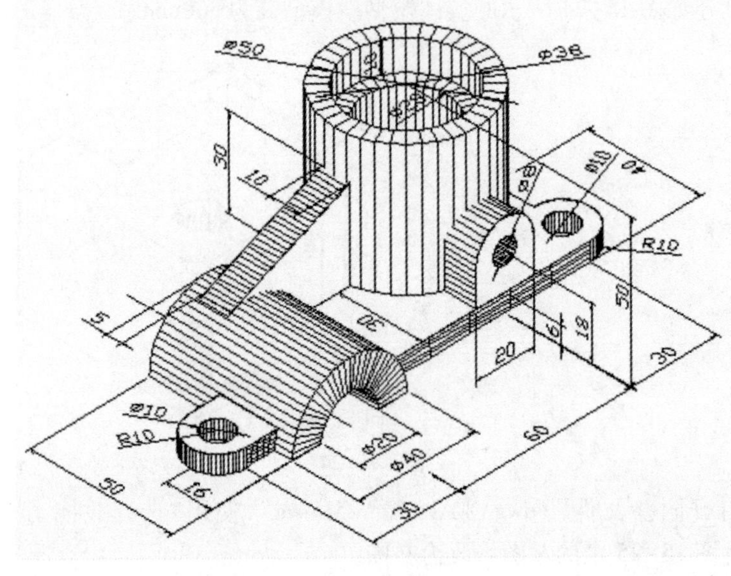


图　16-1

操作步骤提示

(1)创建半圆柱体,并绘制线框A,B,结果如图16-2左图所示。将线框A,B创建成面域,再拉伸面域形成立体,结果如图16-2右图所示。

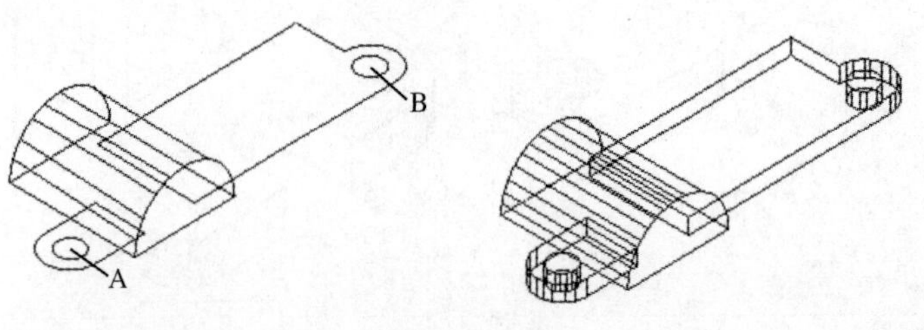


图　16-2

(2)创建圆柱体,并绘制线框 C,D,结果如图 16-3 左图所示。将线框 C,D 创建成面域,再拉伸面域形成立体,结果如图 16-3 右图所示。

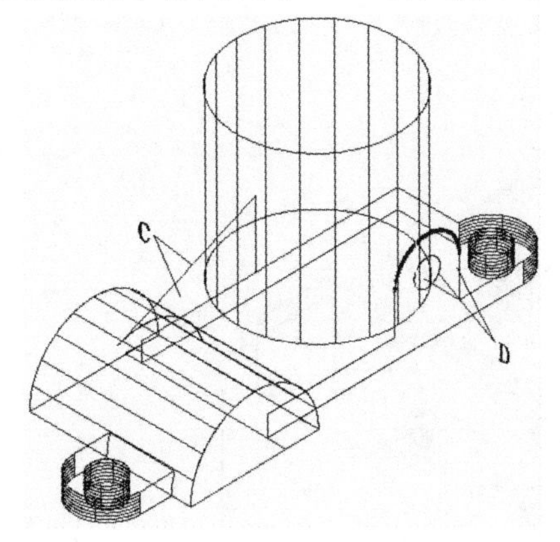


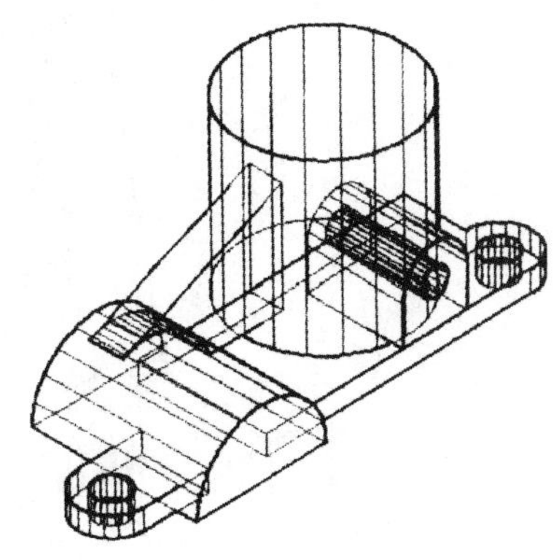

图 16-3

(3)对所有立体执行“并”运算,再绘制圆柱体 E,F 和 G 等,结果如图 16-4 左图所示。将圆柱体 E,F 和 G 等从模型中“减”去,形成孔结构,结果如图 16-4 右图所示。

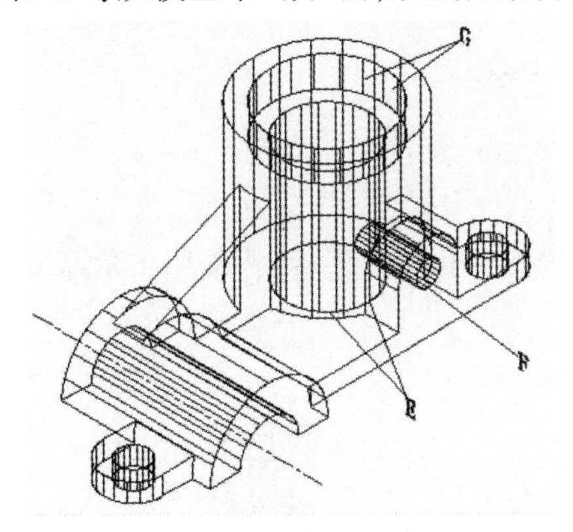


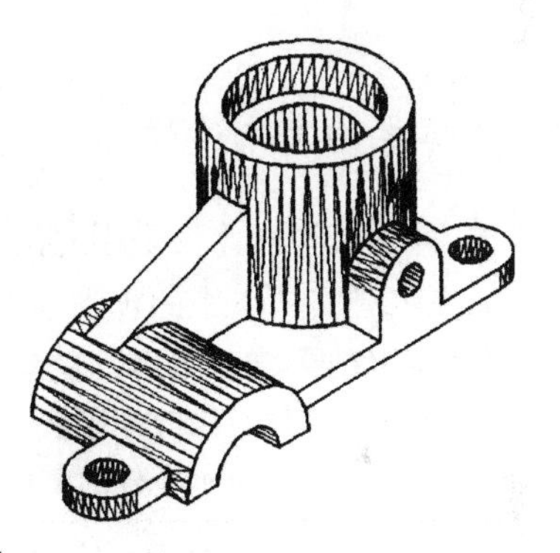

图 16-4

【**练习 2**】绘制如图 16-5 所示立体的实体模型。

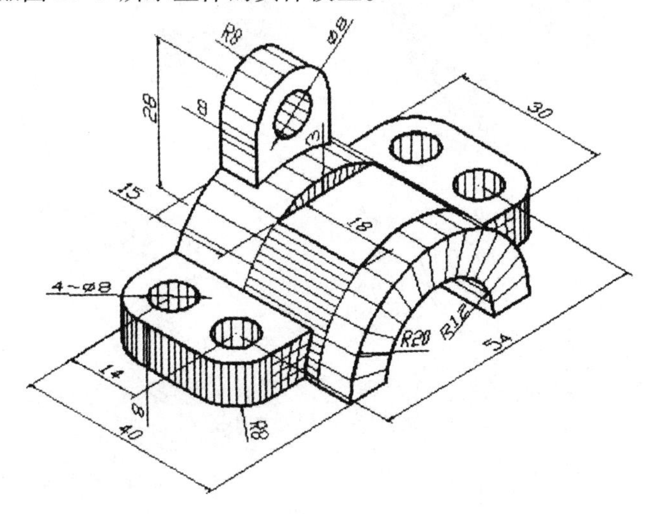


图 16-5

【**练习 3**】绘制如图 16-6 所示立体的实体模型。

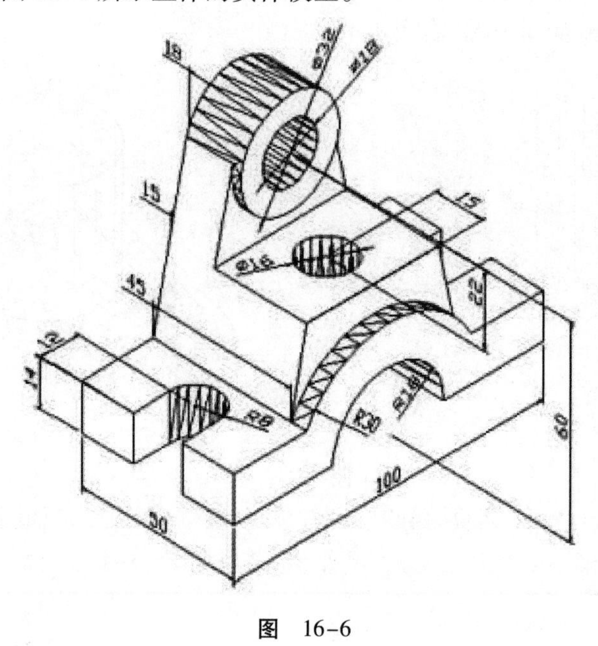


图 16-6

## 二、复杂箱体类的实体建模

对于箱体类实体的建模，建议采用先形成模型的主要外轮廓，再使用布尔运算、编辑实体表面及抽壳等功能来生成实体空腔的步骤绘图。

【**练习 4**】绘制如图 16-7 所示零件的实体模型。

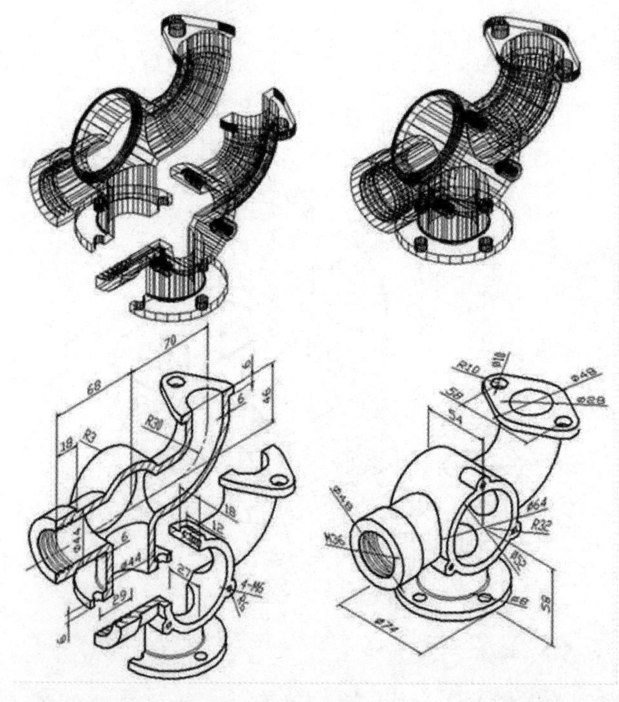

图 16-7

**操作步骤提示**

（1）绘制零件的圆形底板，结果如图16-8所示。

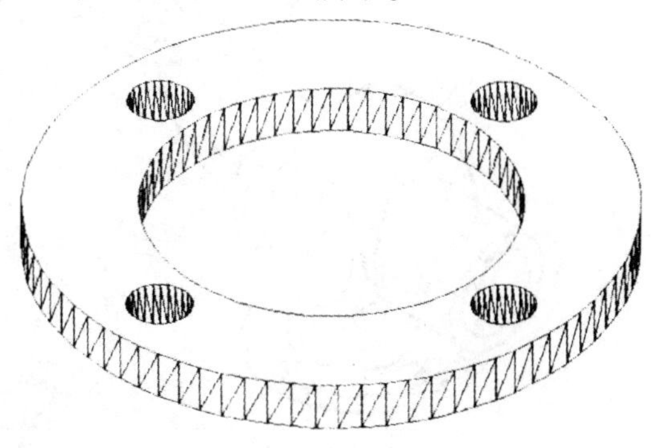

图　16-8

（2）绘制竖直圆柱体A、水平圆柱体B和C以及弯曲圆柱体D，再将它们作“并”运算，结果如图16-9所示。

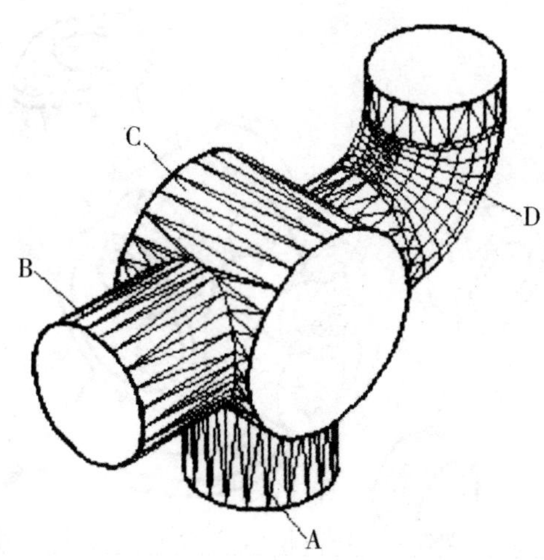


图　16-9

（3）进行抽壳处理，结果如图16-10所示。

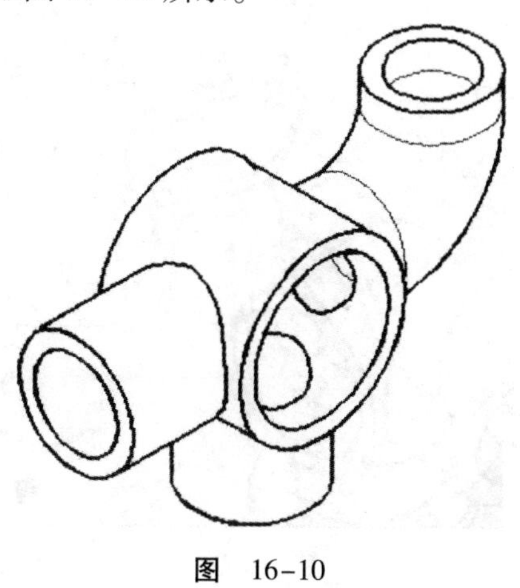

图　16-10

(4)绘制水平连接板 E,然后将 E,F 和 G 合并为单一实体,结果如图 16-11 所示。

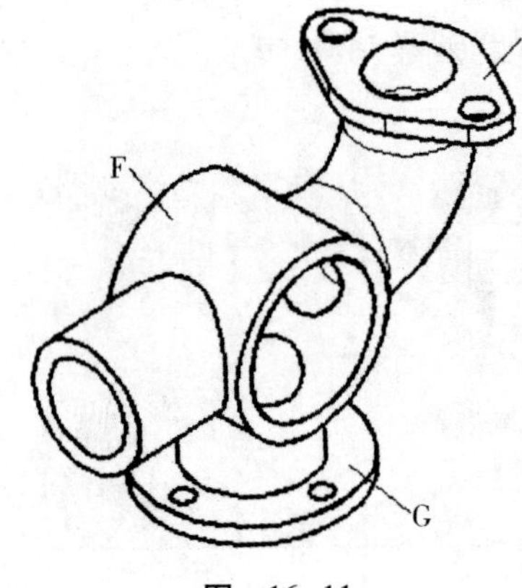


图 16-11

(5)绘制空心圆柱体 A、螺纹杆 B,再将它们移动到正确的位置,然后进行布尔运算,结果如图 16-12 所示。

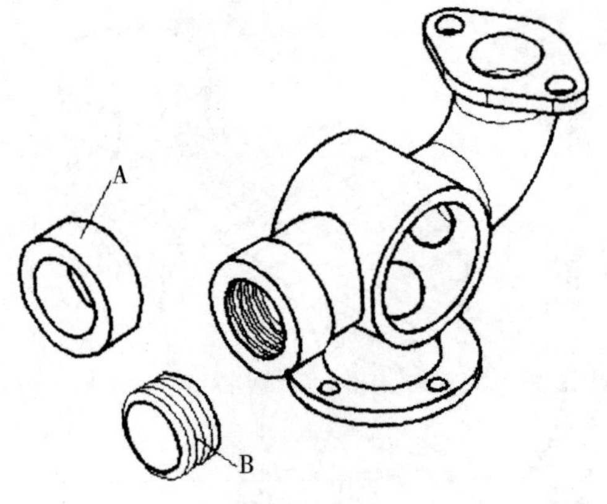


图 16-12

(6)绘制圆柱体 E、球体 F 和螺纹杆 D,再把它们复制到正确的位置,然后进行布尔运算,结果如图 16-13 所示。

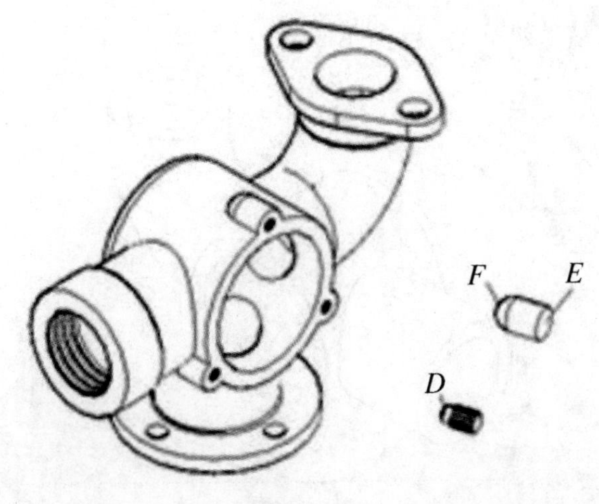


图 16-13

**【练习 5】**绘制如图 16-14 所示零件的实体模型。

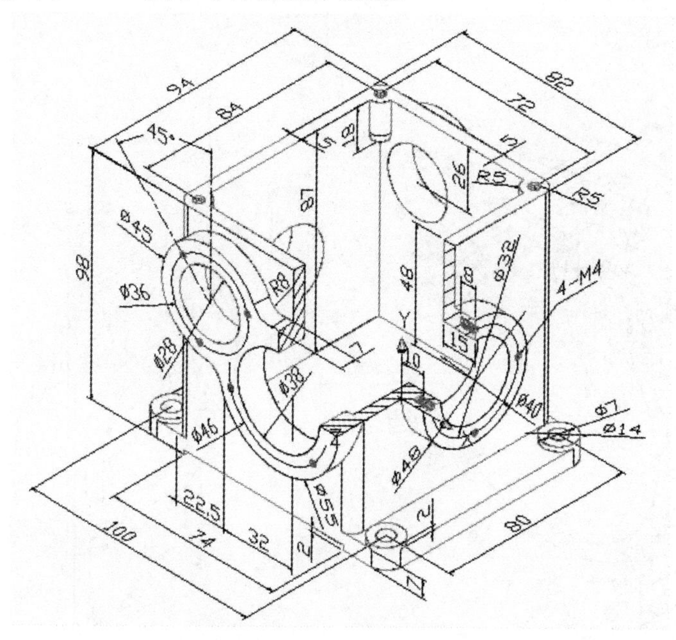

图　16-14

**【练习 6】**根据二维视图绘制零件的实体模型，结果如图 16-15 所示。

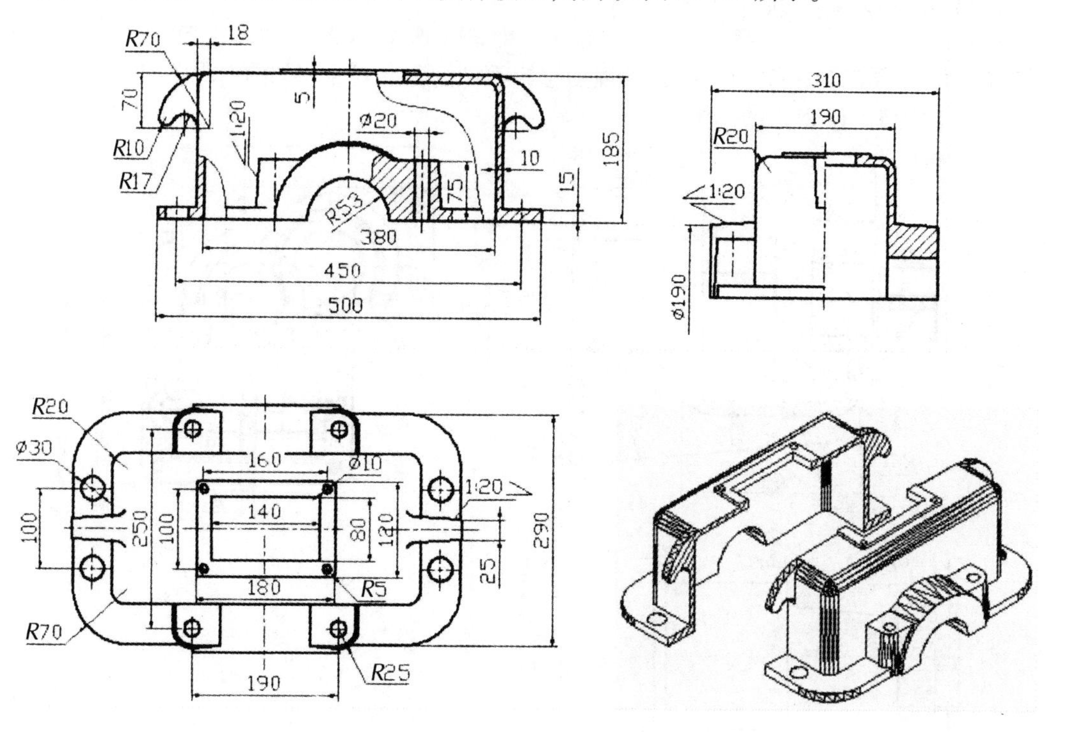

图　16-15

【**练习 7**】绘制如图 16-16 所示零件的实体模型。

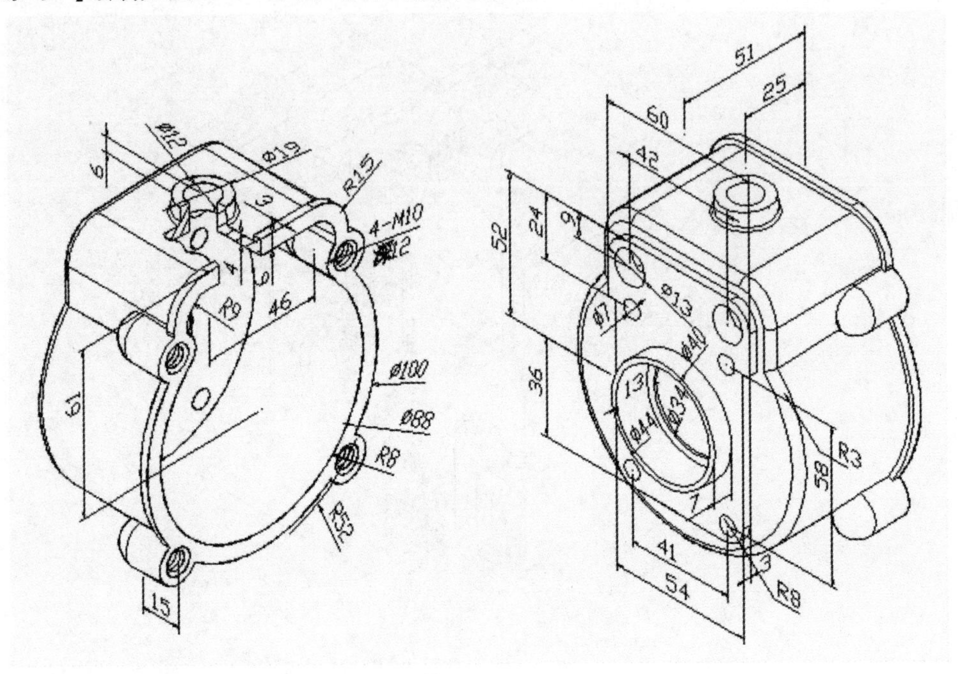


图 16-16

## 三、根据二维视图创建实体模型

【**练习 8**】根据图 16-17 所示的二维视图绘制零件的实体模型,结果如图 16-18 所示。

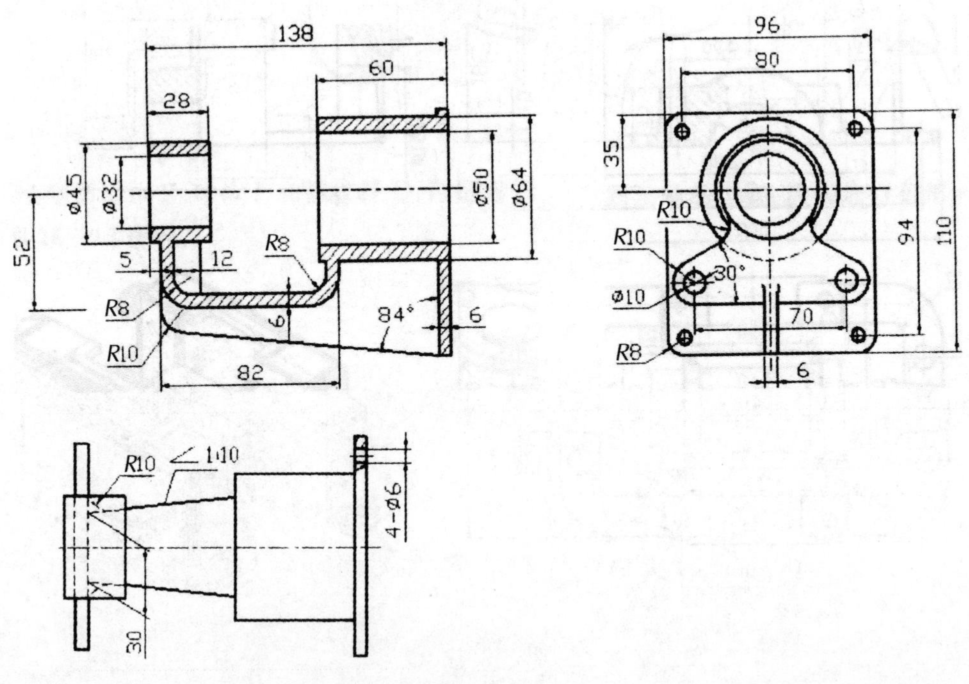


图 16-17

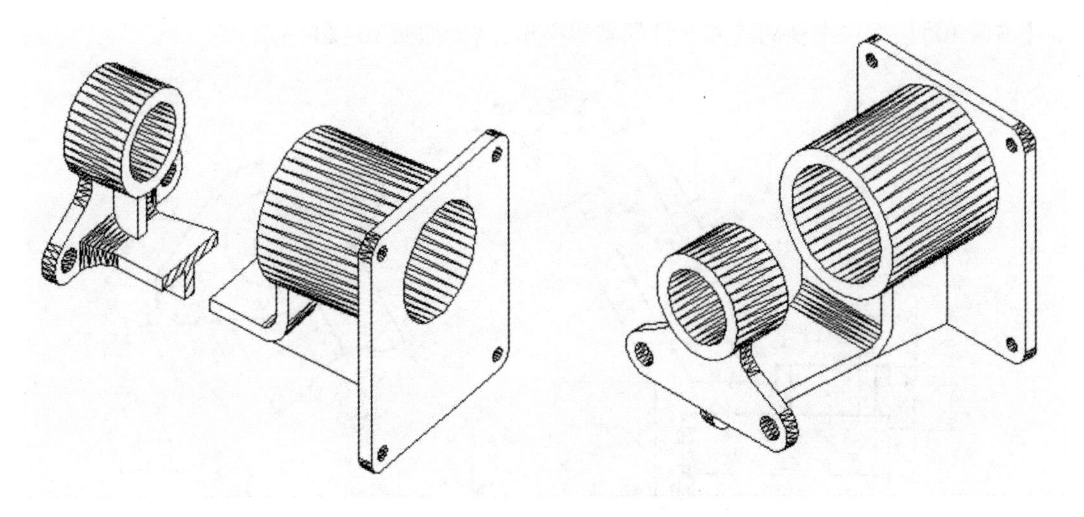

图　16-18

【**练习 9**】根据二维视图绘制零件的实体模型,结果如图 16-19 所示。

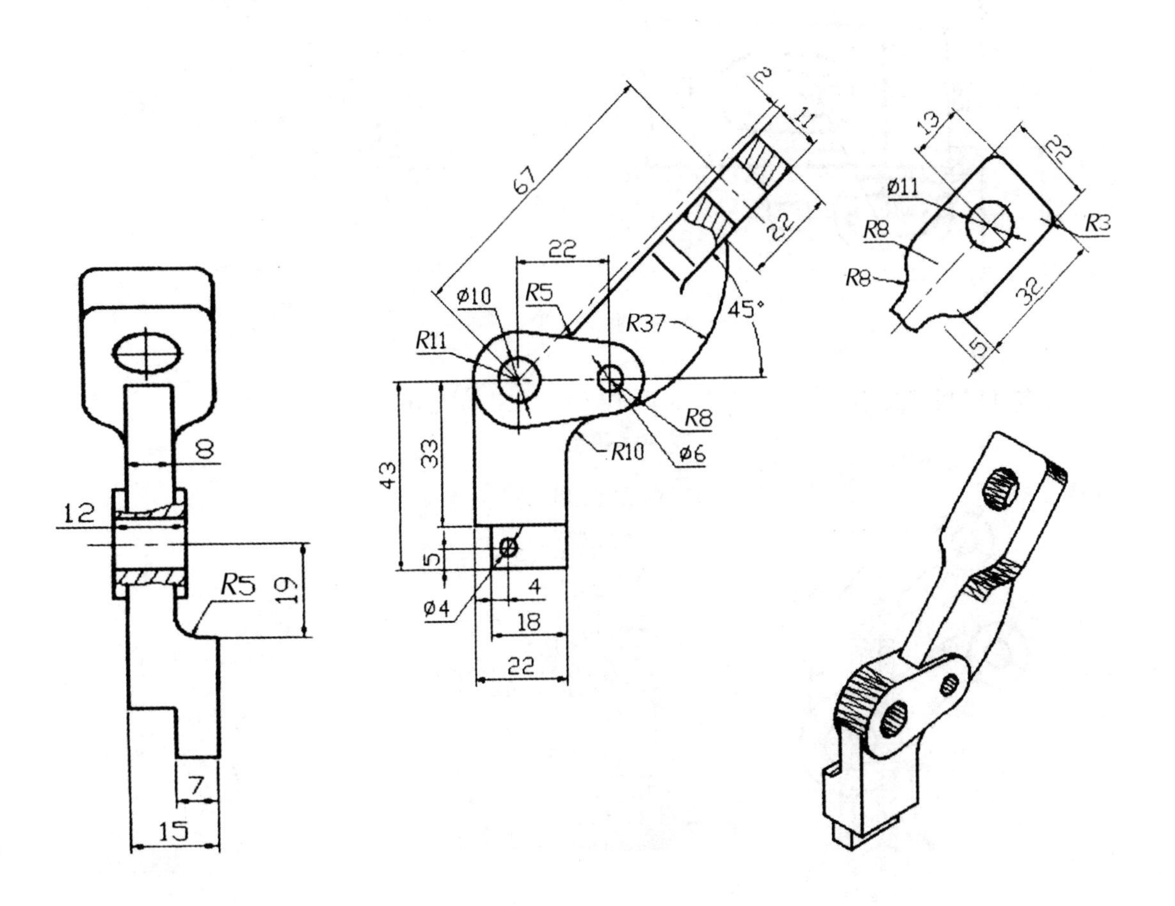


图　16-19

【练习 10】根据二维视图绘制零件的实体模型,结果如图 16-20 所示。

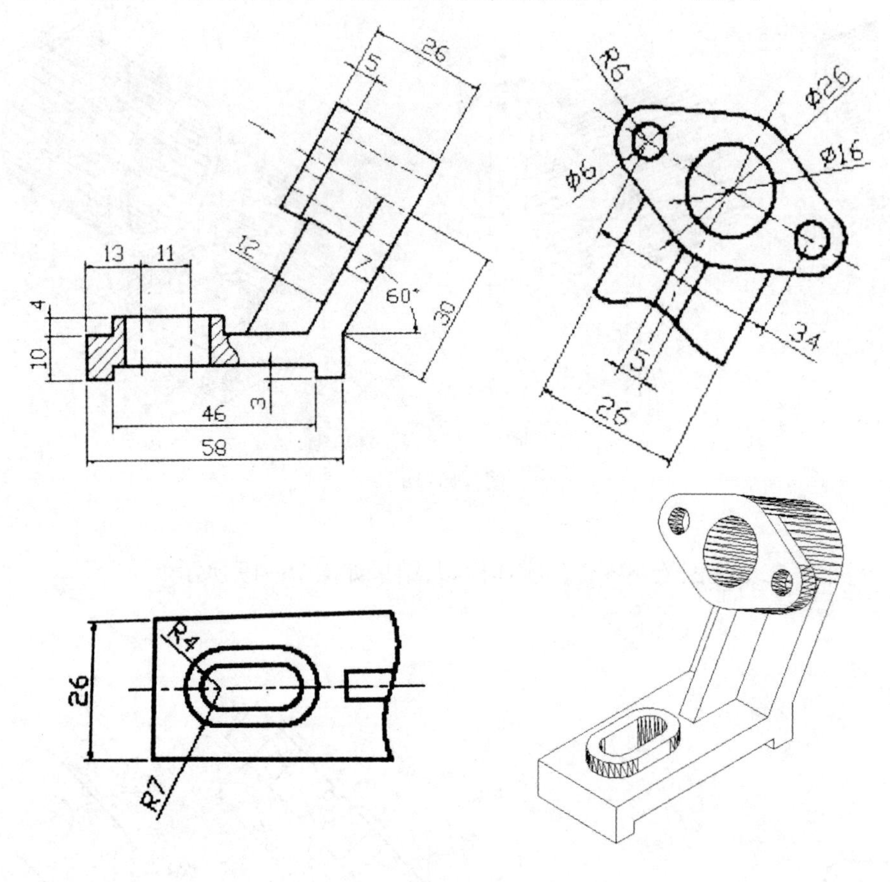


图 16-20

【练习 11】根据二维视图绘制零件的实体模型,结果如图 16-21 所示。

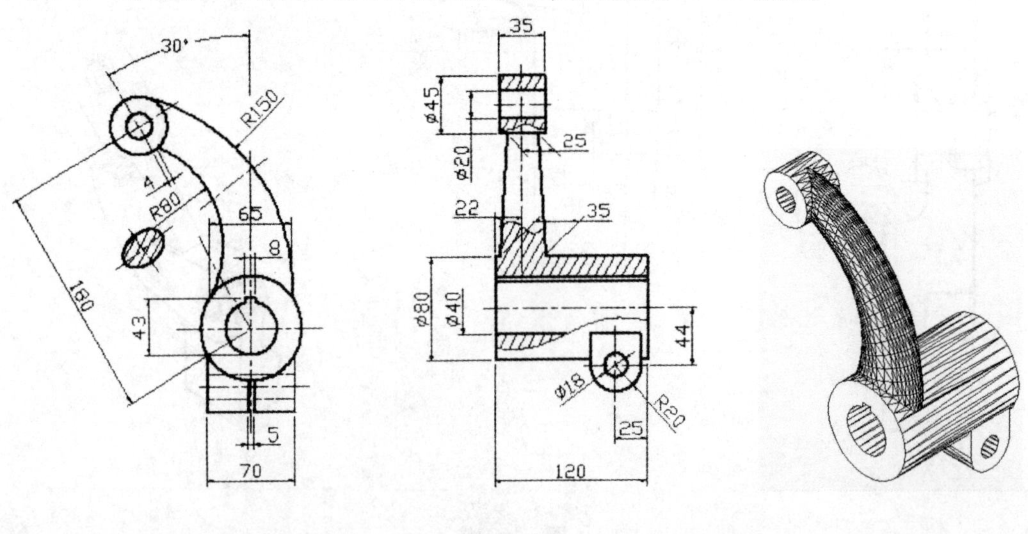


图 16-21

### 要点提示

绘制如图 16-22 左图所示的三维线框，然后使用放样命令“LOFT”创建实体，结果如图 16-22右图所示。

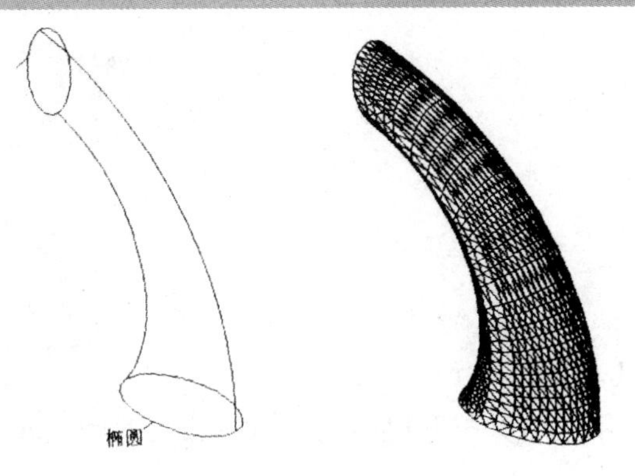


图　16-22

【练习 12】根据二维视图绘制零件的实体模型，结果如图 16-23 所示。

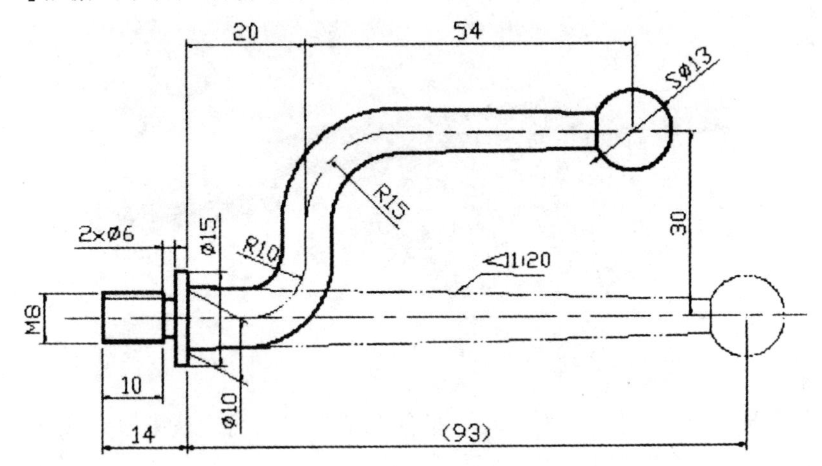


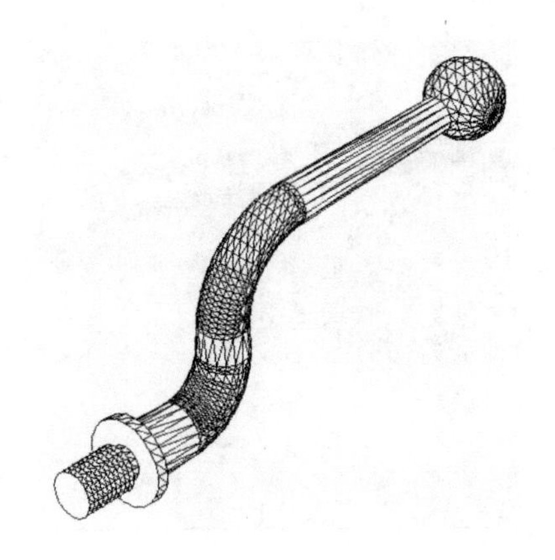

图　16-23

# 第17章　渲染模型

## 一、设置光照

**【练习1】**设置光照。

操作步骤提示

(1)打开附盘文件“\dwg\第17章\l. dwg”。

(2)在场景中加入“太阳光”,并打开【阴影】选项。设置时间是8月1日上午11时,地点为北京。

(3)在渲染控制台的【渲染设置】下拉列表中设定渲染质量为【中】,再将采样界限滑块的值调整为“-1”,单击按钮渲染模型,结果如图17-1所示。

图　17-1

(4)将采样界限滑块的值调整为“2”,再次渲染模型,结果如图17-2所示。图中阴影形式为光线跟踪阴影。

图　17-2

**【练习2】**添加点光源和聚光灯光源。

操作步骤提示

(1)打开附盘文件“dwg\第17章\2. dwg”。

(2)在模型中添加点光源和聚光灯光源,各光源的位置如图 17-3 所示。光源的属性数据见表 17-1。

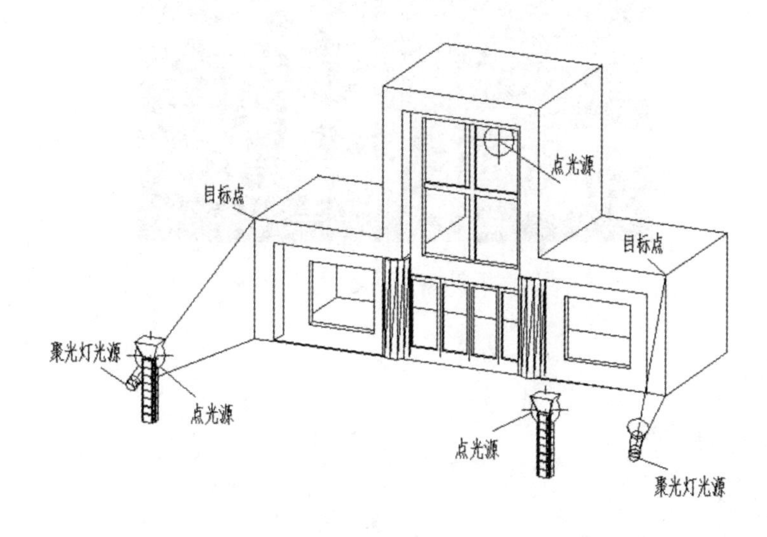


图　17-3

**表 17-1　光源的属性**

| 项　目 | 强度因子 | 衰减类型 | 阴影形式 | 聚光角 | 照射角 |
| --- | --- | --- | --- | --- | --- |
| 点光源 | 0.7 | 无 | 光线跟踪阴影 | | |
| 聚光灯光源 | 0.3 | 无 | 光线跟踪阴影 | 10 | 60 |

(3)切换到“user-1”视图,并将其设定为透视投影模式。

(4)在渲染控制台的“渲染设置”下拉列表中设定渲染质量为“中”,单击按钮渲染模型,结果如图 17-4 所示。

图　17-4

(5)根据表 17-2 修改光源的属性数据,再次渲染模型,结果如图 17-5 所示。

**表 17-2　光源的属性数据**

| 项　目 | 强度因子 | 衰减类型 | 阴影形式 | 聚光角 | 照射角 |
| --- | --- | --- | --- | --- | --- |
| 点光源 | 6 | 线性反比 | 光线跟踪阴影 | | |
| 聚光灯光源 | 4 | 线性反比 | 光线跟踪阴影 | 10 | 60 |

图 17-5

## 二、创建及附着材质

**【练习 3】**创建及附着材质。

操作步骤提示

（1）打开附盘文件“\dwg\第 17 章\3. dwg”。

（2）使用“材质”管理器创建 3 种材质，各材质属性见表 17-3。

**表 17-3 新建材质的属性**

| 名 称 | 样 板 | 漫 色 | 反光度 | 漫色贴图及强度 | 反射贴图及强度 | 凹凸贴图及强度 |
|---|---|---|---|---|---|---|
| 大理石 | 磨光的石材 | 187,184,155 | 40 | 大理石贴图,80 | | |
| 不锈钢 | 高级金属 | 默认 | 60 | 不锈钢贴图,100 | 不锈钢贴图,100 | |
| 皮革 | 织物 | 默认 | 默认 | 皮革贴图,100 | 皮革贴图,40 | |

（3）给模型附着下列材质：①桌子：大理石；②椅背：皮革；③椅子支架：不锈钢。

（4）切换到“user-1”视图，并将其设定为透视投影模式。

（5）在渲染控制台的“渲染设置”下拉列表中设定渲染质量为“中”，单击按钮渲染模型，结果如图 17-6 所示。

图 17-6

**【练习 4】**附着材质。

操作步骤提示

（1）打开附盘文件“\dwg\第 17 章\4. dwg”。

（2）将“木材和塑料”选项板中的“塑料. PVC. 白色”材质复制到“材质”管理器中，以该材质为样板材质创建新材质“黄色塑料”“黑色塑料”，两种塑料的“漫射”参数值分别设定为“240，213，92”“105，05，105”，“反射”值都改为 5。

（3）将“门和窗”选项板中的“玻璃镶嵌，玻璃透明”材质复制到“材质”管理器中，将该材质名称修改为“玻璃”，再将“不透明度”值改为 5。

（4）以“高级金属”为样板创建名为“铝合金”的材质，该材质的“漫射贴图”采用“铝合金贴图”，“反射”属性值设定为 50。

（5）根据图层附着材质。①灯体：黄色塑料；②提手及旋紧螺母：黑色塑料；③反光罩：铝合金；④灯：玻璃；⑤玻璃罩：玻璃。

（6）切换到“user-l”视图，并将其设定为透视投影模式。

（7）在渲染控制台的“渲染设置”下拉列表中设定渲染质量为“中”，单击按钮渲染模型，结果如图 17-7 所示。

图　17-7

三、使用材质贴图

【练习 5】使用材质贴图。

操作步骤提示

（1）打开附盘文件“\dwg\第 17 章\5. dwg”。

（2）将“木材和塑料”选项板中的“塑料. PVC. 白色”材质复制到“材质”管理器中，修改该材质，使用贴图来代替材质的漫反射色，该贴图保存在附盘文件“\dwg\第 17 章\5. bmp”中，再设定材质的“反光度”值为 5。

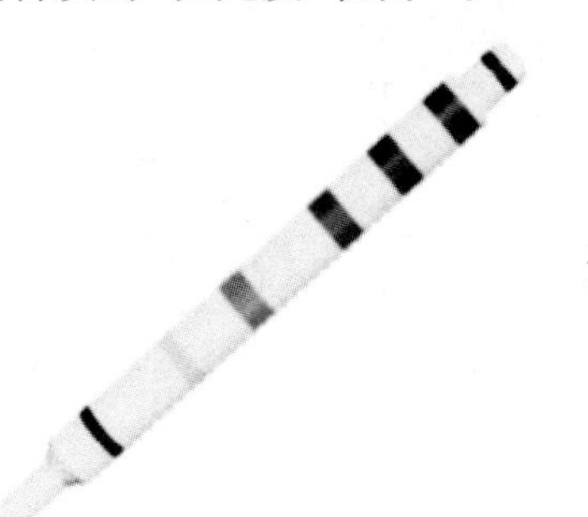

图　17-8

（3）设定贴图方式为柱面贴图。

（4）切换到“user-1”视图，并将其指定为透视投影模式。

（5）在渲染控制台的“渲染设置”下拉列表中设定渲染质量为“中”，单击按钮渲染模型，结果如图 17-8 所示。

【练习 6】使用材质贴图。

操作步骤提示

（1）打开附盘文件“\dwg\第 17 章\6. dwg”。

（2）将“木材和塑料”选项板中的“成品木器. 木材. 樱桃木”材质复制到“材质”管理器中，修改该材质，给它加入凹凸贴图，贴图强度为 300，此贴图保存在附盘文件“\dwg\第 17 章\6. bmp”中。在“材质缩放与平铺”下拉列表中，将“比例单位”设置为“适合物件”，“U 平铺”设置为“0. 96”，“V 平铺”设置为“0. 95”。

（3）将“门和窗”选项板中的“玻璃镶嵌. 玻璃. 透明”材质复制到“材质”管理器中，将该材质的“不透明度”值改为 2。

（4）根据图层附着材质。

1）钟表体：樱桃木。

2）钟表罩：玻璃。

（5）切换到“user-l”视图，并将其指定为透视投影模式。

(6)在渲染控制台的“渲染设置”下拉列表中设定渲染质量为“中”，单击按钮渲染模型，结果如图 17-9 所示。

图 17-9

## 四、渲染机械产品

**【练习 7】**渲染机械产品。

操作步骤提示

(1)打开附盘文件“\dwg\第 17 章\7. dwg”。

(2)使用“材质”管理器创建 4 种材质，各材质的属性见表 17-4。

**表 17-4 新建材质的属性**

| 名 称 | 样 板 | 漫 色 | 反光度 | 不透明度 |
|---|---|---|---|---|
| 钢材 | 高级金属 | 194,194,194 | 50 | |
| 默认 | 紫铜 | 高级金属 | 223,121,98 | 60 |
| 橡胶 | 塑料 | 68,68,68 | 45 | |
| 5 默认 | 有机玻璃 | 玻璃-清晰 | 157,164,200 | 默认 |

(3)根据图层附着材质：①小型零件：钢材；②半透明机座：有机玻璃；③油管：橡胶；④管接头：紫铜。

(4)切换到“user-l”视图，并将其指定为透视投影模式。

(5)在渲染控制台的“渲染设置”下拉列表中设定渲染质量为“中”，单击按钮渲染模型，结果如图 17-10 所示。

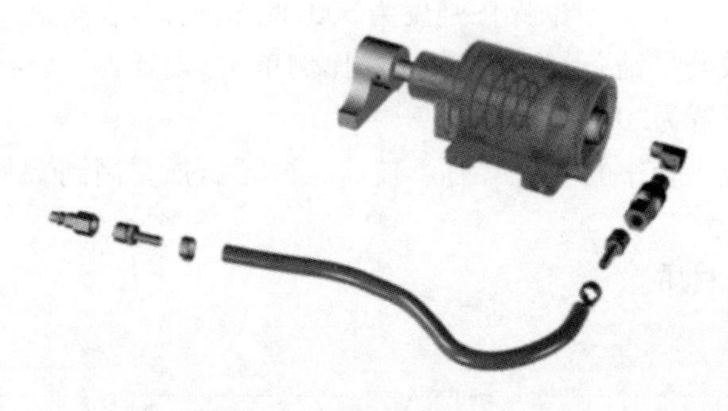

图 17-10

## 五、渲染建筑模型

【练习 8】渲染建筑模型。

操作步骤提示

(1)打开附盘文件“\dwg\第 17 章\8. dwg”。

(2)在场景中设置“太阳光”，设置时间是 9 月 16 日上午 10 点，地点为北京，阳光强度因子为 1.8。

(3)使用“材质”管理器创建两种材质，各材质的属性见表 17-5。

表 17-5　新建材质的属性

| 名　称 | 样　板 | 漫　色 | 漫色贴图及强度 |
|---|---|---|---|
| 混凝土 | 石材 | 149,160,163 | |
| 草地 | 织物 | 84,109,59 | 草地贴图,45 |

(4)将“木材和塑料”选项板中的“塑料. PVC. 白色”材质复制到“材质”管理器中。

(5)将“门和窗”选项板中的“玻璃镶嵌. 玻璃. 透明”材质复制到“材质”管理器中，并将该材质的“不透明度”值改为 5。

(6)根据图层及颜色附着材质：①建筑物框架：混凝土；②窗户框架：塑料. PVC. 白色；③玻璃：玻璃镶嵌. 玻璃. 透明；④地面：草地；⑤道路：混凝土。

(7)修改“user-l”视图，给该视图加入背景图像，图像保存在附盘文件“\dwg\第 13 章\Clouds. bmp"中。

(8)切换到“user-l”视图，并将其指定为透视投影模式。

(9)在渲染控制台的“渲染设置”下拉列表中设定渲染质量为“中”，再将采样率滑块的值调整为“2”，单击按钮渲染模型，结果如图 17-11 所示。

图　17-11

# 参 考 文 献


【1】郭建华. AutoCAD 习题集[M]. 北京:北京理工大学出版社,2007.

【2】刘哲,谢伟东. AutoCAD 绘图及应用教程[M]. 大连:大连理工大学出版社,2009.

【3】曹志民,万红. AutoCAD 建筑制图实用教程(2010 版)[M]. 北京:北京清华大学出版社,2010.

【4】郭晓军. AutoCAD 2012 中文版基础教程[M]. 北京:清华大学出版社,2012.

【5】南山一樵工作室. AutoCAD 2016 中文版从入门到精通[M]. 北京:人民邮电出版社,2016.

【6】刘德成,李慧. AutoCAD 实用教程[M]. 北京:北京邮电大学出版社,2016.

【7】匠人智造. AutoCAD 2018 中文版从入门到精通[M]. 北京:中国水利水电出版社,2018.